国家出版基金资助项目

现代数学中的著名定理纵横谈丛书

丛书主编　王梓坤

BUFFON NEEDLE PROBLEM

Buffon投针问题

刘培杰数学工作室　编译

哈爾濱工業大學出版社

HARBIN INSTITUTE OF TECHNOLOGY PRESS

内容简介

　　Buffon 投针实验是第一个用几何形式表达概率问题的例子,实验中首次使用随机实验处理确定性数学问题,为概率论的发展起到一定的推动作用。本书从一道清华大学自主招生试题谈起,详细介绍了 Buffon 投针问题以及这个实验在概率论这门数学学科中的多种形式及推广。

　　本书适合高中生、大学生、数学竞赛选手及数学爱好者参考阅读。

图书在版编目(CIP)数据

Buffon 投针问题/刘培杰数学工作室编译. — 哈尔滨:哈尔滨工业大学出版社,2016.6

　　(现代数学中的著名定理纵横谈丛书)

　　ISBN 978 - 7 - 5603 - 5903 - 8

Ⅰ.①B… Ⅱ.①刘… Ⅲ.①圆 - 研究　Ⅳ.①O123.3

中国版本图书馆 CIP 数据核字(2016)第 057846 号

策划编辑　刘培杰　张永芹
责任编辑　李子江　刘春雷
封面设计　孙茵艾
出版发行　哈尔滨工业大学出版社
社　　址　哈尔滨市南岗区复华四道街 10 号　邮编 150006
传　　真　0451 - 86414749
网　　址　http://hitpress.hit.edu.cn
印　　刷　牡丹江邮电印务有限公司
开　　本　787mm×960mm　1/16　印张 17　字数 175 千字
版　　次　2016 年 6 月第 1 版　2016 年 6 月第 1 次印刷
书　　号　ISBN 978 - 7 - 5603 - 5903 - 8
定　　价　78.00 元

代序

读书的乐趣

你最喜爱什么——书籍.

你经常去哪里——书店.

你最大的乐趣是什么——读书.

这是友人提出的问题和我的回答. 真的,我这一辈子算是和书籍,特别是好书结下了不解之缘. 有人说,读书要费那么大的劲,又发不了财,读它做什么? 我却至今不悔,不仅不悔,反而情趣越来越浓. 想当年,我也曾爱打球,也曾爱下棋,对操琴也有兴趣,还登台伴奏过. 但后来却都一一断交,"终身不复鼓琴". 那原因便是怕花费时间,玩物丧志,误了我的大事——求学. 这当然过激了一些. 剩下来唯有读书一事,自幼至今,无日少废,谓之书痴也可,谓之书橱也可,管它呢,人各有志,不可相强. 我的一生大志,便是教书,而当教师,不多读书是不行的.

读好书是一种乐趣,一种情操;一种向全世界古往今来的伟人和名人求

教的方法,一种和他们展开讨论的方式;一封出席各种
社会、体验各种生活、结识各种人物的邀请信;一张迈
进科学宫殿和未知世界的入场券;一股改造自己、丰富
自己的强大力量.书籍是全人类有史以来共同创造的
财富,是永不枯竭的智慧的源泉.失意时读书,可以使
人重整旗鼓;得意时读书,可以使人头脑清醒;疑难时
读书,可以得到解答或启示;年轻人读书,可明奋进之
道;年老人读书,能知健神之理.浩浩乎! 洋洋乎! 如
临大海,或波涛汹涌,或清风微拂,取之不尽,用之不
竭.吾于读书,无疑义矣,三日不读,则头脑麻木,心摇
摇无主.

潜能需要激发

我和书籍结缘,开始于一次非常偶然的机会.大概
是八九岁吧,家里穷得揭不开锅,我每天从早到晚都要
去田园里帮工.一天,偶然从旧木柜阴湿的角落里,找
到一本蜡光纸的小书,自然很破了.屋内光线暗淡,又
是黄昏时分,只好拿到大门外去看.封面已经脱落,扉
页上写的是《薛仁贵征东》.管它呢,且往下看.第一回
的标题已忘记,只是那首开卷诗不知为什么至今仍记
忆犹新:

日出遥遥一点红,飘飘四海影无踪.

三岁孩童千两价,保主跨海去征东.

第一句指山东,二、三两句分别点出薛仁贵(雪、
人贵).那时识字很少,半看半猜,居然引起了我极大
的兴趣,同时也教我认识了许多生字.这是我有生以来
独立看的第一本书.尝到甜头以后,我便千方百计去找
书,向小朋友借,到亲友家找,居然断断续续看了《薛
丁山征西》《彭公案》《二度梅》等,樊梨花便成了我心

中的女英雄.我真入迷了.从此,放牛也罢,车水也罢,我总要带一本书,还练出了边走田间小路边读书的本领,读得津津有味,不知人间别有他事.

当我们安静下来回想往事时,往往会发现一些偶然的小事却影响了自己的一生.如果不是找到那本《薛仁贵征东》,我的好学心也许激发不起来.我这一生,也许会走另一条路.人的潜能,好比一座汽油库,星星之火,可以使它雷声隆隆、光照天地;但若少了这粒火星,它便会成为一潭死水,永归沉寂.

抄,总抄得起

好不容易上了中学,做完功课还有点时间,便常光顾图书馆.好书借了实在舍不得还,但买不到也买不起,便下决心动手抄书.抄,总抄得起.我抄过林语堂写的《高级英文法》,抄过英文的《英文典大全》,还抄过《孙子兵法》,这本书实在爱得狠了,竟一口气抄了两份.人们虽知抄书之苦,未知抄书之益,抄完毫末俱见,一览无余,胜读十遍.

始于精于一,返于精于博

关于康有为的教学法,他的弟子梁启超说:"康先生之教,专标专精、涉猎二条,无专精则不能成,无涉猎则不能通也."可见康有为强烈要求学生把专精和广博(即"涉猎")相结合.

在先后次序上,我认为要从精于一开始.首先应集中精力学好专业,并在专业的科研中做出成绩,然后逐步扩大领域,力求多方面的精.年轻时,我曾精读杜布(J. L. Doob)的《随机过程论》,哈尔莫斯(P. R. Halmos)的《测度论》等世界数学名著,使我终身受益.简言之,即"始于精于一,返于精于博".正如中国革命一

3

样,必须先有一块根据地,站稳后再开创几块,最后连成一片.

丰富我文采,澡雪我精神

辛苦了一周,人相当疲劳了,每到星期六,我便到旧书店走走,这已成为生活中的一部分,多年如此.一次,偶然看到一套《纲鉴易知录》,编者之一便是选编《古文观止》的吴楚材.这部书提纲挈领地讲中国历史,上自盘古氏,直到明末,记事简明,文字古雅,又富于故事性,便把这部书从头到尾读了一遍.从此启发了我读史书的兴趣.

我爱读中国的古典小说,例如《三国演义》和《东周列国志》.我常对人说,这两部书简直是世界上政治阴谋诡计大全.即以近年来极时髦的人质问题(伊朗人质、劫机人质等),这些书中早就有了,秦始皇的父亲便是受害者,堪称"人质之父".

《庄子》超尘绝俗,不屑于名利.其中"秋水""解牛"诸篇,诚绝唱也.《论语》束身严谨,勇于面世,"己所不欲,勿施于人",有长者之风.司马迁的《报任少卿书》,读之我心两伤,既伤少卿,又伤司马;我不知道少卿是否收到这封信,希望有人做点研究.我也爱读鲁迅的杂文,果戈理、梅里美的小说.我非常敬重文天祥、秋瑾的人品,常记他们的诗句:"人生自古谁无死,留取丹心照汗青""谁言女子非英物,夜夜龙泉壁上鸣".唐诗、宋词、《西厢记》《牡丹亭》,丰富我文采,澡雪我精神,其中精粹,实是人间神品.

读了邓拓的《燕山夜话》,既叹服其广博,也使我动了写《科学发现纵横谈》的心.不料这本小册子竟给我招来了上千封鼓励信.以后人们便写出了许许多多的"纵横谈".

从学生时代起,我就喜读方法论方面的论著.我想,做什么事情都要讲究方法,追求效率、效果和效益,方法好能事半而功倍.我很留心一些著名科学家、文学家写的心得体会和经验.我曾惊讶为什么巴尔扎克在51年短短的一生中能写出上百本书,并从他的传记中去寻找答案.文史哲和科学的海洋无边无际,先哲们的明智之光沐浴着人们的心灵,我衷心感谢他们的恩惠.

读书的另一面

以上我谈了读书的好处,现在要回过头来说说事情的另一面.

读书要选择.世上有各种各样的书:有的不值一看,有的只值看20分钟,有的可看5年,有的可保存一辈子,有的将永远不朽.即使是不朽的超级名著,由于我们的精力与时间有限,也必须加以选择.决不要看坏书,对一般书,要学会速读.

读书要多思考.应该想想,作者说得对吗?完全吗?适合今天的情况吗?从书本中迅速获得效果的好办法是有的放矢地读书,带着问题去读,或偏重某一方面去读.这时我们的思维处于主动寻找的地位,就像猎人追找猎物一样主动,很快就能找到答案,或者发现书中的问题.

有的书浏览即止,有的要读出声来,有的要心头记住,有的要笔头记录.对重要的专业书或名著,要勤做笔记,"不动笔墨不读书".动脑加动手,手脑并用,既可加深理解,又可避忘备查,特别是自己的灵感,更要及时抓住.清代章学诚在《文史通义》中说:"札记之功必不可少,如不札记,则无穷妙绪如雨珠落大海矣."

许多大事业、大作品,都是长期积累和短期突击相结合的产物.涓涓不息,将成江河;无此涓涓,何来江河?

爱好读书是许多伟人的共同特性,不仅学者专家如此,一些大政治家、大军事家也如此.曹操、康熙、拿破仑、毛泽东都是手不释卷,嗜书如命的人.他们的巨大成就与毕生刻苦自学密切相关.

王梓坤

目录

一道自主招生试题

2009 年清华特色自主招生中曾考过这样一题:

如图 1.1 所示,平面内间距为 d 的平行直线,任意放一长为 l 的针,求证:它与直线相交的概率为 $p = \dfrac{2l}{\pi d}$.

证明 令 M 表示针的中点;x 表示针投在平面上时,M 与最近一条平行线的距离;φ 表示针与最近一条平行线的交角. 显然

$$0 \leqslant x \leqslant \frac{d}{2}, 0 \leqslant \varphi \leqslant \pi$$

如图 1.2 所示,取直角坐标系,上式表示 φOx 坐标系中的一个矩形 R,而 $x \leqslant$

第 1 章

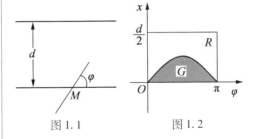

图 1.1   图 1.2

1

Buffon 投针问题

$\dfrac{l}{2}\sin\varphi$ 是使针与平行线(此线必为与点 M 最近的平行线)相交的充分必要条件. 不等式 $x\leqslant\dfrac{l}{2}\sin\varphi$ 表示图 1.2 中的阴影部分,我们把抛掷针到平面上这件事理解为具有"均匀性". 因此,这个问题等价于向区域 R 中"均匀分布"地投掷点,求点落入阴影部分的概率 p. 由积分有关知识可知,阴影部分的面积为

$$\int_0^\pi \frac{l}{2}\sin\varphi\,\mathrm{d}\varphi = l$$

故
$$p = \frac{l}{\dfrac{d}{2}\pi} = \frac{2l}{d\pi}$$

其实此题的背景为积分几何中的 Buffon(1707—1788)投针问题.

对 π 做统计估计的途径

第 2 章

§1　与 π 的统计估计有关的一个问题

1. 平行线网

Buffon 投针问题的解答,在历史上第一次开辟了对 π 做统计估计的途径. 由于 Buffon 投针问题的解使 π 与 Buffon 的概率 p 相联系,因而 π 的统计估计问题,实质上是 Buffon 概率的统计估计问题.

考虑间隔为 1 的平行线网. 设 n 为投针次数,s 为小针实际与网相遇的次数,则

$$\hat{p} = sn^{-1} \qquad (2.1)$$

是 Buffon 概率 p(即小针与网相遇的概率)的一个无偏估计. 事实上,考虑以

$$\begin{pmatrix} 1 & 0 \\ p & 1-p \end{pmatrix}$$

为密度矩阵的随机变量 ξ. 投针 n 次,相当于对 ξ 进行 n 次独立观察,得一容量为 n 的子样 $(\xi_1, \cdots, \xi_n)$. 由式(2.1)给出的估

计 $\hat{p}$ 实际上就是子样的平均值

$$\bar{\xi} = \frac{1}{n} \sum_{i=1}^{n} \xi_i$$

由于 $E\bar{\xi} = p = E\xi$, 故 $\hat{p}$ 是 p 的无偏估计. 另外, 不难看出, 此估计的方差为

$$D\hat{p} = D\bar{\xi} = D\left(\frac{1}{n} \sum_{i=1}^{n} \xi_i\right) = \frac{1}{n^2} \sum_{i=1}^{n} D\xi_i = \frac{1}{n} p(1-p) \quad (2.2)$$

下表是一个历史的记录:

试验者	针长	投针次数	触网次数	π 的估值
Wolf, 1850	0.8	5 000	2 532	3.159 6
Smith, 1855	0.6	3 204	1 218.5	3.155 3
De Morgan, c. 1860	1.0	600	382.5	3.137
Fox, 1884	0.75	1 030	489	3.159 5
Lazzerini, 1901	0.83	3 408	1 808	3.141 592 9
Reina, 1925	0.541 9	2 520	859	3.179 5
Gridgeman, c. 1960	0.785 7	2	1	3.143

2. 矩形网格, 独立性条件

Schuster(1974)从试验设计的观点出发, 提出如下的有趣的问题: 一个试验者将长度为 l 的小针向布有间隔为 $2l$ 的平行线网的平面上投掷 200 次, 记下小针与网相遇的次数; 另一个试验者向布有正方形网格(以边长等于 $2l$ 的正方形作为基本区域)的平面上投掷小针 100 次, 并分别记录小针与每组平行线网相遇的次数(注意, 此正方形网格可看作是由两组互相正交的、间隔为 $2l$ 的平行线网组成). 对于 π 的统计估计来说, 这两种试验是否提供了同样的统计信息?

现在我们就矩形网格的情形做一般性的讨论. 设平面上有两组互相正交的平行线网, 其中一组间隔为 b(不妨假定它平行于 Ox 轴), 另一组间隔为 a(平行

于 Oy 轴). 设 $b \leqslant a$. 在随机投针的试验中,以 A 表示小针与平行于 Ox 轴的平行线网相遇事件,以 B 表示小针与平行于 Oy 轴的平行线网相遇事件. 我们先来探讨事件 A 与事件 B 是否独立的问题.

由于

$$P(AB) = P(A) + P(B) - P(A \cup B) \qquad (2.3)$$

其中 $P(A \cup B)$ 为小针与矩形网格相遇的概率,故根据两事件独立的定义,得到事件 A 与事件 B 互相独立的条件

$$P(A) \cdot P(B) = P(A) + P(B) - P(A \cup B) \qquad (2.4)$$

对于矩形网格,当针长不超过基本区域较短边时(即 $l \leqslant b$),我们有

$$P(A) \cdot P(B) = \frac{2l}{\pi b} \cdot \frac{2l}{\pi a} = \frac{4l^2}{\pi^2 ab}$$

$$P(A) + P(B) - P(A \cup B)$$

$$= \frac{2l}{\pi b} + \frac{2l}{\pi a} - \frac{2l(a+b) - l^2}{\pi ab}$$

$$= \frac{l^2}{\pi ab}$$

显然此时条件(2.3)不成立.

3. 有效性分析

以 ξ, η 表示下列随机变量

$$\xi = \begin{cases} 1, \text{当小针与平行于 } Ox \text{ 轴的平行线网相遇} \\ 0, \text{当小针与平行于 } Ox \text{ 轴的平行线网不相遇} \end{cases}$$

$$\eta = \begin{cases} 1, \text{当小针与平行于 } Oy \text{ 轴的平行线网相遇} \\ 0, \text{当小针与平行于 } Oy \text{ 轴的平行线网不相遇} \end{cases}$$

现在我们来考察

$$\hat{p} = \frac{1}{200} \sum_{i=1}^{100} (\xi_i + \eta_i) \qquad (2.5)$$

的有效性. 我们有

Buffon 投针问题

$$D(\xi_i + \eta_i)$$
$$= D\xi_i + D\eta_i + 2E\{(\xi_i - E\xi_i)(\eta_i - E\eta_i)\} \quad (2.6)$$

由于

$$D\xi_i = P(A)[1 - P(A)] \quad (2.7)$$
$$D\eta_i = P(B)[1 - P(B)] \quad (2.8)$$
$$E\{(\xi_i - E\xi_i)(\eta_i - E\eta_i)\}$$
$$= E(\xi_i\eta_i) - E\xi_i E\eta_i$$
$$= P(AB) - P(A)P(B) \quad (2.9)$$

从而有

$$D(\xi_i + \eta_i) = P(A) + P(B) + 2P(AB) -$$
$$[P(A) + P(B)]^2 \quad (2.10)$$

再利用式(2.3),得到

$$D(\xi_i + \eta_i) = 3P(A) + 3P(B) - [P(A) + P(B)]^2 -$$
$$2P(A \cup B) \quad (2.11)$$

在条件 $l \leqslant b \leqslant a$ 之下,有

$$D(\xi_i + \eta_i) = 3 \cdot \frac{2l}{\pi b} + 3 \cdot \frac{2l}{\pi a} - \left(\frac{2l}{\pi b} + \frac{2l}{\pi a}\right)^2 -$$
$$2 \cdot \frac{2l(a+b) - l^2}{\pi ab}$$
$$= \frac{2}{\pi}\left[\frac{l}{b} + \frac{l}{a} + \frac{l^2}{ab} - \frac{2}{\pi}\left(\frac{l}{b} + \frac{l}{a}\right)^2\right] \quad (2.12)$$

由此得到式(2.5)所表示的 $\hat{p}$ 之方差

$$D\hat{p} = \frac{1}{200^2} \cdot 100 \cdot D(\xi_i + \eta_i)$$
$$= \frac{1}{400} \cdot \frac{2}{\pi}\left[\frac{l}{b} + \frac{l}{a} + \frac{l^2}{ab} - \frac{2}{\pi}\left(\frac{l}{b} + \frac{l}{a}\right)^2\right] \quad (2.13)$$

另一方面,考虑与 Ox 轴平行的平行线网,投针 M 次. 置

$$\hat{p}_x = \frac{1}{M}\sum_{i=1}^{M}\xi_i \quad (2.14)$$

6

则

$$D\hat{p}_x = \frac{1}{M^2} \cdot M \cdot \frac{2l}{\pi b}\left(1 - \frac{2l}{\pi b}\right)$$

$$= \frac{1}{M} \cdot \frac{2l}{\pi b}\left(1 - \frac{2l}{\pi b}\right) \quad (2.15)$$

若要求 $D\hat{p}_x = D\hat{p}$，并记 $\dfrac{l}{b} = u$，$\dfrac{a}{b} = k$，则由（2.13）和

（2.15）两式有

$$M = \frac{400\left(1 - \dfrac{2}{\pi}u\right)}{1 + \dfrac{1}{k} + \left[\dfrac{1}{k} - \dfrac{2}{\pi}\left(1 + \dfrac{1}{k}\right)^2\right]u} \quad (2.16)$$

同样，考虑平行于 Oy 轴的平行线网，投针 N 次，并置

$$\hat{p}_y = \frac{1}{N}\sum_{i=1}^{N}\eta_i \quad (2.17)$$

令 $D\hat{p}_y = D\hat{p}$，则有

$$N = \frac{400 \cdot \dfrac{1}{k}\left(1 - \dfrac{2}{\pi} \cdot \dfrac{1}{k}u\right)}{1 + \dfrac{1}{k} + \left[\dfrac{1}{k} - \dfrac{2}{\pi}\left(1 + \dfrac{1}{k}\right)^2\right]u} \quad (2.18)$$

　　例如，对 $k = 1$（即正方形网格），有：

　　当 $u = 0$ 时，$M = N = 200$；

　　当 $u = \dfrac{1}{2}$ 时，$M = N = 222.273\ 26$；

　　当 $u = 1$ 时，$M = N = 320.497\ 01.$

　　又如，对于 $k = 2$（即 $a = 2b$），有：

　　当 $u = 0$ 时，$M = 266.666\ 67$，$N = 133.333\ 33$；

　　当 $u = \dfrac{1}{2}$ 时，$M = 263.760\ 22$，$N = 162.670\ 31$；

　　当 $u = 1$ 时，$M = 256.079\ 43$，$N = 240.198\ 56.$

上述计算结果的意义可解释如下：以 $k = 1$，$u = \dfrac{1}{2}$ 为例，计算的结果是 $M = N \approx 222$，它表明我们利用正方形网格做投针试验 100 次，大致相当于利用单一的平行线网做投针试验 222 次．确切地说，利用正方形网格投针 100 次（针长 l 等于正方形边长之半），且由

$$\hat{p} = \frac{1}{200} \sum_{i=1}^{100} (\xi_i + \eta_i)$$

对 Buffon 概率 p 做统计估计，其方差与利用单一的平行线网投针 222 次，并由

$$\hat{p}_x = \frac{1}{222} \sum_{i=1}^{222} \xi_i$$

对相应的 Buffon 概率做统计估计的方差近似相等．

注意，在上述讨论中，无论是独立性条件的检验或是有效性分析，都是就 $l \leqslant b$ 的情况展开的．其实对于 $b \leqslant l \leqslant a$ 及 $a \leqslant l \leqslant (a^2 + b^2)^{\frac{1}{2}}$ 同样可以进行讨论，因为上述讨论中关键之点在于利用了 $P(A \cup B)$，即小针与网格相遇的概率．

4. 平行四边形网格

我们已知关于平行四边形网格的 Buffon 投针问题的完整结果，因此前两段探讨的课题也可以就平行四边形网格情形展开讨论．这里我们仅就独立性问题做一简短的讨论．

首先我们应当注意，在 2 中导出的独立性条件式（2.4）同样适用于现在的场合．现在我们要问：怎样的平行四边形能使独立性条件式（2.4）成立？

根据各种类型的平行四边形域的 $P(A \cup B)$ 的表达式，并利用条件式（2.4），不难回答这一问题．此时

8

$$P(A) = \frac{2l}{\pi h_1}, P(B) = \frac{2l}{\pi h_2}$$

$$P(A \cup B) = \frac{2l(a+b) - l^2\left[1 + \left(\frac{\pi}{2} - \theta\right)\cot\theta\right]}{\pi ab\sin\theta}$$

$$= \frac{2l(h_1 + h_2) - l^2\left[\sin\theta + \left(\frac{\pi}{2} - \theta\right)\cos\theta\right]}{\pi h_1 h_2}$$

将这些表达式代入式(2.4)得

$$\sin\theta + \left(\frac{\pi}{2} - \theta\right)\cos\theta = \frac{4}{\pi}, \theta \approx 0.76605(弧度) \quad (2.19)$$

这时

$$P(A) = \frac{2}{\pi}\arccos\frac{h_1}{l} + \frac{2}{\pi h_1}\left[l - (l^2 - h_1^2)^{\frac{1}{2}}\right]$$

$$P(B) = \frac{2l}{\pi h_2}$$

$$P(A \cup B) = \frac{2ah_1\arccos\dfrac{h_1}{l} + 2al - 2a(l^2 - h_1^2)^{\frac{1}{2}} + h_1^2}{\pi ab\sin\theta}$$

$$= \frac{2h_1 h_2\arccos\dfrac{h_1}{l} + 2h_2 l - 2h_2(l^2 - h_1^2)^{\frac{1}{2}} + h_1^2\sin\theta}{\pi h_1 h_2}$$

将这些表达式代入式(2.4),得独立性成立的条件

$$\sin\theta = \frac{1}{\pi h_1^2}\left[2\pi l h_1 - 4l h_1\arccos\frac{h_1}{l} - 4l^2 + 4l(l^2 - h_1^2)^{\frac{1}{2}}\right] \quad (2.20)$$

令 $\dfrac{l}{h_1} = k$,则上式可改写为

$$\sin\theta = \frac{4k}{\pi}\left[\arcsin\frac{1}{k} - k + (k^2 - 1)^{\frac{1}{2}}\right] \quad (2.21)$$

例如,当 $k = 2$ 时, $\theta \approx 0.7089094(弧度) \approx 40.6°$.

9

§2 平面上的带集

1. 带集密度

若平面上两条平行直线之间的距离为 a,则它们之间以及它们上面的点所构成的闭集叫作一个宽度为 a 的带.

我们用字母 B 代表带. 一个带的位置可以用它的平行中线①来确定. 设 p,φ 为这样的线的坐标,则具有固定宽度的带(的)集(合)(图 2.1)的密度是

$$dB = dp \wedge d\varphi \tag{2.22}$$

若要求密度在平面运动群下不变,则除一个常数因子外,这个密度是唯一的.

设 K 为有界凸集. 若 $B \cap K \neq \varnothing$,而 $K_{\frac{a}{2}}$ 表示距 K 为 $\dfrac{a}{2}$ 的平行集,则 B 的平行中线同 $K_{\frac{a}{2}}$ 相交. 反过来,若 B 的平行中线和 $K_{\frac{a}{2}}$ 相交,则 B 和 K 相交. 因此,可得:

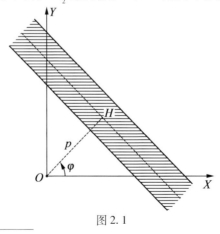

图 2.1

① 即同带的两界线平行且距离相等的直线.

同一个凸集 K 相交而宽度为 a 的带集的测度是

$$m(B;B \cap K \neq \varnothing) = \int_{B \cap K \neq \varnothing} dB = L + \pi a$$

$$(2.23)$$

其中 L 为 K 的周长. 特殊地,有以下结果:

(a)含一个固定点 P 在内的宽度为 a 的一切带的测度是

$$m(B;P \in B) = \pi a \qquad (2.24)$$

(b)同一条长度为 s 的线段相交而宽度为 a 的一切带的测度是

$$m(B;B \cap S \neq \varnothing) = 2s + \pi a \qquad (2.25)$$

(c)同一个连通但不一定凸的域相交而宽度为 a 的一切带的测度也用公式(2.23)确定,但这时 L 表示域的凸包的周长.

含一个已给点集在内的带的集合测度比较复杂,但若所给集 K 的直径 $D \leqslant a$,结果是简单的. 在此情况下,所求测度等于式(2.23)中的测度减去一切其边界同 K 相交的带的测度,而后一测度则是 $2L$. 故

$$m(B;K \subset B) = \pi a - L \qquad (2.26)$$

注意由于 $L \leqslant \pi D$,而 $D \leqslant a$,这个测度是非负的.

以上结果可用于几何概率如下:

(a)设 K_1 为含于凸集 K 内的凸集. 一个宽度为 a,而同 K 相交的随机带也同 K_1 相交的概率是

$$p = \frac{L_1 + \pi a}{L + \pi a} \qquad (2.27)$$

其中 L_1 和 L 依次为 K_1 和 K 的周长.

若 K_1 的直径不超过 K 的直径,则带 B 含 K_1 在内的概率是

$$p = \frac{\pi a - L_1}{\pi a + L} \qquad (2.28)$$

若 K_1 缩成一点,则只需在式(2.28)中令 $L_1 = 0$,该式就适用.

(b)考虑在有界凸集 K 内的 N 个凸集 K_i($i = 1$, $2,\cdots,N$)(图 2.2).设 L 为 K 的周长,L_i 为 K_i 的周长.若 n 为和带 B 相交的集 K_i 的个数(在图 2.2 里,$n = 3$),则

$$\int_{B \cap K \neq \varnothing} n\,\mathrm{d}B = \sum_{i=1}^{N} m(B; B \cap K_i \neq \varnothing) = \sum_{i=1}^{N} L_i + \pi Na$$

$$(2.29)$$

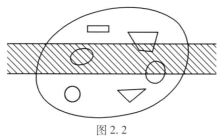

图 2.2

若一切 K_i 的周长都不超过 a,而 n_i 为含于带 B 内的 K_i 的个数,则从式(2.26)可得

$$\int_{B \cap K \neq \varnothing} n_i\,\mathrm{d}B = \pi Na - \sum_{i=1}^{N} L_i \qquad (2.30)$$

由式(2.26),(2.29)和(2.30),得:

设 K_i($i = 1,2,\cdots,N$)为含于有界凸集 K 内的 N 个凸集,而 B 为一个随机地同 K 相交而宽度为 a 的带.则同 B 相交的 K_i 的个数的平均值是

$$E(n) = \frac{\sum_{i=1}^{N} L_i + \pi Na}{L + \pi a} \qquad (2.31)$$

若一切 K_i 的直径都不超过 a,则含于带内的 K_i 的个数的平均值是

$$E(n_i) = \frac{\pi Na - \sum_{i=1}^{N} L_i}{\pi a + L} \qquad (2.32)$$

2. Buffon 投针问题

假设 K 为幅度等于 D 的凸集,而 K_1 为含于 K 内的任意凸集. 我们曾经指出,幅度 $D_1 \leqslant D$ 的任意凸集都可以含在 K 内. 一个和 K 相交而宽度为 a 的带 B 同时和 K_1 相交的概率由式(2.27)所确定. 我们原来假定 K 固定,而带 B 则是随机位置的,现在反过来,设想在整个平面上画上平行的带 B,其间隔是 D,然后把 K 和 K_1 一起随机地放上去(图2.3). 这样 K 肯定要和唯一的一个带相交(除非 K 同带相切,但这样位置的 K 测度是零). 而 K_1 和一个带相交的概率由式(2.27)所确定;即,若令 $L = \pi D$,就有

$$p = \frac{L_1 + \pi a}{\pi(a + D)} \qquad (2.33)$$

图 2.3

显然,不必假定 K 集存在,因此,可以说,若一个幅度为 $D_1 \leqslant D$,周长等于 L_1 的凸域 K_1 随机地放在平面上,则它和一个带相交的概率由式(2.33)所确定.

若 $a = 0$，而 K_1 缩成一个长度为 l 的线段，则 $L_1 = 2L$，这时式（2.33）给出经典的 Buffon 投针问题：

若在整个平面上画上平行直线，其行距是 $D \geqslant l$，而把一根长度为 l 的针随机地放上去，则这根针和这些线之一相交的概率是 $p = \dfrac{2l}{\pi D}$.

注记 Buffon 在他的 *Essai d' Arilhmétique Morale*（1777）里提出并解答了 Buffon 投针问题，这是几何概率论中最早的命题之一. 若在画有平行线的平面上把一根针随机地丢上去 N 次，公式 $p = \dfrac{2l}{\pi D}$ 给出估计 π 的值的可能性. 若其中有 n 次那根针和一条直线相交，则 $p^* = \dfrac{n}{N}$ 是 p 的一个估计值，而 $\pi^* = \dfrac{2l}{p^* D}$ 是对 π 的对应的估计值. 由概率论，我们知道，N 次试投中，p 的标准误差是 $\left[\dfrac{p(1-p)}{N}\right]^{\frac{1}{2}}$. 由于 $\delta \pi^* = \left(\dfrac{2l}{p^2 D}\right)\delta p$，可见对于大的 N 值，π^* 的标准误差是 $\pi\left[\dfrac{(\pi D - 2l)}{2lN}\right]^{\frac{1}{2}}$，而这个公式表示，最大可能的 l 值，即 $l = D$，对应于较准确的 π 的估计值.

试验进行了多次，可参看 Kendall 与 Moran 的结果. 但是，如 Gridgeman 所指出，所有已发表的结果都比预期好. 这个作者指出，若概率是 95%，要准确到恰好 d 位小数的 π 值，必须取 $N \sim 90. 10^{24}$（假定 $D = l$），而这比已公布的试验的数值大很多（参看 Mantel 的结果）. 关于投针问题以及其他积分几何结果在设计模式辨认部件中的应用，参考 Novikoff 的工作. 关于对曲线长的估计中的应用，Kac，Van Kampen 与 Wintner 对

处理 Buffon 投针问题中所包含的假设进行了分析.

3. 点,线与带构成的集合

设 D 为平面上一个域,它不一定是凸的(图 2.4),它的面积是 F. 若假定点 P 与带 B 是独立的,则元素偶 (P,B) 所构成的集的密度是 $dP \wedge dB$. 于是满足 $P \in B \cap D$ 的 (P,B) 的测度是

$$m(P,B; P \in B \cap D) = \int_{P \in B \cap D} dP \wedge dB$$

$$(2.34)$$

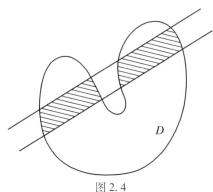

图 2.4

为了计算这个积分,先固定 P,然后利用式(2.24). 其结果是

$$m(P,B; P \in B \cap D) = \pi a \int_{P \in D} dP = \pi a F$$

$$(2.35)$$

其中 a 是 B 的宽. 另一方面,若先固定 B 而令 f 为 $B \cap D$ 的面积,则

$$m(P,B; P \in B \cap D) = \int_{B \cap D \neq \varnothing} f dB \quad (2.36)$$

于是

$$\int_{B\cap D\neq\varnothing} f\mathrm{d}B = \pi a F \qquad (2.37)$$

设 L 为 D 的凸包的周长,则 $m(P;P\in D)=F$,而 $m(B;B\cap D\neq\varnothing)=L+\pi a$,故得:

若 P 与 B 是随机选取但满足条件 $P\in D$,$B\cap D\neq\varnothing$ 的,则 P 属于 $B\cap D$ 的概率是

$$p = \frac{\pi a}{L+\pi a} \qquad (2.38)$$

而交集 $B\cap D$ 的面积 f 的中值是

$$E(f) = \frac{\pi a F}{L+\pi a} \qquad (2.39)$$

设 K 为凸集并考虑元素偶 (G,B)(直线与带),其中 $G\cap B\cap K\neq\varnothing$. 这个集合的测度是在条件 $G\cap B\cap K\neq\varnothing$ 下 $\mathrm{d}G\wedge\mathrm{d}B$ 的积分. 计算这个积分可以先固定 G,然后对带 B 求积,也可以先固定 B,然后对直线 G 求积. 利用式(2.25),第一种方法给出

$$m(G,B;G\cap B\cap K\neq\varnothing) = \int_{G\cap K\neq\varnothing}(2\sigma+\pi a)\mathrm{d}G$$
$$=2\pi F+\pi aL \qquad (2.40)$$

其中 σ 是弦 $G\cap K$ 的长. 第二种方法给出

$$m(G,B;G\cap B\cap K\neq\varnothing) = \int_{B\cap K\neq\varnothing}u\mathrm{d}B$$
$$(2.41)$$

其中 u 表示 $B\cap K$ 的周长(图 2.5). 由式(2.40)和式(2.41)得

$$\int_{B\cap K\neq\varnothing}u\mathrm{d}B = 2\pi F+\pi aL \qquad (2.42)$$

16

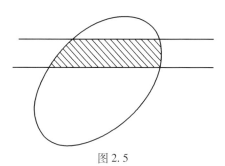

图 2.5

这些结果可以叙述如下：

设 G 是直线，B 是宽度为 a 的带，它们是随机选取的，但满足 $G \cap K \neq \varnothing$. 则 $G \cap B \cap K \neq \varnothing$ 的概率是

$$p = \frac{2\pi F + \pi aL}{L(L + \pi a)} \tag{2.43}$$

若 $a = 0$，就得：K 的两个随机弦相交于 K 内的概率是 $p = \dfrac{2\pi F}{L^2}$.

$B \cap K$ 的边界周长的中值是

$$E(u) = \frac{2\pi F + \pi aL}{L + \pi a} \tag{2.44}$$

两个独立的带 B_1，B_2 所构成的带偶的密度是 $\mathrm{d}B_1 \wedge \mathrm{d}B_2$，故满足 $B_1 \cap B_2 \cap K \neq \varnothing$ 的带偶 B_1，B_2 的测度是

$$m(B_1, B_2; B_1 \cap B_2 \cap K \neq \varnothing)$$
$$= \int_{B_1 \cap B_2 \cap K \neq \varnothing} \mathrm{d}B_1 \wedge \mathrm{d}B_2$$
$$= \int_{B_1 \cap K \neq \varnothing} (a_1 + \pi a_2)\mathrm{d}B_1$$
$$= 2\pi F + \pi a_1 L + \pi a_2(L + \pi a_1) \tag{2.45}$$

其中我们利用了式（2.23）和式（2.42），而 a_1，a_2 则依次是 B_1，B_2 的宽. 于是有：

17

若 B_1, B_2 为与凸集 K 相交的两个随机带,则 $B_1 \cap B_2 \cap K \neq \varnothing$ 的概率是

$$p = \frac{2\pi F + \pi L(a_1 + a_2) + \pi^2 a_1 a_2}{(L + \pi a_1)(L + \pi a_2)} \qquad (2.46)$$

4. 一些中值

设 $B_i(i = 1, 2, \cdots, n)$ 是 n 个与同一个凸集 K 相交的宽度等于 a 的随机带. 设 f_r 为 K 内被恰好 r 个带覆盖部分的面积,我们试求 f_r 的平均值. 考虑积分

$$I_r = \int \mathrm{d}P \wedge \mathrm{d}B_1 \wedge \mathrm{d}B_2 \wedge \cdots \wedge \mathrm{d}B_n \qquad (2.47)$$

其积分范围是:对于一切与 K 相交的带 B_i 和对于一切被恰好 r 个带覆盖的 P,我们有

$$I_r = \binom{n}{r} \int_{P \in B_i} \mathrm{d}P \wedge \mathrm{d}B_1 \wedge \cdots \wedge \mathrm{d}B_r \int_{P \in B_h} \mathrm{d}B_{r+1} \wedge \cdots \wedge \mathrm{d}B_n$$

$$(2.48)$$

其中 $i = 1, 2, \cdots, r; h = r + 1, \cdots, n$. 由于含 P 在内的带的测度是 πa,而不含 P 的带的测度是 $(L + \pi a) - \pi a = L$,我们就有

$$I_r = \binom{n}{r}(\pi a)^r L^{n-r} F \qquad (2.49)$$

另一方面,若在计算 I_r 时,先固定诸带 $B_1, B_2, \cdots, B_n$,则有

$$I_r = \int f_r \mathrm{d}B_1 \wedge \mathrm{d}B_2 \wedge \cdots \wedge \mathrm{d}B_n \qquad (2.50)$$

积分范围是一切和 K 相交的 B_r. 由式(2.49)与式(2.50)就得

$$\int f_r \mathrm{d}B_1 \wedge \mathrm{d}B_2 \wedge \cdots \wedge \mathrm{d}B_n = \binom{n}{r}(\pi a)^r L^{n-r} F$$

$$(2.51)$$

由于与 K 相交的 n 带组的集合的测度是 $(L+\pi a)^n$，我们得：

已给 n 个与凸集 K 相交而宽度为 a 的带，则 K 内恰好被 r 个带覆盖的部分的平均面积是

$$E(f_r) = \frac{\binom{n}{r}(\pi a)^r L^{n-r} F}{(L+\pi a)^n} \quad (r=0,1,2,\cdots,n)$$

$$(2.52)$$

若按照 $na = \alpha = $ 常数（即 n 个带的宽度总和等于常数 α）的规律令 $n \to \infty$，同时 $a \to 0$，就得

$$E(f_r) \to \frac{1}{r!}\left(\frac{\pi\alpha}{r}\right)^r F \exp\left(-\frac{\pi\alpha}{L}\right) \quad (2.53)$$

例如 K 内不被任何带覆盖的平均面积，其极限是

$$E(f_0) = F \exp\left(-\frac{\pi\alpha}{L}\right)$$

换句话说，这些结果可以写成下面的形式：

若假定 n 个宽度为 a 的带随机地和一个凸集 K 相交，则 K 的一点恰好属于 r 个带的概率是

$$p_r = \binom{n}{r}\frac{(\pi a)^r L^{n-r}}{(L+\pi a)^n} \quad (r=0,1,2,\cdots,n) \ (2.54)$$

若 $n \to \infty$，$a \to 0$，而 $na = \alpha$（常数），则

$$p_r \to \frac{1}{r!}\left(\frac{\pi\alpha}{L}\right)^r \exp\left(-\frac{\pi\alpha}{L}\right)$$

5. 注记

（a）Buffon 投针问题的推广. 假定针长 L 超过平行线之间的距离 D. 这时它同至少一条平行线相交的概率是

$$p = \frac{2}{\pi}\arccos\frac{D}{L} + \frac{2}{\pi D}\left[L - (L^2 - D^2)^{\frac{1}{2}}\right] \ (2.55)$$

更具体些，若假定 $D = 1$，而 $L = n + L'(0 \leqslant L' \leqslant 1)$，则那根针同恰好 h 条平行线 $(1 \leqslant h \leqslant n + 1)$ 相交的概率是

$$p_h = \frac{2}{\pi}\left[(h+1)\alpha_{h+1} - 2h\alpha_h + (h-1)\alpha_{h-1}\right] +$$

$$\frac{2L}{\pi}(\cos \alpha_{h+1} - 2\cos \alpha_h + \cos \alpha_{h-1}) \quad (2.56)$$

其中对于 $i = 1, 2, \cdots, n$，α_i 是 $L\sin \alpha_i = i$ 所确定的角，而 $\alpha_{n+1} = \dfrac{\pi}{2}$. 当 $h = n + 1$ 时，有

$$p_{n+1} = 2L\pi^{-1}\cos \alpha_n + 2n\pi^{-1}\left(\alpha_n - \frac{\pi}{2}\right)$$

（b）关于折线的 Buffon 投针问题. 假定平面上画有平行直线，行距是 D. 把一根折线 $\gamma = BAC$ 随机地放上去，折线两边 AB, AC 的长是 $|AB| = a$，$|AC| = b$. 假定 $\triangle ABC$ 最长的一边小于 D，作为练习，证明 γ 同平行线有零个、一个或两个交点的概率依次是

$$p_0 = 1 - \frac{a+b+c}{\pi D}, p_1 = \frac{2c}{\pi D}, p_2 = \frac{a+b-c}{\pi D}$$

其中 $c = |BC|$（图 2.6）.

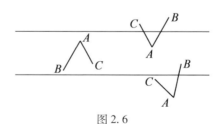

图 2.6

（c）黑白随机带. 设 K 为凸集，面积是 F，周长是 L，而且假定是白色的. 假定用一个宽度为 a 的黑色带

B_1 随机地跨过 K,那以后,用一个宽度同样为 a 的白色带 B_2 随机地跨过 K,而且把它和 B_1 相交部分的黑色抹掉. 继续这个过程,随机而交替地画上黑带和白带(图 2.7). 在画了 $n+1$ 个黑带和 n 个白带后,K 内黑色面积的平均值是

$$E(f_{2n+1}) = \frac{\pi a F}{L + \pi a}\left[1 + \left(\frac{L}{L+\pi a}\right)^2 + \left(\frac{L}{L+\pi a}\right)^4 + \cdots + \left(\frac{L}{L+\pi a}\right)^{2n}\right]$$

$$(2.57)$$

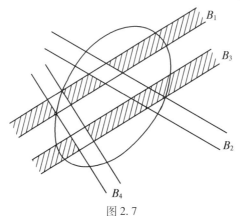

图 2.7

而在画了 $n+1$ 个黑带和 $n+1$ 个白带后,平均值变成

$$E(f_{2n+2}) = \frac{\pi a F L}{(L+\pi a)^2}\left[1 + \left(\frac{L}{L+\pi a}\right)^2 + \left(\frac{L}{L+\pi a}\right)^4 + \cdots + \left(\frac{L}{L+\pi a}\right)^{2n}\right]$$

$$(2.58)$$

当 $n \to \infty$ 时,得

$$E(f_{2n+1}) \to \frac{F(L+\pi a)}{2L+\pi a}, \quad E(f_{2n+2}) \to \frac{FL}{2L+\pi a}$$

$$(2.59)$$

§3 Buffon 弯针问题求解[①]

Buffon 问题有狭义和广义之分,狭义 Buffon 问题又可以分为短针和长针问题,其中短针问题的解决还导致了蒙特卡罗方法的产生,而对于广义 Buffon 问题,有如下结论.

引理 在平面内有间隔为 d 的等距平行线,将一直径为 $R(\leqslant d)$、周长为 S 的平面凸形投掷在平面上,则凸形与平行线相交的概率为 $\dfrac{S}{d\pi}$(所谓平面凸形是图形内任意两点的连线均在图形内的封闭曲线,且平面凸形的直径 R 为凸形内任意两点之间距离的最大值).

证明 可以将这个凸形看成一个凸多边形的极限形式. 将多边形的边从 1 到 n 标号. 如果这个多边形与某一平行线相交,则应交于两条边上. 以

$$P_{ij} = P_{ji}$$

表示相交于 i 边与 j 边的概率. 显然所投的这个多边形与任一条平行线相交这一事件 A 可以表示成下面两两互不相容事件和的形式,即

$$A = (A_{12} + \cdots + A_{1n}) + (A_{23} + \cdots + A_{2n}) + \cdots + A_{(n-1)n}$$

这里 A_{ij} 表示凸形同时与第 i 边和第 j 边相交的事件. 根据概率的有限可加性有

---

① 宋立新,王宏仁. Buffon 弯针问题求解[J]. 高等数学研究,2012,15(4):9.

$$P(A) = (P_{12} + \cdots + P_{1n}) + (P_{23} + \cdots + P_{2n}) + \cdots + P_{(n-1)n}$$

又因为

$$P_{ij} = P_{ji}, P_{ii} = 0$$

所以

$$P(A) = \frac{1}{2} \sum_{i=1}^{n} \sum_{j=1}^{n} P_{ij}$$

其中 $\sum\limits_{j=1}^{n} P_{ij}$ 可看成是第 i 边与一条平行线相交的概率. 如果设第 i 边长为 a_i,则根据 Buffon 短针问题的结论,就有

$$\sum_{j=1}^{n} P_{ij} = \frac{2a_i}{d\pi}$$

对 n 取极限有

$$P(A) = \frac{1}{2} \sum_{j=1}^{n} \frac{2a_i}{d\pi} = \frac{S}{d\pi}$$

吉林师范大学数学学院的宋立新,王宏仁教授还研究了所谓的 Buffon 弯针问题.

定理　在平面内有间隔为 d 的等距平行线,将一任意形状的平面弯针投掷到平面上,则弯针与平行线相交的概率为 $\frac{S}{d\pi}$,其中 S 为包含弯针之最小凸形的周长,且最小凸形的直径 $R \leqslant d$.

证明　首先我们将曲线变形为一个首尾相连的曲线 l. 如果曲线两个端点不联结在一起(包括一个端点搭在曲线上,形如数字"6"),联结两个端点. 如果曲线首尾相连,则不必联结. 将变形后首尾相连的曲线 l 围成的区域记为 D,用 D' 表示区域 D 的内点集. 这时曲线 l 上的点分为两类. 一类是若作为切点其切线 k 不

与 D' 相交,即

$$k \cap D' = \varnothing$$

另一类是若作为切点其切线 k 与 D' 相交. 接下来汇集所有的第一类点成若干段曲线 G_1,然后在 l 上顺次用线段联结 G_1 上的各个端点,得到若干线段 G_2,那么

$$G_1 \cap G_2 = G$$

便是包含弯针的最小凸形,而且这个最小凸形是唯一的. 根据 G 的构造,弯针与平行线相交就等价于这个最小凸形 G 与平行线相交,根据引理,结论得证.

图形的格与 Buffon 问题

第 3 章

1. 定义与基本公式

平面上一个连通开集叫作一个域. 一个域,或者它和它的部分或全部边界点的并集,叫作一个区.

已给平面上一个序列的全等区 a_0,a_1,a_2,$\cdots$,如果下列条件得到满足,则这个序列称为构成一个格,各区称为格的基本区.

(a)平面上每一点属于唯一的 a_i;

(b)每一个 a_i 可以通过一个运动 t_i 和 a_0 叠合,而且 t_i 把每一个 a_s 叠置在一个 a_h 上,也就是把整个格变为自己.

使得 $a_0 = t_i a_i$ 的运动集合 $\{t_i\}$ 是运动群的一个离散子群. 这样一个群叫作晶体群. 共有 17 类不同构的晶体群,但对于每一个晶体群有无数多种可能的基本区. 图 3.1 到图 3.5 是格的例子,其中的基本区是正方形、平行四边形、正六边形或者形状更复杂的图形.

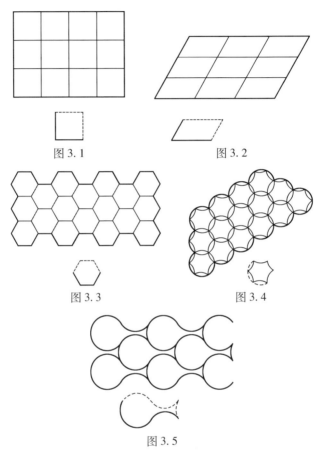

图 3.1   图 3.2

图 3.3   图 3.4

图 3.5

　　设 D_0 为平面上的一个图形,它可能是被有限多条简单闭线所包围的区,或可求长曲线的一个集合,或有限多个点,等等.假定 D_0 含在一个格中的一个基本区 a_m 内.设 D_1 为另一个图形,它不一定含在一个基本区内.令 D_0 固定,而 D_1 做运动,其运动密度是 $dK_1 = dP \wedge d\varphi$,其中 P 是 D_1 的一点,而 φ 表示从一个参考方向到一个和 D_1 相固连的方向的夹角.考虑积分

26

$$I = \int_{D_0 \cap D_1 \neq \varnothing} f(D_0 \cap D_1) \mathrm{d}K_1 \qquad (3.1)$$

其中 f 表示交集 $D_0 \cap D_1$ 的一个实函数，$f(\varnothing) = 0$. 我们有

$$I = \sum_i \int_{a_i} f(D_0 \cap D_1) \mathrm{d}K_1 \qquad (3.2)$$

其中的和是对于一切的基本区所取的，而对于每个 i，积分范围是一切属于 a_i 的 P 和 $0 \leqslant \varphi \leqslant 2\pi$.

经过运动 t_i，基本区 a_i 转移到 a_0，即 $t_i a_i = a_0$. 因此，经过变数的改变 $K_1 \to t_i K_1$（即通过 t_i 移动动标 P，φ），由于运动密度的不变性（即 $\mathrm{d}K_1 = \mathrm{d}(t_i K_1)$），就得

$$I = \sum_i \int_{a_0} f(D_0 \cap t_i D_1) \mathrm{d}K_1 \qquad (3.3)$$

而由于交集 $D_0 \cap t_i D_1$ 和 $t_i^{-1} D_0 \cap D_1$ 全等，又得

$$I = \int_{a_0} \sum_i f(t_i^{-1} D_0 \cap D_1) \mathrm{d}K_1 \qquad (3.4)$$

因此，若在平面上画出一切点集 $t_i^{-1} D_0$（$i = 0, 1, 2, \cdots$），然后对于一切 i 取和 $\sum_i f(t_i^{-1} D_0 \cap D_1)$，再在 $P \in a_0, 0 \leqslant \varphi \leqslant 2\pi$ 的范围（这确定 D_1 的位置的一个集合）内取积分，则所得积分式(3.4)和式(3.1)相同.

2. 域格

设 D_0 和 D_1 为闭域，它们的边界是由有限多条逐段光滑的简单闭线所构成. 设 F_i, L_i, c_i 依次为 D_i（$i = 0, 1$）的面积、周长和总曲率. 假定 D_0 含在基本区 a_0 内，我们考虑一切域 $t_i^{-1} D_0$（$i = 0, 1, 2, \cdots$）所构成的格[①]. 这样，若

---

① 这不是 1 中所说的那种意义的格，它不是由基本区所构成.

令 $f(D_0 \cap D_1)$ 为 $D_0 \cap D_1$ 的总曲率,则由式(3.4),就得

$$\int_{a_0} c_{01} \mathrm{d}K_1 = 2\pi(F_0 c_1 + F_1 c_0) + L_0 L_1 \quad (3.5)$$

c_{01} 表示 D_1 和一切图形 $t_i^{-1}D_0$ 的交集的总曲率,也就是 D_1 和 D_0 在一切 a_i 内的翻版所构成的格的交集的总曲率. 式(3.5)里的积分范围是 $P \in a_0, 0 \le \varphi \le 2\pi$.

例如,若 D_0 和 D_1 的边界分别都是一条单一的闭线,则 $c_0 = c_1 = 2\pi, c_{01} = 2\pi v$,其中 v 表示交集 $\sum_i (t_i^{-1}D_0) \cap D_1$ 所含的块数,因而

$$\int_{a_0} v \mathrm{d}K_1 = 2\pi(F_0 + F_1) + L_0 L_1 \quad (3.6)$$

在图3.6中,$v = 8$.

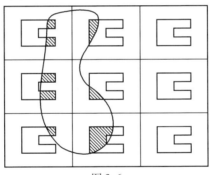

图3.6

特别值得注意的是:D_0 和基本区 a_0 重合,但需补上必要的边界点,使 D_0 成为闭集. 这时,式(3.6)成立,而 v 则表示 D_1 被格所分割成块的数目. 例如在图3.7里,$v = 8$.

由于积分范围的"体积"是 $2\pi a_0$,其中 a_0 也表示基本区 a_0 的面积,我们有:

设一个闭域 D_1 的面积是 F_1, 边界是长度为 L_1 的单一闭线, 再设一个格的基本区面积为 a_0, 周长为 L_0, 则将 D_1 随机地放在格上时, D_1 被格分割成块的平均数是

$$E(v) = \frac{2\pi(a_0 + F_1) + L_0 L_1}{2\pi a_0} \qquad (3.7)$$

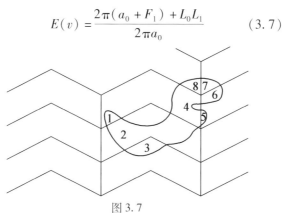

图 3.7

和 D_1 有公共点的基本区数 N 总小于或等于 v(例如在图 3.7 中, $N = 6$, $v = 8$). 因此, $E(N) \leqslant E(v)$. 故:

设 D_1 为任意闭域, 面积是 F_1, 边界是长度为 L_1 的单一闭线, 再设一个格的基本区面积为 a_0, 周长为 L_0, 则 D_1 可以被格中一定数目 μ 的基本区所覆盖, 而 μ 满足不等式 $\mu \leqslant E(v)$, 其中 $E(v)$ 的值是式(3.7).

把这个结果应用于边长为 a 的正方形格($a_0 = a^2$, $L_0 = 4a$), 就得每一个由单一的闭线包围的域可以用不多于

$$\mu_s = 1 + \frac{2L_1}{\pi a} + \frac{F_1}{a^2} \qquad (3.8)$$

个那样的正方形覆盖.

若格是由边长为 a 的正六边形所构成的(图 3.3), 则得 D_1 可以用不多于

$$\mu_h = 1 + \frac{2L_1}{\sqrt{3}\,\pi a} + \frac{2F_1}{3\sqrt{3}\,a^2} \qquad (3.9)$$

个六边形覆盖.

若考虑这些六边形的外接圆,就得 D_1 可以用不多于 μ_h 个半径为 a 的圆覆盖. 这些结果是 Hadwiger 得到的.

3. 曲线格

设 D_0 和 D_1 为逐段光滑曲线,长度依次是 L_0, L_1. 由式(3.4),令 $f(D_0 \cap D_1)$ 为交集 $D_0 \cap D_1$ 所含的点数,就得

$$\int_{a_0} n \mathrm{d}K_1 = 4L_0 L_1 \qquad (3.10)$$

其中 n 表示 D_1 和曲线格 $t_i^{-1} D_0 (i = 0, 1, 2, \cdots)$ 的交点数.

在图 3.8 里, $n = 4$. 于是得:

设一个格的基本区面积是 a_0,每个区含一条长度为 L_0 的曲线,而一条长度为 L_1 的曲线 D_1 随机地放了上去,则上述曲线格和 D_1 的平均交点数是

$$E(n) = \frac{2L_0 L_1}{\pi a_0} \qquad (3.11)$$

例如,考虑边长为 a, b 的长方形格,而 D_0 由这些长方形的两条相邻边所构成(图 3.9). 则 $a_0 = ab$, $L_0 = a + b$,而

$$E(n) = \frac{2(a + b)L_1}{\pi ab} \qquad (3.12)$$

若 $a \to \infty$,则上述的格变成平行线格,其间隔距离是 b ,而 $E(n) = \frac{2L_1}{\pi b}$. 特殊地,若 D_1 为长度等于 L_1

30

$(L_1 \le b)$ 的线段,则 n 的值只能是 $0,1$,而 $E(n)$ 就等于一条长度为 L_1 的线段和一条平行线相交的概率. 我们又一次获得 Buffon 的结果.

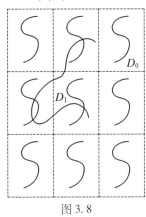

图 3.8

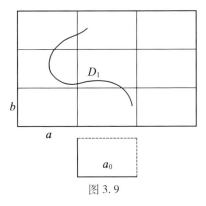

图 3.9

4. 点格

设 D_0 由有限多个点所构成,例如 m 个. 令 $f(D_0 \cap D_1)$ 是含在 D_1 内的点 D_0 的个数. 由式 (3.4),就有

$$\int_{a_0} n \mathrm{d}K_1 = 2\pi m F_1 \qquad (3.13)$$

31

其中 n 是点格中属于 D_1 的点的个数. 例如在图 3.10 里, $m=3$, $n=4$, 而在图 3.11 里, $m=1$, $n=2$. 这个结果可以写成:

若每个基本区含有 m 个点, 而一个面积为 F_1 的域 D_1 随机地放在平面上, 则 D_1 含有格点的平均数是

$$E(n)=\frac{mF_1}{a_n} \qquad (3.14)$$

我们将给出这个中值的三项应用.

（a）考虑边长等于 a 的等边三角形格, 则这些三角形的顶点构成一个点格. 以这些点为顶点的平行四边形也构成一个格, 其基本区由两个三角形所构成, $a_0=\left(\frac{\sqrt{3}}{2}\right)a^2$, $m=1$（图 3.12）. 这样, $E(n)=2F_1(\sqrt{3}a^2)^{-1}$, 于是得定理:

总可以把 n 个点放在一个已给的、面积为 F_1 的域内, 使其中两点的最小距离 a 满足条件

$$a^2\geqslant 2F_1(\sqrt{3}n)^{-1}$$

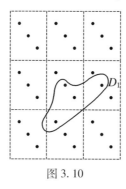

图 3.10

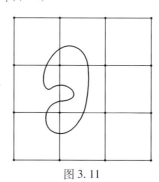

图 3.11

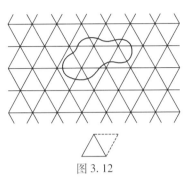

图 3.12

（b）若只考虑 D_1 的平移,中值(3.14)也适用,不需改变.我们将证明,若 D_1 是有界闭域,则它必有一个位置,含有至少 $\left[\dfrac{mF_1}{a_0}\right]+1$ 个格点,其中$\left[\ \ \right]$表示"整数部分".事实上,若存在着使 $n<\left[\dfrac{mF_1}{a_0}\right]$ 的 D_1 的位置集合,其测度是正的,则为了补偿,必有使 $n>\left[\dfrac{mF_1}{a_0}\right]$ 的位置集合,其测度是正的,因而必有 D_1 的位置,使 n 等于 $\left[\dfrac{mF_1}{a_0}\right]+1$. 现在假设除了一个零测度集的 D_1 位置外,$n=\left[\dfrac{mF_1}{a_0}\right]$. 取 D_1 的一个位置,使这些点中有些在边界 ∂D_1 上.设 ε 为不属于 D_1 的格点和 D_1 的最短距离;由于 D_1 是有界闭集,$\varepsilon>0$,通过一个距离小于 ε 的平移,肯定可以使 ∂D_1 上的一些格点离开 D_1,因而就有一个正测度的 D_1 位置集合,使 $D_1<\left[\dfrac{mF_1}{a_0}\right]$,和假设矛盾.于是我们证明了 Blichfeldt 定理:

若平面上有一个格,其基本区的面积是 a_0,而每

个基本区含有 m 个格点，又在这个平面上有一个面积等于 F_1 的有界闭域 D_1，则经过一个平移，必可使 D_1 的新位置含有至少 $\left[\dfrac{mF_1}{a_0}\right]+1$ 个格点.

（c）已给一个格点，一个困难的课题是：若要求一个域的任何位置都含有至少一个已给数目的格点，求具有最小面积的这样的域的形状.

举一个例. 考虑一个直角坐标系中具有整数坐标的点所构成的格（这样的格叫作整格），试求最小面积的闭凸集，它无论怎样放在平面上，总要覆盖整格的一个点. 由式（3.14）可知 $E(n)=F_1$，而所需满足的条件是 $E(n)\geqslant 1$，因而 $F_1\geqslant 1$. 若只考虑平移，所求答案显然是边长为 1 的正方形，$F_1=1$. 若把一切运动考虑在内，条件 $F_1=1$ 是不充分的. D. B. Sawyer 对于具有中心的凸集和 J. J. Schäffer 对于一般凸集证明了答案由一个边长为 1 的正方形和两个抛物线弓形所构成，抛物线切线和正方形的边所作的角是 $\dfrac{\pi}{4}$（图 3.13）. 这个最小凸集的面积是 $F_1=\dfrac{4}{3}$.

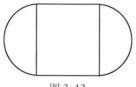

图 3.13

下面是一个类似的课题（设计人是 Scott）. 设 K 为欧氏平面上一个有界凸集. 令 $\delta(K)$ 表示 K 的宽. 若 $\delta(K)\geqslant\dfrac{1}{2}(2+\sqrt{3})$，则 K 含有整格的一个点. 当 K 为

边长为 $\dfrac{2+\sqrt{3}}{\sqrt{3}}$ 的等边三角形时,而且只在此时,需用这里面的等号.

若一个域 D 不含整格中的任何点作为一个内点,则相对于整格,D 称为可容(许)的. Bender 证明了 $2F \leqslant L$,其中 F 为 D 的面积,L 为周长. 参看 Silver, Hadwiger 和 Wills 的结果. 下面是 Bokowski, Hadwiger 与 Wills 所得到的一般结果:设 K 为 n 维欧氏空间中的凸体,它的体积是 V,表面积是 F,并设 N 为作为 K 的内点的格点(具有整数坐标的点),则 $N > V - \dfrac{F}{2}$,而且其中的因子 $\dfrac{1}{2}$ 不能用更小的数替代.

Poole 与 Gerriets 探讨了以下课题:已给任意长度为 L 的弧,求平面上面积最小的凸区,它经过适当的平移和转动,可以覆盖那个弧. 他们指出,一条对角线长为 L 和 $3^{-\frac{1}{2}}L$ 的菱形 R 将能覆盖每一个那样的弧. 他们还指出,可以把 R "截"去一块以得到具有所要求性质的较小的区,其面积小于 $0.286\,1L^2$. Chakerian 与 Klamkin 和 Wetzel 考虑了与此相关的问题.

要确定一个随机区所覆盖的格点数的方差,一般是困难的. Kendall 与 Rankin 处理了 E_n 里在一个随机球内部的格点问题.

5. 注记

(a)有关格的概率.

考虑基本区为具有面积 a_0 的凸多边形所构成的格. 基本区的边界构成一个线状格(或无穷网格),它是 a_0 的部分边界经过变换 t_i 所产生的. 设 u_0 为这部分边界的长. 例如,对于图 3.2 的格,若作为基本区的平行四边形的边长是 a, b,顶角是 θ,则 $a_0 = ab\sin\theta$, $u_0 = a + b$;对于图 3.3 的格,若六边形的边长是 a,则 $a_0 = \left(\dfrac{3\sqrt{3}}{2}\right)a^2$, $u_0 = 3a$. 在本小节里,我们用"格"这个词来表示基本区的边界所构成的线状格.

设 S^* 是长度为 r 的有向线段,而且 S^* 不能同线状格有多于两个公共点. 另一方面,若令 m_i ($i = 0, 1, 2$) 为 S^* 同格有 i 个公共点的一切位置测度,则根据式 (3.10), $m_1 + m_2 = 4ru_0$,而 S^* 在运动群 $\{t_i\}$ 下互不等价的位置集合的测度是 $m_0 + m_1 + m_2 = 2\pi a_0$. 若 m_0 已知,则由这些公式可以确定 m_1 和 m_2,我们就可以求得 S^* 同格有 $0, 1, 2$ 个公共点的概率.

例 3.1 考虑图 3.2 里的平行四边形格,有

$$m_0 = 2\pi ab\sin\theta - 4r(a + b) + r^2\left[2 + (\pi - 2\theta)\cot\theta\right]$$

$$(3.15)$$

而利用上述的结果,就得

$$m_1 = 4r(a + b) - 2r^2\left[2 + (\pi - 2\theta)\cot\theta\right]$$

$$m_2 = r^2\left[2 + (\pi - 2\theta)\cot\theta\right] \qquad (3.16)$$

因此:

设平面上有一个以边长为 a, b,顶角为 θ 的全等平行四边形所构成的格,并把一根长度为 r 的针随机地放在上面. 假定该针同格相交不多于两点,则交点数为 $0, 1, 2$ 的概率是

$$p_0 = 1 - \frac{2r(a + b)}{\pi ab\sin\theta} + \frac{r^2}{2\pi ab\sin\theta}\left[2 + (\pi - 2\theta)\cot\theta\right]$$

$$p_1 = \frac{2r(a + b)}{\pi ab\sin\theta} - \frac{r^2\left[2 + (\pi - 2\theta)\cot\theta\right]}{\pi ab\sin\theta}$$

$$p_2 = \frac{r^2 [2 + (\pi - 2\theta)\cot\theta]}{2\pi ab\sin\theta}$$

例 3.2 对于以边长为 a 的正六边形格和长度为 $r(r \leqslant a)$ 的针,其概率是

$$p_0 = 1 - \frac{4\sqrt{3}\,r}{3\pi a} + \left(\frac{\sqrt{3}}{3\pi} - \frac{1}{9}\right)\frac{r^2}{a^2}$$

$$p_1 = \frac{4\sqrt{3}\,r}{3\pi a} - \left(\frac{2\sqrt{3}}{3\pi} - \frac{2}{9}\right)\frac{r^2}{a^2}$$

$$p_2 = \left(\frac{\sqrt{3}}{3\pi} - \frac{1}{9}\right)\frac{r^2}{a^2}$$

Santaló 探讨了这个问题.

例 3.3 凸集格:假定每个基本区含有一个凸集 D_0,它的面积是 F_0,周长是 L_0. 设 D_1 为另一个凸集,它的面积是 F_1,周长是 L_1,而且它不能和一个以上的 $t_i^{-1}D_0$ 相交(图 3.14),即

$$m(D_1; D_0 \cap D_1 \neq \varnothing) = 2\pi(F_0 + F_1) + L_0 L_1$$

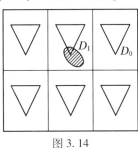

图 3.14

而由于 D_1(对于$\{t_i\}$不等价)的位置测度是 $2\pi a_0$,就得:

设在平面上有由凸集 D_0 所产生的格而把一个凸集 D_1 随机地放上去,则(在 D_1 不能和两个 $t_i^{-1}D$ 相交的假定下)D_1 和 $t_i^{-1}D_0$ 之一相交的概率是

37

$$p = \frac{2\pi(F_0 + F_1) + L_0 L_1}{2\pi a_0}$$

练习 设 D_1 为线段,它的长 r 不小于 D_0 的直径,但又不能和格中一个以上的凸集 $t_i^{-1} D_0$ 相交. 证明:D_1 同 ∂D_0 交于 0,1,2 个点的概率是

$$p_0 = 1 - \frac{F_0}{a_0} - \frac{rL_0}{\pi a_0}, p_1 = \frac{2F_0}{a_0}, p_2 = \frac{rL_0}{\pi a_0} - \frac{F_0}{a_0}$$

(b)等边三角形格.

考虑边长为 a 的等边三角形格(图 3.12). 把一条长度为 $r\left(r \leqslant \frac{\sqrt{3}}{2}a\right)$ 的线段随机地放上去,它可能和格交于 0,1,2 个点,其对应的概率是

$$p_0 = 1 - \frac{4\sqrt{3}\,r}{\pi a} + 2\left(\frac{\sqrt{3}}{2\pi} + \frac{1}{3}\right)\frac{r^2}{a^2}$$

$$p_1 = \frac{4\sqrt{3}\,r}{\pi a} - \left(\frac{\sqrt{3}}{\pi} + \frac{5}{3}\right)\frac{r^2}{a^2}$$

$$p_2 = \left(\frac{4}{3} - \frac{\sqrt{3}}{\pi}\right)\frac{r^2}{a^2}$$

$$p_3 = \left(\frac{\sqrt{3}}{\pi} - \frac{1}{3}\right)\frac{r^2}{a^2}$$

(c)特殊形状的凸集及其格.

a)考虑边长为 a, b ($a \geqslant b$) 的长方形的格(图 3.15),并设 K 为常幅凸集,其幅 $h \leqslant b$. 若把 D_1 随机地放在平面上,则 K_1 和 0,1,2 条格线相交的概率是

$$p_0 = 1 - \frac{(a+b)h}{ab} + \frac{h^2}{ab}, p_1 = 1 - \frac{(a+b)h}{ab} - \frac{2h^2}{ab}, p_2 = \frac{h^2}{ab}$$

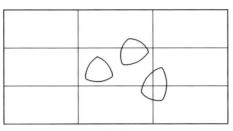

图 3.15

b) 考虑边长为 a 的等边三角形格(图 3.16)和一个三角形凸集 K_1,其外接三角形的边 $a_1 \leqslant a$. 若把 K_1 随机地放在平面上,则 K_1 和格相交的概率是 $p = \dfrac{2a_1}{a} - \left(\dfrac{a_1}{a}\right)^2$,而 K_1 完全落在格中一个三角形之内的概率是

$$p_0 = 1 - \frac{2a_1}{a} + \left(\frac{a_1}{a}\right)^2$$

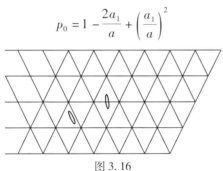

图 3.16

c) 考虑边长为 a 的正方形的格,并以每个顶点为中心作半径等于 $\dfrac{a}{4}$ 的圆(图 3.17).

作为练习,证明:①格中的圆和一个长度为 L 的随机曲线的平均交点数是 $E(n) = \dfrac{L}{a}$;②若一个形状任意而有 16 个小孔的薄片随机地放在平面上,则落在格

39

Buffon 投针问题

中一个圆内的小孔的平均数是 π.

图 3. 17

d) 曲线长的测量. 把公式 (3. 12) 应用于边长为 a 的正方形格, 就得 $L_1 = \frac{\pi}{4} a E(n)$. 这个结果提供了测量曲线长的一种实际方法. 假定我们把一张画有边长为 a 的正方形格的透明薄片盖在曲线上. 记下曲线和格线的交点数, 把薄片逐次转动 $\frac{\pi}{n}$ 角. 取各次交点数的中值, 再乘以 $\frac{\pi}{4} a$, 就得 L_1 的一个估计值. 利用这个方法所产生误差的估计, Moran 做过分析.

40

几何概率问题

§1　聚焦中学数学中
几何概型的交汇性[①]

第

4

章

　　几何概型,以其形象直观的特点,备受人们青睐,不仅可以用它来解决自古以来的约会问题,还可以解决现在的交通问题,使人们深切感受到数学的美和数学的实用价值.事实上,几何概型并不是孤立的,它可以与方程、不等式、平面几何、立体几何等知识交叉渗透,自然地交汇在一起,使数学问题的情景新颖别致,从而增强学生的采集信息、处理信息和综合运用数学知识分析、解决问题的能力.

　　1.几何概型与方程的交汇

　　例4.1　在区间$(0,1)$上随机取两个数u,v,求关于x的一元二次方程$x^2 - \sqrt{v}x + u = 0$有实根的概率.

　　①　张传鹏.聚焦几何概型的交汇性[J].中学生数学,2009(373):40 - 42.

解 设事件 A 表示方程 $x^2 - \sqrt{v}x + u = 0$ 有实根,因为 u,v 是从 $(0,1)$ 中任意取的两个数(图 4.1),所以点 $(0,1)$ 与正方形 D 内的点一一对应,其中

$$D = \{(u,v) \mid 0 < u < 1, 0 < v < 1\}$$

事件 $A = \{(u,v) \mid v - 4u \geqslant 0, (u,v) \in D\}$,事件 A 的样本点区域为图 4.1 中的阴影部分.

所以,有

$$P(A) = \frac{S_A}{S_D} = \frac{1}{8}$$

图 4.1

评注 本题将概率与一元二次方程结合在一起,题型新颖,由题意利用一元二次方程的判别式得到的满足的范围 $v - 4u \geqslant 0$ 是解题的关键. 本题可以进一步推广:在区间 $(0,1)$ 上随机取两个数 u,v,求关于 x 的一元二次方程 $x^2 - \sqrt{v}x + u = 0$ 有两个正根的概率.

2. 几何概型与不等式的交汇

例 4.2 在一张打上方格的纸上投一枚直径为 2 的硬币,方格边长要多长才能使硬币与线不相交的概率小于 4%?

解 设事件 A 表示硬币与线不相交,如图 4.2,取一个方格,设边长为 x,显然,当 $x \leqslant 2$ 时,$P(A) = 0$,当 $x > 2$ 时,硬币与线不相交,圆心到线的距离应该超过

1,即圆心只能在图中阴影部分内才与边界不相交,则

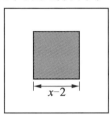

图 4.2

$$P(A) = \frac{\text{阴影面积}}{\text{方格面积}} = \frac{(x-2)^2}{x^2} < 4\%$$

即
$$\frac{x-2}{x} < \frac{2}{10}$$

即当边长 $2 < x < 2.5$ 时,才能使硬币与线不相交的概率小于 4%. 综上分析,当 $0 < x < 2.5$ 时,$P(A) < 4\%$.

评注 本题将概率与不等式进行巧妙结合,能找出硬币与线不相交所满足的条件,即圆心在阴影内部是解决问题的关键,从而进一步考察考生的数形结合能力.

3. 几何概型与平面几何的交汇

例 4.3 在面积为 S 的 $\triangle ABC$ 内任选一点 P,求 $\triangle PBC$ 的面积小于 $\frac{S}{2}$ 的概率.

解 如图 4.3 所示,EF 为 $\triangle ABC$ 的中位线,当点 P 位于四边形内部时,$\triangle PBC$ 的面积小于 $\frac{S}{2}$,因为

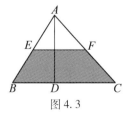

图 4.3

$$S_{\triangle AEF}=\frac{1}{4}S, S_{\text{四边形}BEFC}=\frac{3}{4}S$$

所以 $\triangle PBC$ 的面积小于 $\dfrac{S}{2}$ 的面积的概率为

$$p=\frac{\dfrac{3S}{4}}{S}=\frac{3}{4}$$

评注 本题将概率与平面几何进行巧妙结合,事件 $\triangle PBC$ 的面积小于 $\dfrac{S}{2}$ 的概率就是四边形的面积与大三角形的面积之比.

4. 几何概型与立体几何的交汇

例 4.4 已知正方体 $ABCD-A_1B_1C_1D_1$ 的棱长为 1,在正方体内随机取一点 M,求使四棱锥 $M-ABCD$ 的体积小于 $\dfrac{1}{6}$ 的概率.

解 设 M 到面 $ABCD$ 的距离为 h,则

$$V_{M-ABCD}=\frac{1}{3}S_{\text{面}ABCD}h=\frac{h}{3}<\frac{1}{6}$$

所以 $$h<\frac{1}{2}$$

故只需点 M 到面 $ABCD$ 的距离小于 $\dfrac{1}{2}$ 即可,所有满足点 M 到面 $ABCD$ 的距离小于 $\dfrac{1}{2}$ 的点组成以 $ABCD$ 为底面,高为 $\dfrac{1}{2}$ 的长方体,其体积为 $\dfrac{1}{2}$.

所以使四棱锥 $M-ABCD$ 的体积小于 $\dfrac{1}{6}$ 的概率为:$p=\dfrac{\dfrac{1}{2}}{1}=\dfrac{1}{2}$.

评注　本题的测度为几何体的体积,解题的关键是对四棱锥 $M-ABCD$ 的高 h 的变化范围的探求.

5. 几何概率与解析几何的交汇

例 4.5　一条线段长为 10,在线段上任取两点,把这条线段分成三段,求三条线段能构成三角形的概率.

解　设其中两段线段长为 x, y,则剩下的一段长为

$$10 - x - y$$

其中

$$\begin{cases} 0 < x < 10 \\ 0 < y < 10 \\ 0 < 10 - x - y < 10 \end{cases}$$

即

$$\begin{cases} 0 < x < 10 \\ 0 < y < 10 \\ 0 < x + y < 10 \end{cases}$$

如图 4.4 所示,样本空间是边长为 10 的等腰直角三角形,被分得的三段可以构成三角形,必须满足

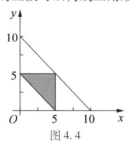

图 4.4

Buffon 投针问题

$$\begin{cases} 0 < x < 10 \\ 0 < y < 10 \\ x + y > 10 - x - y \\ x + (10 - x - y) > y \\ y + (10 - x - y) > x \end{cases}$$

即

$$\begin{cases} 0 < x < 5 \\ 0 < y < 5 \\ x + y > 5 \end{cases}$$

其所表示的区域为图中阴影部分面积.

所以三条线段能构成三角形的概率为

$$p = \frac{\dfrac{1}{2} \times 5 \times 5}{\dfrac{1}{2} \times 10 \times 10} = \frac{1}{4}$$

评注 本题中涉及三个变量,但由分析可知,只要设出其中的两个变量,就可以得到第三个变量. 从已知条件入手,寻找变量之间的关系,利用不等式所表示的区域作出图形,从而使问题得到解决. 在本题中运用了直线方程等解析几何的知识,本题的结论可以做进一步的推广:一条线段长为 a,在线段上任取两点,把这条线段分成三段,则这三条线段能构成三角形的概率必定为 $\dfrac{1}{4}$.

6. 几何概型与生活实际的交汇

例 4.6 甲、乙两人相约于下午 $1:00 \sim 2:00$ 之间到某车站乘公共汽车外出,他们到达车站的时间是随机的,设在 $1:00 \sim 2:00$ 之间有四班客车开出,开车时间分别是 $1:15,1:30,1:45,2:00$,求他们在下述情况

下同坐一班车的概率.

（a）约定见车就乘；

（b）约定最多等一班车.

解　设甲、乙到站时间分别是 x,y，则 $1 \leqslant x \leqslant 2$，$1 \leqslant y \leqslant 2$，所表示的区域为图 4.5 中的 16 个小正方形方格.

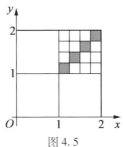

图 4.5

（a）约定见车就乘的事件所表示的区域如图 4.5 中 4 个黑色的小方格所示，所求概率为 $\dfrac{1}{4}$.

（b）约定最多等一班车的事件所表示的区域如图 4.6 中 10 个黑色的小方格所示，所求概率为 $\dfrac{5}{8}$.

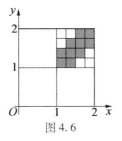

图 4.6

评注　本题是几何模型中的典型例题——约会问题的变形. 分别作出表示事件的所在区域，利用构造思想及数形结合思想，结合几何概型知识加以解决.

数学知识之间相互渗透,联系紧密,解决几何概型问题,一般都是先根据问题,建立相应的数学模型,然后将样本空间所求概率的事件在一维,或二维,或三维空间中表示出来,即可求出相应区域的度量,由此得到所求概率.

§2 Buffon 投针问题的进一步推广

在平面上放置间隔为 D 的平行线网,将长度为 l($l \leqslant D$)的线段(小针)随机地投掷到平面上,求小针与平行线网相遇的概率 p. Buffon 于 1733 年首先提出并用积分学方法解决了这一问题,于 1777 年作为他的著作《自然史》的附录正式发表.这一问题后人称之为 Buffon 投针问题或 Buffon 小针问题. Buffon 提供的解答是

$$p = \frac{2l}{\pi D} \tag{4.1}$$

Buffon 投针问题是最早的一个几何概率问题,在一定意义上说,它也是一个最有代表性的影响最大的几何概率问题. Buffon 问题问世二百余年以来,已有各种推广研究.特别是积分几何的出现,使人们得以从全新的角度对这类问题予以洞察.以下我们介绍 Buffon 问题的一种推广:将平行线网换成平行带网,同时以凸域代替小针.

设平面上放置一平行带网,带域的宽度为 a,相邻两带域间的间隔为 D. 又设 K_1 为直径小于 D 之凸域,其周长为 L_1. 将 K_1 随机地投掷于平面上,求 K_1 与平行带网相遇的概率 p.

48

为了解决这一问题,不妨换一种角度来考察:设想 K_1 在平面上的位置固定,而将上述平行带网随机地投掷到平面上,求网与 K_1 相遇的概率. 因 K_1 的直径小于 D,故可作一直径为 D 的圆盘 K,使得 $K_1 \subset K$. 网的一个位置,对应于网中唯一一条带域与 K 相交的位置(K 碰巧与两相邻带域相切的情形可不考虑,因系零测度集). 这样,网的一切可能的位置,对应于与 K 相遇的带域之集,由式(4.2),其测度为 $\pi a + \pi D$. 另一方面,仍由式(4.2),与 K_1 相遇的带域集的测度为 $\pi a + L_1$. 因此所求概率为

$$p = \frac{\pi a + L_1}{\pi(a + D)} \qquad (4.2)$$

若平行带网退化为平行线网($a = 0$),同时凸域 K_1 退化为长度为 l 的线段(看作是周长为 $2l$ 的凸域),则式(4.2)便给出经典的 Buffon 问题的解式(4.1).

在经典的 Buffon 投针问题中,限制小针长度不超过平行线间的间隔. 上述推广中亦有 K_1 的直径不超过 D 的限制. 现在我们取消这一限制,对 Buffon 投针问题做进一步推广.

引理　设 B 为宽度等于 D 的带域. 又设 K_1 为平面上有界闭凸域,其宽度函数为 $\omega(\varphi)$. 函数 $\omega_D(\varphi)$ 由下式定义

$$\omega_D(\varphi) = \begin{cases} \omega(\varphi), & \text{当 } \omega(\varphi) \leqslant D \\ D, & \text{当 } \omega(\varphi) > D \end{cases} \qquad (4.3)$$

则含有 K_1 的带域 B 之集的测度为

$$m\{B: K_1 \subset B\} = \pi D - \int_0^\pi \omega_D(\varphi)\,\mathrm{d}\varphi \qquad (4.4)$$

证明　因带域 B 的运动密度为

$$dB = dp \wedge d\varphi \qquad (4.5)$$

故有

$$m\{B:K_1 \subset B\} = \int_{K_1 \subset B} dp \wedge d\varphi$$

$$= \int_0^\pi [D - \omega_D(\varphi)] d\varphi$$

$$= \pi D - \int_0^\pi \omega_D(\varphi) d\varphi$$

当 K_1 的直径不超过 D 时，$\omega_D(\varphi) \equiv \omega(\varphi)$.

定理 4.1 设平面上有间隔为 D 的平行带网,带域 B 的宽度为 a. 又设 K_1 为有界闭凸域,其宽度函数为 $\omega(\varphi)$. 将 K_1 随机地投掷于平面上,K_1 与平行带网相遇的概率为

$$p = \frac{\pi a + \int_0^\pi \omega_D(\varphi) d\varphi}{\pi(a + D)} \qquad (4.6)$$

其中函数 $\omega_D(\varphi)$ 按式(4.3)定义.

证明 与本节开头做相同考虑,视凸集 K_1 固定于平面某一位置,将平行带网随机地投掷于平面上. 另外,在平面上作一直径为 D 的圆域 $K(K$ 固定于平面上任何位置均可,其实上段的讨论中亦可不必要求 $K_1 \subset K$). 显然,平行带网一切可能位置之集的测度,等于与圆域 K 相交的带域 B 之集的测度. 后一测度为

$$m\{B:B \cap K \neq \varnothing\} = \pi a + \pi D = \pi(a + D) \quad (4.7)$$

又考虑平行带网的两相邻带域之间的区域,它是宽度为 D 的带域,记为 B_1. 由引理知

$$m\{B_1:K_1 \subset B_1\} = \pi D - \int_0^\pi \omega_D(\varphi) d\varphi \quad (4.8)$$

从而,与 K_1 相遇的平行带网之集的测度是(4.7)与(4.8)两式所表达的测度之差,即

$$\pi(a + D) - \left(\pi D - \int_0^\pi \omega_D(\varphi) \mathrm{d}\varphi \right) = \pi a + \int_0^\pi \omega_D(\varphi) \mathrm{d}\varphi$$

$$(4.9)$$

由(4.7)和(4.9)两式立即得到式(4.6).

当 K_1 的直径不超过 D 时,式(4.6)就成为式(4.2).

特例 设 K_1 退化为长度为 l 的小针. 同时,为方便起见,设 $a = 0$,即平行带网退化为平行线网. 在适当的参考系下,小针的宽度函数为

$$\omega(\varphi) = l\sin \varphi \quad (0 \leqslant \varphi < \pi) \qquad (4.10)$$

情形 1 若 $l \leqslant D$,此时 $\omega_D(\varphi) \equiv \omega(\varphi)$. 公式 (4.6)在此情形下给出经典的 Buffon 投针问题的解

$$p = \frac{2l}{\pi D}$$

情形 2 若 $l > D$,此时

$$\omega_D(\varphi) = \begin{cases} l\sin \varphi, & \text{当}\ 0 \leqslant \varphi \leqslant \arcsin \dfrac{D}{l}\ \text{及}\ \pi - \arcsin \dfrac{D}{l} \leqslant \varphi \leqslant \pi \\[2mm] D, & \text{当}\ \arcsin \dfrac{D}{l} \leqslant \varphi \leqslant \pi - \arcsin \dfrac{D}{l} \end{cases}$$

这时公式(4.6)给出

$$p = \frac{2}{\pi}\arccos \frac{D}{l} + \frac{2}{\pi D}\left[l - (l^2 - D^2)^{\frac{1}{2}} \right] \quad (4.11)$$

这是著名的所谓关于长针的 Buffon 问题的解.

以下我们来讨论凸域恰好与网中 h 条带域相遇的概率. 关于平行带网及凸域 K_1 的假定同前.

令 $s_k = kD + (k - 1)a$. 引入函数 $\omega_{(h)}(\varphi)$ 如下

$$\omega_{(h)}(\varphi) = \begin{cases} 0, & \text{当}\ \omega(\varphi) < s_{h-1} \\[1mm] \omega(\varphi) - s_{h-1}, & \text{当}\ s_{h-1} \leqslant \omega(\varphi) < s_h \\[1mm] s_{h+1} - \omega(\varphi), & \text{当}\ s_h \leqslant \omega(\varphi) < s_{h+1} \\[1mm] 0, & \text{当}\ \omega(\varphi) \geqslant s_{h+1} \end{cases} \quad (4.12)$$

我们有下列结论:

定理 4.2 平面上有间隔为 D 的平行带网,带域的宽度为 a. K_1 为有界闭凸域,宽度函数为 $\omega(\varphi)$. 又函数 $\omega_{(h)}(\varphi)$ 如式 (4.12) 所定义. 随机地将 K_1 投掷于平面上,则 K_1 恰好与网中 h 条带域相遇的概率为

$$p_h = \frac{1}{\pi(a+D)} \int_0^\pi \omega_{(h)}(\varphi) \mathrm{d}\varphi \qquad (4.13)$$

证明 仿照证明引理的方法不难证明,有 h 条带域与 K_1 相遇的平行带网之集的测度为

$$\int_0^\pi \omega_{(h)}(\varphi) \mathrm{d}\varphi$$

证明的细节请读者自行补足.

特例 设凸域 K_1 退化为长度等于 L 的线段 N. s_k 的意义同前,即 $s_k = kD + (k-1)a$. 假定 $s_n \leqslant L < s_{n+1}$. N 的宽度函数为 $\omega(\varphi) = L\sin\varphi, 0 \leqslant \varphi < \pi$. 对于 $h = 1, 2, \cdots, n$,记 $\alpha_h = \arcsin\dfrac{s_h}{L}$. 又,规定 $\alpha_{n+1} = \dfrac{\pi}{2}$. 按式 (4.12) 规定 $\omega_{(h)}(\varphi)$ 如下

$$\omega_{(h)}(\varphi) = \begin{cases} 0, & \text{当 } 0 \leqslant \varphi < \alpha_{h-1} \\ L\sin\varphi - s_{h-1}, & \text{当 } \alpha_{h-1} \leqslant \varphi < \alpha_h \\ s_{h+1} - L\sin\varphi, & \text{当 } \alpha_h \leqslant \varphi < \alpha_{h+1} \\ 0, & \text{当 } \alpha_{h+1} \leqslant \varphi < \dfrac{\pi}{2} \end{cases} \qquad (4.14)$$

$$(h = 1, 2, \cdots, n)$$

上式仅给出当 $0 \leqslant \varphi < \dfrac{\pi}{2}$ 时 $\omega_{(h)}(\varphi)$ 的定义. 当 $\dfrac{\pi}{2} \leqslant \varphi < \pi$ 时,$\omega_{(h)}(\varphi) = \omega_{(h)}(\pi - \varphi)$.

将式 (4.14) 代入式 (4.13),得

$$p_h = \frac{1}{\pi(a+D)}\left[2\int_{\alpha_{h-1}}^{\alpha_h}(L\sin\varphi - s_{h-1})\mathrm{d}\varphi + \right.$$

$$\left. 2\int_{\alpha_h}^{\alpha_{h+1}}(s_{h+1} - L\sin\varphi)\mathrm{d}\varphi\right]$$

$$= \frac{2}{\pi(a+D)}[s_{h+1}\alpha_{h+1} - (s_{h+1}+s_{h-1})\alpha_h + s_{h-1}\alpha_{h-1}] +$$

$$\frac{2L}{\pi(a+D)}(\cos\alpha_{h+1} - 2\cos\alpha_h + \cos\alpha_{h-1}) \quad (4.15)$$

$$(h = 1,2,\cdots,n)$$

对于 $h = n+1$,这时 $\omega_{(n+1)}(\varphi)$ 取如下形式

$$\omega_{(n+1)}(\varphi) = \begin{cases} 0, & \text{当 } 0 \leqslant \varphi < \alpha_n \\ L\sin\varphi - s_n, & \text{当 } \alpha_n \leqslant \varphi \leqslant \dfrac{\pi}{2} \end{cases} \quad (4.16)$$

从而有

$$p_{n+1} = \frac{2L}{\pi(a+D)}\cos\alpha_n + \frac{2s_n}{\pi(a+D)}\left(\alpha_n - \frac{\pi}{2}\right) \quad (4.17)$$

当 $a = 0, D = 1$ 时,(4.15)和(4.17)两式成为下列形式

$$p_h = \frac{2}{\pi}[(h+1)\alpha_{h+1} - 2h\alpha_h + (h-1)\alpha_{h-1}] +$$

$$\frac{2L}{\pi}(\cos\alpha_{h+1} - 2\alpha_h + \cos\alpha_{h-1}) \quad (4.18)$$

$$(h = 1,2,\cdots,n)$$

$$p_{n+1} = 2L\pi^{-1}\cos\alpha_n + 2n\pi^{-1}\left(\alpha_n - \frac{\pi}{2}\right) \quad (4.19)$$

这种特殊情形是前人已有的结果,它仅是式(4.18)的一种非常特殊的应用.

最后,顺便指出,知道诸 p_h 后,则显然

$$\tilde{p}_k = \sum_{h=k}^{n+1} p_h \quad (4.20)$$

为凸域 K_1 至少与 k 条带域相遇的概率. 特别是当

$k = 1$,即得 K_1 至少与一条带域相遇的概率,也就是前面我们讲的 K_1 与平行带网相遇的概率. 就(4. 15)和(4. 17)两式所表示的这种特殊情况而言,$\sum_{h=1}^{n+1} p_h$(注意令 $a = 0$)正好就是式(4. 11).

§3 运动测度 $m(l)$ 在几何概率问题中的应用

本节主要介绍如何利用测度 $m(l)$ 对 Buffon 投针问题做一系列推广.

1. Buffon 投针问题的 Laplace 推广

设平面上有两组互相正交的平行线网,一组的间隔为 a,另一组的间隔为 b. 如此形成的网格称为矩形网格. 以 a 和 b 为边的矩形叫作此网格的基本区域. 设 $b \leqslant a$. 今有小针 N,其长度 l 不超过矩形较短边之长(即 $l \leqslant b$),随机地投掷于平面上. 我们希望求出 N 与该矩形网格相遇的概率 p. 这一问题称为 Buffon 投针问题的 Laplace 推广.

现在我们来介绍这一问题的经典解法. 以 (x, y) 表示小针 N 的中点的坐标,$0 \leqslant x \leqslant a, 0 \leqslant y \leqslant b$;$\varphi$ 表示 N 与 Ox 轴之间的角,$-\dfrac{\pi}{2} \leqslant \varphi \leqslant \dfrac{\pi}{2}$. 从而,小针 N 的一切可能的位置,对应于边长为 a, b 及 π 的长方体中均匀分布的点 (x, y, φ). 此长方体的体积为 $V = \pi ab$. 含于长方形内的小针 N 的位置集的测度 V^* 可按下述步骤求出:V^* 亦可视为 (x, y, φ) 空间一立体的体积. 固定 $\varphi, -\dfrac{\pi}{2} \leqslant \varphi \leqslant \dfrac{\pi}{2}$,此立体的截面面积为

54

$$F(\varphi) = (a - l\cos\varphi)(b - l\,|\sin\varphi|)$$

$$= ab - bl\cos\varphi - al\,|\sin\varphi| + \frac{1}{2}l^2\,|\sin 2\varphi| \quad (4.21)$$

于是有

$$V^* = \int_{-\frac{\pi}{2}}^{\frac{\pi}{2}} F(\varphi)\,\mathrm{d}\varphi = \pi ab - 2(a+b)l + l^2 \quad (4.22)$$

最后得到 N 与矩形网格相遇的概率 p

$$p = 1 - \frac{V^*}{V} = 1 - \frac{\pi ab - 2(a+b)l + l^2}{\pi ab} = \frac{2l(a+b) - l^2}{\pi ab}$$

$$(4.23)$$

　　以上解法中最关键的一步是求体积 V^*. 其实这里的 V^* 正是前面讲的运动测度 $m(l)$. 在上面的问题中，网格的基本区域是矩形，且限制针长不超过矩形的较短边，因而上述解法并不显得十分复杂. 倘若基本区域是另外的多边形，且针长不受限制（即允许针长取不超过基本区域直径的一切正值），此时如果利用类似刚才求 V^* 的办法去解决相应的推广的 Buffon 投针问题，其繁复的程度将令人难以忍受. 而上一节所述的求运动测度 $m(l)$ 的普遍公式，为解决这一类问题提供了统一而有效的方法.

　　2. 利用 $m(l)$ 讨论推广的 Buffon 投针问题

　　所谓区域格（lattice of regions）是指满足下列条件的一种全等区域序列 $\alpha_0, \alpha_1, \cdots$：

　　（a）平面上任一点 P 属于且仅属于某一个区域 α_i；

　　（b）对于任意指定的 α_k，存在运动 $u_k \in \mathfrak{M}$ 使 $u_k\alpha_k$ 重合于 α_0，与此同时 u_k 使得序列中每个区域重合于序列中另外的区域.

　　诸 α_i 称为此区域格的基本区域. 这些基本区域的

Buffon 投针问题

边界组成的图形称为此区域格的网格.

今考虑这样的区域格,假定其基本区域全等于某凸域 K(有时我们称此区域格是以 K 作为基本区域所形成的),对于这样的区域格的网格,可讨论相应的 Buffon 投针问题:将长度为 l 的小针 N 随机地投掷于平面上,试求 N 与该网格相遇的概率 p.

设 K 的面积为 F. 又若含于 K 内的定长线段 N 的运动测度为 $m(l)$. 参照前面的讨论,不难看出

$$p = 1 - \frac{m(l)}{\pi F} \qquad (4.24)$$

仍以前面讨论过的矩形网格为例,此时 $F = ab$.

情形 1　设 $0 \leqslant l \leqslant b$,有

$$p = \frac{2l(a+b) - l^2}{\pi ab} \qquad (4.25)$$

自然,此式即前面的式(4.23). 在式(4.25)中,若令 $a \to \infty$,则得到 N 与间隔为 b 的平行线网相遇的概率(仍以 p 记之)

$$p = \frac{2l}{\pi b} \qquad (4.26)$$

这是经典的 Buffon 投针问题的解.

情形 2　设 $b \leqslant l \leqslant a$,有

$$p = \frac{2ab\arccos\dfrac{b}{l} + 2la - 2a(l^2 - b^2)^{\frac{1}{2}} + b^2}{\pi ab} \qquad (4.27)$$

值得一提的是,我们在 §2 中曾经提到过的长针 Buffon 投针问题的解(见 §2 中式(4.11)),实际上是式(4.27)的极限情形:在上式中令 $a \to \infty$,则有

$$p = \frac{2}{\pi}\arccos\frac{b}{l} + \frac{2}{\pi b}\left[l - (l^2 - b^2)^{\frac{1}{2}}\right] \quad (4.28)$$

56

情形 3　设 $a \leqslant l \leqslant (a^2 + b^2)^{\frac{1}{2}}$. 由公式 (4.24), 有

$$p = \frac{1}{\pi ab}\Big[\pi ab - 2a(l^2 - b^2)^{\frac{1}{2}} - 2b(l^2 - a^2)^{\frac{1}{2}} + a^2 +$$

$$b^2 + l^2 - 2ab\arcsin\frac{a}{l} + 2ab\arccos\frac{b}{l}\Big] \qquad (4.29)$$

以上简短的讨论, 显示了测度 $m(l)$ 在处理几何概率问题中的作用. 与经典的 Laplace 推广不同, 在我们刚才的讨论中, 对小针 N 的长度不必加以限制. 对于任意满足

$$0 \leqslant l \leqslant (a^2 + b^2)^{\frac{1}{2}}$$

的 l, 我们都给出了解答 (即 (4.25), (4.27) 及 (4.29) 三式), 并且经典的 Buffon 投针问题和长针 Buffon 投针问题的解都作为极限情形被此解答所包含.

对于刚才的问题, 也可以换一种方式进行推理. 取 n^2 个小矩形 (基本区域) 构成边长为 na 和 nb 的大矩形. 假定已知小针 N 落入大矩形内部, 则 N 与此 (有限) 矩形网格相遇的概率为

$$p_n = \frac{q_1}{q_2} \qquad (4.30)$$

其中 q_1, q_2 由下列各式给出:

当 $0 \leqslant l \leqslant b$ 时, 则

$$q_1 = \pi n^2 ab - 2n(a+b)l + l^2 -$$
$$n^2\big[\pi ab - 2(a+b)l + l^2\big] \qquad (4.31)$$
$$q_2 = \pi n^2 ab - 2n(a+b)l + l^2 \qquad (4.32)$$

当 $b \leqslant l \leqslant a$ 时, 且 n 足够大 (至 $l \leqslant nb$), 则

$$q_1 = \pi n^2 ab - 2n(a+b)l + l^2 - n^2\big[\pi ab -$$

$$2ab\arccos\frac{b}{l} - 2la + 2a(l^2 - b^2)^{\frac{1}{2}} - b^2\big] \qquad (4.33)$$

Buffon 投针问题

$$q_2 = \pi n^2 ab - 2n(a+b)l + l^2 \qquad (4.34)$$

当 $a \leqslant l \leqslant (a^2+b^2)^{\frac{1}{2}}$ 时,且 n 足够大,则

$$q_1 = \pi n^2 ab - 2n(a+b)l + l^2 - n^2\Big[2a(l^2-b^2)^{\frac{1}{2}} +$$

$$2b(l^2-a^2)^{\frac{1}{2}} - a^2 - b^2 - l^2 +$$

$$2ab\arcsin\frac{a}{l} - 2ab\arccos\frac{b}{l}\Big] \qquad (4.35)$$

$$q_2 = \pi n^2 ab - 2n(a+b)l + l^2 \qquad (4.36)$$

令 $n \to \infty$,则我们重新得到上述(4.25),(4.27)和(4.29)三式.

从应用的观点看,也许有限网格模型更有意义,因为无限网格在物理上是不可实现的(图4.7).

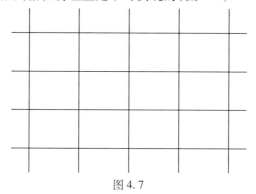

图 4.7

3. 某些凸多边形域的 $m(l)$ 及其应用

上一段详细地讨论了矩形网格的 Buffon 投针问题.讨论的方法,同样适用于其他各种凸多边形网格的场合.张高勇和黎荣泽对某些凸多边形网格进行了讨论,得到一系列结果.

平行四边形:以 P 表示两邻边分别为 a 和 b,两邻边的夹角为 θ 的平行四边形.不失一般性,可设 $b \leqslant a$,

$0 \leqslant \theta \leqslant \dfrac{\pi}{2}$.

平行四边形的广义支持函数是

$$p(\sigma,\varphi) = \begin{cases} \dfrac{a}{2}\cos\varphi + \dfrac{1}{\sin\theta}\left(\sigma\cos\varphi - \dfrac{b}{2}\sin\theta\right)\cos(\varphi-\theta) \\ \quad \text{当} -\dfrac{\pi}{2} \leqslant \varphi < -\dfrac{\pi}{2}+\theta \qquad\qquad (4.37) \\ \dfrac{a}{2}\cos\varphi - \dfrac{1}{\sin\theta}\left(\sigma\cos\varphi - \dfrac{b}{2}\sin\theta\right)\cos(\varphi-\theta) \\ \quad \text{当} -\dfrac{\pi}{2}+\theta \leqslant \varphi \leqslant \dfrac{\pi}{2} \qquad\qquad (4.38) \end{cases}$$

又 d_1,d_2,h_1,h_2,α 及 β 的意义如图 4.8 所示(对于确定的 a,b 及 θ,这些参数是完全确定的). 平行四边形 P 的限弦函数如下:

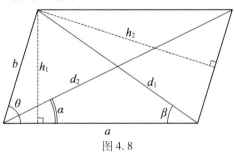

图 4.8

(a)当 $-\dfrac{\pi}{2} \leqslant \varphi < -\dfrac{\pi}{2}+\alpha$ 时:

$r(l,\varphi) = l$,当 $0 \leqslant l \leqslant a$ 及 $-\dfrac{\pi}{2} \leqslant \varphi < -\dfrac{\pi}{2}+\alpha$ 时;

$r(l,\varphi) = -\dfrac{h_2}{\cos(\varphi-\theta)}$,当 $a \leqslant l \leqslant d_2$ 及 $-\dfrac{\pi}{2} \leqslant \varphi <$

$\arccos\dfrac{h_2}{l} + \theta - \pi$ 时;

59

Buffon 投针问题

$r(l,\varphi)=l$，当 $a\leqslant l\leqslant d_2$ 及 $\arccos\dfrac{h_2}{l}+\theta-\pi\leqslant\varphi<$

$-\dfrac{\pi}{2}+\alpha$ 时.

（b）当 $-\dfrac{\pi}{2}+\alpha\leqslant\varphi<\dfrac{\pi}{2}-\beta$ 时：

$r(l,\varphi)=l$，当 $0\leqslant l<h_1$ 及 $-\dfrac{\pi}{2}+\alpha\leqslant\varphi<0$ 时；

$r(l,\varphi)=l$，当 $h_1\leqslant l<d_1$ 及 $-\dfrac{\pi}{2}+\alpha\leqslant\varphi<$

$-\arccos\dfrac{h_1}{l}$ 时；

$r(l,\varphi)=\dfrac{h_1}{\cos\varphi}$，当 $h_1\leqslant l<d_1$ 及 $-\arccos\dfrac{h_1}{l}\leqslant\varphi<$

0 时；

$r(l,\varphi)=l$，当 $0\leqslant l<h_1$ 及 $0\leqslant\varphi<\dfrac{\pi}{2}-\beta$ 时；

$r(l,\varphi)=\dfrac{h_1}{\cos\varphi}$，当 $h_1\leqslant l<d_1$ 及 $0\leqslant\varphi<\arccos\dfrac{h_1}{l}$

时；

$r(l,\varphi)=l$，当 $h_1\leqslant l<d_1$ 及 $\arccos\dfrac{h_1}{l}\leqslant\varphi<\dfrac{\pi}{2}-\beta$

时；

$r(l,\varphi)=l$，当 $d_1\leqslant l\leqslant d_2$ 及 $-\dfrac{\pi}{2}+\alpha\leqslant\varphi<-\arccos\dfrac{h_1}{l}$

时；

$r(l,\varphi)=\dfrac{h_1}{\cos\varphi}$，当 $d_1\leqslant l\leqslant d_2$ 及 $-\arccos\dfrac{h_1}{l}\leqslant\varphi<$

$\dfrac{\pi}{2}-\beta$ 时；

60

（c）当 $\dfrac{\pi}{2} - \beta \leqslant \varphi \leqslant \dfrac{\pi}{2}$ 时（分三款）：

a）若 $\theta + \beta < \dfrac{\pi}{2}$（此时必有 $a \geqslant d_1$）：

$r(l,\varphi) = l$，当 $0 \leqslant l < h_2$ 及 $\dfrac{\pi}{2} - \beta \leqslant \varphi \leqslant \dfrac{\pi}{2}$ 时；

$r(l,\varphi) = l$，当 $h_2 \leqslant l \leqslant d_1$ 及 $\dfrac{\pi}{2} - \beta \leqslant \varphi \leqslant \dfrac{\pi}{2}$ 时；

$r(l,\varphi) = l$，当 $d_1 \leqslant l \leqslant a$ 及 $\dfrac{\pi}{2} - \beta \leqslant \varphi < \theta - \arccos \dfrac{h_2}{l}$ 时；

$r(l,\varphi) = \dfrac{h_2}{\cos(\varphi - \theta)}$，当 $d_1 \leqslant l < a$ 及 $\theta - \arccos \dfrac{h_2}{l} \leqslant \varphi < \theta + \arccos \dfrac{h_2}{l}$ 时；

$r(l,\varphi) = l$，当 $d_1 \leqslant l < a$ 及 $\theta + \arccos \dfrac{h_2}{l} \leqslant \varphi \leqslant \dfrac{\pi}{2}$ 时；

$r(l,\varphi) = \dfrac{h_2}{\cos(\varphi - \theta)}$，当 $a \leqslant l \leqslant d_2$ 及 $\dfrac{\pi}{2} - \beta \leqslant \varphi \leqslant \dfrac{\pi}{2}$ 时.

b）若 $\theta + \beta \geqslant \dfrac{\pi}{2}$ 且 $d_1 \leqslant a$：

$r(l,\varphi) = l$，当 $0 \leqslant l \leqslant h_2$ 及 $\dfrac{\pi}{2} - \beta \leqslant \varphi \leqslant \dfrac{\pi}{2}$ 时；

$r(l,\varphi) = l$，当 $h_2 \leqslant l < d_1$ 及 $\dfrac{\pi}{2} - \beta \leqslant \varphi < \theta - \arccos \dfrac{h_2}{l}$ 时；

$r(l,\varphi) = \dfrac{h_2}{\cos(\varphi - \theta)}$，当 $h_2 \leqslant l < d_1$ 及 $\theta - \arccos \dfrac{h_2}{l} \leqslant$

$\varphi < \theta + \arccos \dfrac{h_2}{l}$ 时；

$$r(l,\varphi) = l,\ \text{当}\ h_2 \leqslant l < d_1\ \text{及}\ \theta + \arccos \dfrac{h_2}{l} \leqslant \varphi \leqslant \dfrac{\pi}{2}$$

时；

$$r(l,\varphi) = \dfrac{h_2}{\cos(\varphi - \theta)},\ \text{当}\ d_1 \leqslant l < a\ \text{及}\ \dfrac{\pi}{2} - \beta \leqslant \varphi <$$

$\theta + \arccos \dfrac{h_2}{l}$ 时；

$$r(l,\varphi) = l,\ \text{当}\ d_1 \leqslant l < a\ \text{及}\ \theta + \arccos \dfrac{h_2}{l} \leqslant \varphi \leqslant \dfrac{\pi}{2}$$

时；

$$r(l,\varphi) = \dfrac{h_2}{\cos(\varphi - \theta)},\ \text{当}\ a \leqslant l \leqslant d_2\ \text{及}\ \dfrac{\pi}{2} - \beta \leqslant$$

$\varphi \leqslant \dfrac{\pi}{2}$ 时.

c) 若 $\theta + \beta \geqslant \dfrac{\pi}{2}$ 且 $d_1 \geqslant a$：

$$r(l,\varphi) = l,\ \text{当}\ 0 \leqslant l < h_2\ \text{及}\ \dfrac{\pi}{2} - \beta \leqslant \varphi \leqslant \dfrac{\pi}{2}\ \text{时；}$$

$$r(l,\varphi) = l,\ \text{当}\ h_2 \leqslant l < a\ \text{及}\ \dfrac{\pi}{2} - \beta \leqslant \varphi < \theta - \arccos \dfrac{h_2}{l}\ \text{时；}$$

$$r(l,\varphi) = \dfrac{h_2}{\cos(\varphi - \theta)},\ \text{当}\ h_2 \leqslant l < a\ \text{及}\ \theta - \arccos \dfrac{h_2}{l} \leqslant$$

$\varphi < \theta + \arccos \dfrac{h_2}{l}$ 时；

$$r(l,\varphi) = l,\ \text{当}\ h_2 \leqslant l < a\ \text{及}\ \theta + \arccos \dfrac{h_2}{l} \leqslant \varphi \leqslant \dfrac{\pi}{2}$$

时；

$$r(l,\varphi) = l,当 a \leqslant l < d_1 \text{ 及 } \frac{\pi}{2} - \beta \leqslant \varphi < \theta - \arccos \frac{h_2}{l}$$

时;

$$r(l,\varphi) = \frac{h_2}{\cos(\varphi - \theta)},当 a \leqslant l < d_1 \text{ 及 } \theta - \arccos \frac{h_2}{l} \leqslant$$

$\varphi \leqslant \dfrac{\pi}{2}$时;

$$r(l,\varphi) = \frac{h_2}{\cos(\varphi - \theta)},当 d_1 \leqslant l \leqslant d_2 \text{ 及 } \frac{\pi}{2} - \beta \leqslant \varphi \leqslant$$

$\dfrac{\pi}{2}$时.

找出 P 的广义支持函数和限弦函数以后,根据上一节的公式可以算出各种情况下 $m(l)$ 的表达式. 我们有

$$m(l) = \pi a b \sin \theta - 2 \int_{-\frac{\pi}{2}}^{\frac{\pi}{2}} \mathrm{d}\varphi \int_0^{r(l,\varphi)} p(\sigma,\varphi) \mathrm{d}\sigma$$

$$(4.39)$$

将上式右方出现的积分记为 I,即

$$I = \int_{-\frac{\pi}{2}}^{\frac{\pi}{2}} \mathrm{d}\varphi \int_0^{r(l,\varphi)} p(\sigma,\varphi) \mathrm{d}\sigma \qquad (4.40)$$

且将 $\arccos \dfrac{h_1}{l}$ 记为 φ_1,$\arccos \dfrac{h_2}{l}$ 记为 φ_2. 在各种情形下,I 的计算结果如下:

A. 设 $0 \leqslant h_1 \leqslant b \leqslant h_2 \leqslant a \leqslant d_1 \leqslant d_2$.

A_1. 当 $0 \leqslant l < h_1$ 时

$$I = (a+b)l + \frac{l^2}{2}\left(\theta - \frac{\pi}{2}\right)\cot \theta - \frac{l^2}{2} \quad (4.41)$$

A_2. 当 $h_1 \leqslant l < b$ 时

Buffon 投针问题

$$I = (a + b)l + ah_1 \arccos \frac{h_1}{l} - (a + \frac{1}{2}bl\cos\theta)\sqrt{l^2 - h_1^2} -$$

$$\frac{l^2}{2} - \frac{l^2}{2}\cot\theta\left(\frac{\pi}{2} - \theta - \arccos\frac{h_1}{l}\right) \qquad (4.42)$$

A_3. 当 $b \leqslant l < h_2$ 时

$$I = ah_1 \arccos \frac{h_1}{l} + al - a\sqrt{l^2 - h_1^2} + \frac{1}{2}h_1^2 \qquad (4.43)$$

A_4. 当 $h_2 \leqslant l < a$ 时

$$I = ah_1 \arccos \frac{h_1}{l} + bh_2 \arccos \frac{h_2}{l} + al - a\sqrt{l^2 - h_1^2} -$$

$$\frac{a}{2}\cos\theta \sqrt{l^2 - h_2^2} + b\cos\theta \sqrt{l^2 - h_1^2} +$$

$$\frac{l^2}{2}\cot\theta \cdot \arccos\frac{h_2}{l} - \frac{1}{2}h_1^2 \qquad (4.44)$$

A_5. 当 $a \leqslant l < d_1$ 时

$$I = ah_1\varphi_1 + bh_2\varphi_2 + \frac{h_2^2}{2} - a\sqrt{l^2 - h_1^2} - b\sqrt{l^2 - h_2^2} +$$

$$\frac{l^2}{2}\left(\frac{\pi}{2} - \theta\right)\cot\theta + \frac{l^2}{2} + \frac{h_1^2}{2} \qquad (4.45)$$

A_6. 当 $d_1 \leqslant l \leqslant d_2$ 时

$$I = \frac{1}{2}ah_1(\theta + \varphi_1 + \varphi_2) + \frac{1}{2}al[\sin(\theta + \varphi_2) - \sin\varphi_1] -$$

$$\frac{1}{2}bl[\sin\varphi_2 - \sin(\varphi_1 + \theta)] + \frac{l^2}{4}\{\cot\theta[\pi - \varphi_1 - \theta -$$

$$\varphi_2 - \sin\varphi_1\cos\varphi_1 - \sin(\theta + \varphi_2)\cos(\theta + \varphi_2)] +$$

$$\cos^2(\theta + \varphi_2) - \cos^2\varphi_1\} \qquad (4.46)$$

B. 设 $0 \leqslant h_1 \leqslant b \leqslant h_2 \leqslant d_1 \leqslant a \leqslant d_2$.

B_1. 当 $0 \leqslant l < h_1$ 时, 同 A_1.

B_2. 当 $h_1 \leqslant l < b$ 时, 同 A_2.

B_3. 当 $b \leqslant l < h_2$ 时,同 A_3.

B_4. 当 $h_2 \leqslant l < d_1$ 时,若 $\theta + \beta < \dfrac{\pi}{2}$,同 A_3;若 $\theta +$

$\beta \geqslant \dfrac{\pi}{2}$,同 A_4.

B_5. 当 $d_1 \leqslant l < a$ 时,若 $\theta + \beta < \dfrac{\pi}{2}$,同 A_4;若 $\theta + \beta \geqslant$

$\dfrac{\pi}{2}$,则

$$
\begin{aligned}
I = &\frac{1}{2}ah_1(\theta + \varphi_1 + \varphi_2) + al[\,2 - \sin\varphi_1 - \sin(\theta + \varphi_2)\,] + \\
&\frac{1}{4}l^2\{\cot\theta[\,\theta + \varphi_2 - \varphi_1 - \sin\varphi_1\cos\varphi_1 + \\
&\sin(\theta + \varphi_2)\cos(\theta + \varphi_2)\,] - \cos^2\varphi_1 - \cos^2(\theta + \varphi_2)\} + \\
&\frac{1}{2}bl[\,\sin(\theta + \varphi_1) - \sin\varphi_2\,]
\end{aligned}
\tag{4.47}
$$

B_6. 当 $d_1 \leqslant l \leqslant d_2$ 时,同 A_6.

C. 设 $0 \leqslant h_1 \leqslant h_2 \leqslant b \leqslant a \leqslant d_1 \leqslant d_2$.

C_1. 当 $0 \leqslant l \leqslant h_1$ 时,同 A_1.

C_2. 当 $h_1 \leqslant l \leqslant h_2$ 时,同 A_2.

C_3. 当 $h_2 \leqslant l < b$ 时

$$
\begin{aligned}
I = &al(1 - \sin\varphi_1 - \cos\theta\sin\varphi_2) + bl(1 - \sin\theta\cos\varphi_1) + \\
&\frac{1}{4}l^2\cot\theta(-\pi - \sin2\theta + 2\theta + 2\varphi_1 + 2\varphi_2 + \sin2\varphi_1 + \\
&\sin2\theta\cos2\varphi_2) - \frac{1}{4}l^2(2\sin^2\theta - \sin2\theta\sin2\varphi_2) \quad (4.48)
\end{aligned}
$$

C_4. 当 $b \leqslant l < a$ 时,同 A_4.

C_5. 当 $a \leqslant l < d_1$ 时,同 A_5.

C_6. 当 $d_1 \leqslant l \leqslant d_2$ 时,同 A_6.

D. 设 $0 \leqslant h_1 \leqslant h_2 \leqslant b \leqslant d_1 \leqslant a \leqslant d_2$.

Buffon 投针问题

D_1. 当 $0 \leqslant l < h_1$ 时, 同 A_1.

D_2. 当 $h_1 \leqslant l < h_2$ 时, 同 A_2.

D_3. 当 $h_2 \leqslant l < b$ 时, 若 $\theta + \beta < \dfrac{\pi}{2}$, 同 A_2; 若 $\theta + \beta \geqslant \dfrac{\pi}{2}$, 同 C_3.

D_4. 当 $b \leqslant l < a$ 时, 同 B_4.

D_5. 当 $a \leqslant l < d_1$ 时, 同 B_5.

D_6. 当 $d_1 \leqslant l \leqslant d_2$ 时, 同 A_6.

E. 设 $0 \leqslant h_1 \leqslant h_2 \leqslant d_1 \leqslant b \leqslant a \leqslant d_2$.

E_1. 当 $0 \leqslant l < h_1$ 时, 同 A_1.

E_2. 当 $h_1 \leqslant l < h_2$ 时, 同 A_2.

E_3. 当 $h_2 \leqslant l < d_1$ 时, 若 $\theta + \beta < \dfrac{\pi}{2}$, 同 A_2; 若 $\theta + \beta \geqslant \dfrac{\pi}{2}$, 同 C_3.

E_4. 当 $d_1 \leqslant l < b$ 时, 若 $\theta + \beta < \dfrac{\pi}{2}$, 同 C_3; 若 $\theta + \beta \geqslant \dfrac{\pi}{2}$, 则

$$
\begin{aligned}
I = {} & \frac{1}{2} a h_1 (\theta + \varphi_1 + \varphi_2) + \\
& \frac{1}{2} a l [2 - \sin \varphi_1 - \sin(\theta + \varphi_2)] + \\
& \frac{1}{2} b l [2 - \sin \varphi_2 - \sin(\theta + \varphi_1)] - \\
& \frac{l^2}{4} [2\sin^2 \theta - \cos^2 \varphi_1 + \cos^2(\theta + \varphi_2)] - \\
& \frac{l^2}{4} \cot \theta \Big[\pi - 3\theta + \sin 2\theta - \varphi_1 - \varphi_2 - \frac{1}{2} \sin 2\varphi_1 -
\end{aligned}
$$

$$\frac{1}{2}\sin 2(\theta+\varphi_2)\Big] \tag{4.49}$$

E_5. 当 $b\leqslant l<a$ 时,同 B_5.

E_6. 当 $a\leqslant l<d_2$ 时,同 A_6.

三角形:对于任意三角形域,同样可算出具体结果. 这里仅就一重要特殊情形——正三角形域,求出其 $m(l)$ 的表达式.

边长为 a 的正三角形域的 $m(l)$ 如下:

当 $0\leqslant l<\dfrac{\sqrt{3}}{2}a$ 时

$$m(l)=\frac{\sqrt{3}}{4}\pi a^2-3al+\frac{\sqrt{3}}{6}\pi l^2+\frac{3}{4}l^2 \tag{4.50}$$

当 $\dfrac{\sqrt{3}}{2}a\leqslant l\leqslant a$ 时

$$m(l)=\frac{\sqrt{3}}{4}\pi a^2-3al+\frac{9}{2}a\left(l^2-\frac{3}{4}a^2\right)^{\frac{1}{2}}+\frac{\sqrt{3}}{6}\pi l^2+$$

$$\frac{3}{4}l^2-\left(\sqrt{3}l^2+\frac{3\sqrt{3}}{2}a^2\right)\arccos\frac{\sqrt{3}a}{2l} \tag{4.51}$$

正六边形:边长为 R 的正六边形域的 $m(l)$ 是:

当 $0\leqslant l<R$ 时

$$m(l)=\frac{3\sqrt{3}}{2}\pi R^2-6Rl-\frac{\sqrt{3}\pi l^2}{6}+\frac{3}{2}l^2 \tag{4.52}$$

当 $R\leqslant l<\sqrt{3}R$ 时

$$m(l)=\frac{5\sqrt{3}}{2}\pi R^2+\frac{\sqrt{3}}{2}\pi l^2-(3\sqrt{3}R^2+2\sqrt{3}l^2)\cdot$$

$$\arcsin\frac{\sqrt{3}R}{2l}-\frac{9R}{2}\sqrt{4l^2-3R^2} \tag{4.53}$$

当 $\sqrt{3}R\leqslant l\leqslant 2R$ 时

$$m(l) = 2\sqrt{3}\,\pi R^2 + \frac{\sqrt{3}}{6}\pi l^2 - 9R^2 - \frac{3}{2}l^2 + 15R\sqrt{l^2 - 3R^2} -$$

$$(12\sqrt{3}\,R^2 + \sqrt{3}\,l^2)\arccos\frac{\sqrt{3}\,R}{l} \qquad (4.54)$$

有了以上的凸多边形域的 $m(l)$ 以后,我们立即能够将 Buffon 投针问题推广到相应的网格情形.

用边长为 a 的正三角形域作为基本区域构成三角形网格. 将长度等于 l 的小针 N 随机地投掷于平面上,则 N 与该三角形网格相遇的概率为:

当 $0 \le l \le \frac{\sqrt{3}}{2}a$ 时

$$p = \left(\pi\frac{\sqrt{3}}{4}a^2\right)^{-1}\left(3al - \frac{3}{4}l^2 - \frac{\pi l^2}{2\sqrt{3}}\right) \qquad (4.55)$$

当 $\frac{\sqrt{3}}{2}a \le l \le a$ 时

$$p = \left(\pi\frac{\sqrt{3}}{4}a^2\right)^{-1}\left[3al - \frac{3}{4}l^2 - \frac{\pi l^2}{2\sqrt{3}} - \frac{9a}{4}(4l^2 - 3a^2)^{\frac{1}{2}} + \right.$$

$$\left.\left(\sqrt{3}\,l^2 + \frac{3\sqrt{3}}{2}a^2\right)\arccos\frac{\sqrt{3}\,a}{2l}\right] \qquad (4.56)$$

同样,用边长为 R 的正六边形域可构成一六边形网格. 将长度等于 l 的小针 N 随机地投掷于平面上,则 N 与该网格相遇的概率为:

当 $0 \le l \le R$ 时

$$p = \frac{1}{3\sqrt{3}\,\pi R^2}\left(12Rl + \frac{\pi l^2}{\sqrt{3}} - 3l^2\right) \qquad (4.57)$$

当 $R \le l \le \sqrt{3}\,R$ 时

$$p = \frac{1}{3\sqrt{3}\,\pi R^2}\left[9R(4l^2 - 3R^2)^{\frac{1}{2}} - 2\sqrt{3}\,\pi R^2 - \sqrt{3}\,\pi l^2 + \right.$$

68

$$(6\sqrt{3}R^2 + 4\sqrt{3}l^2)\arcsin\frac{\sqrt{3}R}{2l}\Big] \tag{4.58}$$

当 $\sqrt{3}R \leqslant l \leqslant 2R$ 时

$$p = \frac{1}{3\sqrt{3}\pi R^2}\Big[18R^2 + 3l^2 - \sqrt{3}\pi R^2 - \frac{\pi l^2}{\sqrt{3}} -$$

$$30R(l^2 - 3R^2)^{\frac{1}{2}} + (24\sqrt{3}R^2 + 2\sqrt{3}l^2)\arccos\frac{\sqrt{3}R}{l}\Big]$$

$$\tag{4.59}$$

对于用前述平行四边形域作为基本区域所构成的平行四边形网格,依照平行四边形的类型以及 l 的所属范围,可以得到各种情形下 Buffon 投针问题的解. 例如:

A_1 型

$$p = \frac{1}{\pi ab\sin\theta}\Big[2(a+b)l - l^2 - l^2\Big(\frac{\pi}{2} - \theta\Big)\cot\theta\Big] \tag{4.60}$$

A_2 型

$$p = \frac{1}{\pi ab\sin\theta}\Big[2(a+b)l + 2ah_1\arccos\frac{h_1}{l} -$$

$$(2a + bl\cos\theta)(l^2 - h_1^2)^{\frac{1}{2}} - l^2 -$$

$$l^2\cot\theta\Big(\frac{\pi}{2} - \theta - \arccos\frac{h_1}{l}\Big)\Big] \tag{4.61}$$

A_3 型

$$p = \frac{1}{\pi ab\sin\theta}\Big[2ah_1\arccos\frac{h_1}{l} + 2al -$$

$$2a(l^2 - h_1^2)^{\frac{1}{2}} + h_1^2\Big] \tag{4.62}$$

等等. 其余各型在此不复一一列举.

应当指出,以上的讨论仅仅是示范性质的. 与其说我们在这里提供了若干几何概率的结果,毋宁说我们提供了处理一类问题的方法.

附带指出,我们可以毫无困难地将 Buffon 投针问题推广到带状网格的场合. 另外,若将基本区域分成有限个小的凸域便形成新的网格,如果已将基本区域及诸小区域的 $m(l)$ 算出,那么 Buffon 投针问题便能推广到这个新形成的网格.

§4 凸体内定长线段的运动测度

1. E_n 中凸体内定长线段运动测度的一般公式

设 D 为 E_n 中有界闭凸体. D 的体积和表面积(D 的边界 ∂D 的 $n-1$ 维体积)分别记为 V 和 F. N 为 E_n 中长度为 l 的随机线段,取定正向的 N 记为 N^*. 含于凸体 D 内的 N 的运动测度记为 $m(l)$;对 N^*,相应地记为 $m^*(l)$. 显然有

$$m^*(l) = 2m(l) \qquad (4.63)$$

引理 4.1 设 $(p_0; e_1^0, \cdots, e_n^0)$ 为正交标准化固定标架. L_1 为 E_n 中随机直线. $(p; e_1, \cdots, e_n)$ 为活动标架,其中 e_1 保持位于 L_1 上. 过 p_0 引垂直于 L_1 的 $n-1$ 维平面与 L_1 交于 H,p 到 H 的距离记为 s. 则 E_n 中特殊运动群的运动密度

$$\mathrm{d}K = \mathrm{d}L_1^* \wedge \mathrm{d}s \wedge \mathrm{d}K_{[1]} \qquad (4.63')$$

证明 注意到 $\omega_1 = \mathrm{d}p \cdot e_1 = \mathrm{d}s$,此结论是显然的.

引理 4.2 若 N^* 的起点 p_1 在 D 之外且与 ∂D 恰有两交点的运动测度记为 $m_e^{(2)}(l)$,即

$$m_e^{(2)}(l) = m\{N^* : p_1 \overline{\in} D, N^* 与 \partial D 恰有 2 交点\}$$

又以 σ 表示 L_1 与 D 相截所形成的弦长. 则有

$$m_e^{(2)}(l) = 2O_1 \cdots O_{n-2} \int_{\substack{L_1 \cap D \neq \varnothing \\ (\sigma \leqslant l)}} (l - \sigma) \, \mathrm{d}L_1$$

$$(4.64)$$

证明　将 N^* 附着于未定向的直线 L_1 上, 有

$$m_e^{(2)}(l) = \int_{\substack{L_1 \cap D \neq \varnothing \\ (\sigma \leqslant l)}} \mathrm{d}K = 2 \int_{\substack{L_1 \cap D \neq \varnothing \\ (\sigma \leqslant l)}} \mathrm{d}L_1 \wedge \mathrm{d}s \wedge \mathrm{d}K_{[1]}$$

$$= 2O_1 \cdots O_{n-2} \int_{\substack{L_1 \cap D \neq \varnothing \\ (\sigma \leqslant l)}} (l - \sigma) \, \mathrm{d}L_1$$

引理 4.3　与 D 相交的 N^* 的运动测度为

$$\int_{N^* \cap D \neq \varnothing} \mathrm{d}K = O_1 \cdots O_{n-2} \left[O_{n-1} V + \frac{1}{n-1} O_{n-2} lF \right]$$

$$(4.65)$$

证明　本引理实际上是陈省身 – 严志达公式的一个特例. 取 D 作为 D_0, N^* 作为 D_1, 这时有

$$V_0 = V, V_1 = 0, M_0^0 = F$$

当 $h = 0, 1, \cdots, n-3$ 时

$$M_n^1 = 0; M_{n-2}^1 = \frac{O_{n-2}}{n-1} l$$

将上述项计入便得到式(4.65).

引理 4.4　起点 p_1 在 D 之外而与 D 相交的运动测度记为 $m_e^*(l)$, 则

$$m_e^*(l) = O_1 \cdots O_{n-2} \frac{O_{n-2}}{n-1} lF \qquad (4.66)$$

证明　按 $m_e^*(l)$ 的定义, 应有

$$m_e^*(l) = \int_{N^* \cap D \neq \varnothing} \mathrm{d}K - \int_{\substack{N^* \cap D \neq \varnothing \\ (p_1 \in D)}} \mathrm{d}K \qquad (4.67)$$

另一方面, 由 $\mathrm{d}K = \mathrm{d}p_1 \wedge \mathrm{d}K_{[0]}$, 有

$$\int_{\substack{N^* \cap D \neq \varnothing \\ (p_1 \in D)}} dK = O_1 \cdots O_{n-1} V \qquad (4.68)$$

将此式及式(4.65)代入式(4.67)则得到式(4.66).

顺便提一下,对 E_2 中周长为 L 的凸域相应的测度为

$$m_e^*(l) = 2lL$$

这是 Santaló 早期的著名结果. 公式(4.66)是这一结果
到 E_n 的推广.

定理 4.1 设 D 为 E_n 中有界闭凸体,体积和表面
积依次为 V 和 F. N 为长度等于 l 的线段. 则含于 D 内
的 N 的运动测度为

$$m(l) = \frac{1}{2} O_1 \cdots O_{n-1} V - \frac{O_{n-2}}{4(n-1)} O_0 O_1 \cdots O_{n-2} lF +$$
$$\frac{1}{2} O_0 O_1 \cdots O_{n-2} \int_{\substack{L_1 \cap D \neq \varnothing \\ (\sigma \leqslant l)}} (l - \sigma) dL_1 \ (4.69)$$

其中 $\sigma = m(L_1 \cap D)$ 为弦长.

证明 先求 $m^*(l)$. 关于 $m_e^{(2)}(l)$ 和 $m_e^*(l)$ 的定
义见引理4.2和引理4.4. 今再补充定义两个测度:起
点 $p_1 \in D$ 且与 ∂D 相交的 N^* 的运动测度记为 $m_i^*(l)$;
起点 p_1 在 D 之外而与 ∂D 相交于一点的 N^* 的运动测
度记为 $m_e^{(1)}(l)$. 显然有

$$m_i^*(l) = m_e^{(1)}(l), m_e^*(l) = m_e^{(1)}(l) + m_e^{(2)}(l)$$
$$(4.70)$$

从而有

$$m^*(l) = \int_{\substack{N^* \cap D \neq \varnothing \\ (p_1 \in D)}} dK - m_i^*(l)$$
$$= \int_{\substack{N^* \cap D \neq \varnothing \\ (p_1 \in D)}} dK - m_e^{(1)}(l)$$
$$= \int_{\substack{N^* \cap D \neq \varnothing \\ (p_1 \in D)}} dK - m_e^*(l) + m_e^{(2)}(l) \ (4.71)$$

72

将(4.64),(4.66)和(4.68)三式代入上式,则有

$$m^*(l) = O_1 \cdots O_{n-1} V - \frac{O_{n-2}}{n-1} O_1 \cdots O_{n-2} lF +$$

$$2 O_1 \cdots O_{n-2} \int_{\substack{L_1 \cap D \neq \varnothing \\ (\sigma \leqslant l)}} (l - \sigma) \mathrm{d}L_1$$

由式(4.63),则有

$$m(l) = \frac{1}{2} O_1 \cdots O_{n-1} V - \frac{O_{n-2}}{2(n-1)} O_1 \cdots O_{n-2} lF +$$

$$O_1 \cdots O_{n-2} \int_{\substack{L_1 \cap D \neq \varnothing \\ (\sigma \leqslant l)}} (l - \sigma) \mathrm{d}L_1$$

亦即式(4.69),改写为式(4.69)的形式是为了包容 $n = 2$ 的情形.

注意,公式(4.69)实际上对一切 $l \geqslant 0$ 均成立,故当 $l \geqslant d(D$ 之直径)时有

$$\frac{1}{2} O_1 \cdots O_{n-2} \left\{ O_{n-1} V - \frac{O_{n-2}}{n-1} lF + 2 \int_{L_1 \cap D \neq \varnothing} (l - \sigma) \mathrm{d}L_1 \right\} = 0$$

从而有

$$\int_{L_1 \cap D \neq \varnothing} \mathrm{d}L_1 = \frac{1}{2(n-1)} O_{n-2} F \qquad (4.72)$$

以及

$$\int_{L_1 \cap D \neq \varnothing} \sigma \mathrm{d}L_1 = \frac{O_{n-1} V}{2} \qquad (4.73)$$

自然,(4.72)和(4.73)两式并非新结果,但它们被同时蕴含于一个内容更丰富的公式之中.

2. 公式的变形

公式(4.69)表达出 E_n 中凸体内定长线段的运动测度.但在多数场合用它实际计算 $m(l)$ 是不便的.下面我们来介绍此公式的变形.为此首先引进几个新概念.

定义 4.1　$n-1$ 维单位球面 U_{n-1} 上的点记为

u_{n-1} ,不致混淆时简记为 u. 点 u 的矢径记为 $\boldsymbol{u}$. D 为 E_n 中有界闭凸体. 所谓 D 沿方向 $\boldsymbol{u}$ 的最大弦长 $\sigma_M(u)$ 由下式定义

$$\sigma_M(u) = \max_{L_1}\{\sigma : \sigma = m(L_1 \cap \text{int } D); L_1 /\!/ \boldsymbol{u}\} \quad (4.74)$$

又函数

$$r(l,u) = \max\{l, \sigma_M(u)\} \quad (l \geqslant 0) \quad (4.75)$$

称为 D 的限弦函数.

定义 4.2 设 $\boldsymbol{u}$ 为单位向量, $\sigma_M(u)$ 是凸体 D 沿方向 $\boldsymbol{u}$ 的最大弦长. 假定 σ 致 $0 \leqslant \sigma \leqslant \sigma_M(u)$. 又 Σ 为垂直于 $\boldsymbol{u}$ 的一超平面. 考虑平行于 $\boldsymbol{u}$ 且在 D 的内部截出不小于 σ 的弦长的那些直线 L_1. 这些直线的集与 Σ 的交集的 $n-1$ 维体积记为 $A(\sigma, u)$. 函数 $A(\sigma, u)$ 称为 D 的限弦投影函数.

当 $\sigma = 0$ 时, $A(\sigma, u)$ 就是前面讲过的 D 在 Σ 上的正交投影. 可写作

$$F = \frac{2(n-1)}{O_{n-2}} \int_{\frac{1}{2} U_{n-1}} A(0, u) \,\mathrm{d}u \quad (4.76)$$

定理 4.2 设 D 为 E_n 中有界闭凸体, $\sigma_M(u)$ 是 D 的最大弦长函数, $r(l, u)$ 为 D 的限弦函数, $A(\sigma, u)$ 为 D 的限弦投影函数. 则有

$$m(l) = \frac{1}{2} O_0 O_1 \cdots O_{n-2} \int_{\frac{1}{2} U_{n-1}} \mathrm{d}u \int_{r(l,u)}^{\sigma_M(u)} A(\sigma, u) \,\mathrm{d}\sigma$$

$$(4.77)$$

证明 将式(4.72)和(4.73)代入公式(4.69),并利用恒等关系

$$\frac{2\pi}{n-1} O_{n-2} = O_n, \quad O_1 = 2\pi \quad (4.78)$$

我们有

$$m(l) = \frac{1}{2} O_0 O_1 \cdots O_{n-2} \int_{\substack{L_1 \cap D \neq \varnothing \\ (\sigma \geq l)}} (\sigma - l) \, \mathrm{d}L_1 \quad (4.79)$$

对于任意给定的方向 $\boldsymbol{u}$, 考虑平行于 $\boldsymbol{u}$ 的 L_1. 我们有

$$\mathrm{d}L_1 = \mathrm{d}a \wedge \mathrm{d}u \quad (4.80)$$

其中 $\mathrm{d}a$ 为 Σ 在 $L_1 \cap \Sigma$ 处的体积元, 而 $\mathrm{d}u$ 为 U_{n-1} 的体积元. 因此式 (4.79) 可改写为

$$m(l) = \frac{1}{2} O_0 O_1 \cdots O_{n-2} \int_{\frac{1}{2} U_{n-1}} \mathrm{d}u \int_{\substack{L_1 \cap D \neq \varnothing \\ (\sigma \geq l; L_1 \text{//} \boldsymbol{u})}} (\sigma - l) \, \mathrm{d}a$$

$$(4.81)$$

现在考虑下述积分

$$f(u) = \int_{\substack{L_1 \cap D \neq \varnothing \\ (\sigma \geq l; L_1 \text{//} \boldsymbol{u})}} (\sigma - l) \, \mathrm{d}a$$

$$= \int_{\substack{L_1 \cap D \neq \varnothing \\ (\sigma \geq l; L_1 \text{//} \boldsymbol{u})}} \sigma \mathrm{d}a - l \int_{\substack{L_1 \cap D \neq \varnothing \\ (\sigma \geq l; L_1 \text{//} \boldsymbol{u})}} \mathrm{d}a \quad (4.82)$$

完成定理证明的关键在于揭示这一积分的几何意义. 当 $l \geq \sigma_M(u)$ 时, $f(u) = 0$. 当 $l < \sigma_M(u)$ 时, $f(u)$ 是两个体积之差: "被减项"是 D 被 $\{L_1 : L_1 \text{//} \boldsymbol{u}, \sigma \geq l\}$ 截出的部分的体积, "减项"是以 $A(l, u)$ 为底、l 为高的柱体的体积. 因此有

$$f(u) = \int_{r(l,u)}^{\sigma_M(u)} A(\sigma, u) \, \mathrm{d}\sigma \quad (4.83)$$

从而证明了公式 (4.77).

从刚才对 $f(u)$ 的几何意义的分析中, 附带地可得到凸体 D 的体积 V 的一种表达式

$$V = \int_0^{\sigma_M(u)} A(\sigma, u) \, \mathrm{d}\sigma \quad (4.84)$$

据此又可将公式 (4.77) 改写为另一形式.

定理 4.3　设 D 为 E_n 中有界闭凸体, 体积为 $V, r(l, u)$ 和 $A(\sigma, u)$ 分别是 D 的限弦函数和限弦投影函数. 则

$$m(l) = \frac{1}{2}O_1 \cdots O_{n-1}V - $$

$$\frac{1}{2}O_0O_1\cdots O_{n-2}\int_{\frac{1}{2}U_{n-1}} \mathrm{d}u \int_0^{r(l,u)} A(\sigma,u)\mathrm{d}\sigma \quad (4.85)$$

在多数情况中,求凸体体积较之求最大弦长函数容易一些,因此在实际计算中公式(4.85)用得多些.

例 求半径为 a 的 n 维球体的 $m(l)$.

显然有(设 $l \leqslant 2a$)

$$\sigma_M(u) = 2a, r(l,u) = l$$

$$A(\sigma,u) = \chi_{n-1}\left(a^2 - \frac{\sigma^2}{4}\right)^{\frac{n-1}{2}}$$

其中 χ_{n-1} 是 $n-1$ 维单位球体的体积,即

$$\chi_{n-1} = \frac{O_{n-2}}{n-1} = \frac{2\pi^{\frac{n-1}{2}}}{(n-1)\Gamma\left(\frac{n-1}{2}\right)} \quad (4.86)$$

应用公式(4.77),得到

$$m(l) = \frac{1}{2}O_1\cdots O_{n-1}\chi_{n-1}\int_l^{2a}\left(a^2 - \frac{\sigma^2}{4}\right)^{\frac{n-1}{2}}\mathrm{d}\sigma \quad (4.87)$$

若作变换 $\sigma = 2a\sin\theta$,则有

$$m(l) = O_1\cdots O_{n-1}\chi_{n-1}a^n\int_{\arcsin\frac{l}{2a}}^{\frac{\pi}{2}}\cos^n\theta\mathrm{d}\theta \quad (4.88)$$

3. 柱体情形

作为公式(4.77)或(4.85)的特殊情形,让我们来寻求关于柱体的 $m(l)$ 公式.

D_n 表示 E_n 中凸柱体,其正截面 D_{n-1} 为 $n-1$ 维平坦凸体,高为 H. D_n 的最大弦长函数、限弦函数和限弦投影函数依次记为 $\sigma_M(u_{n-1})$, $r(l,u_{n-1})$ 和 $A_n(\sigma, u_{n-1})$;对于 D_{n-1},则相应地记为 $\sigma_M(u_{n-2})$, $r(l,u_{n-2})$

和 $A_{n-1}(\sigma, u_{n-2})$. 设 N 为长度为 l 的线段. 含于 D_n 内的 N 的运动测度记为 $m_n(l)$, 含于 D_{n-1} 内的 N 的运动测度记为 $m_{n-1}(l)$.

下面的定理揭示了 $m_n(l)$ 与 $m_{n-1}(l)$ 之间的联系.

定理 4.4　D_n 为 E_n 中柱体, 如上所述. 随机线段 N 与柱体母线间夹角以 φ 表示, 并规定 $h(\varphi) = \max\{H - l\cos\varphi, 0\}$. 则有

$$m_n(l) = 2O_{n-2}\int_0^{\frac{\pi}{2}} m_{n-1}(l\sin\varphi)h(\varphi)\sin^{n-2}\varphi \mathrm{d}\varphi \quad (4.89)$$

证明　取坐标标架 $(0; e_1, \cdots, e_n)$, 并设 e_n 平行于柱体的母线. E_n 中点 $(x_1, \cdots, x_n)$ 的球坐标记为 $(r, \varphi_1, \cdots, \varphi_{n-1})$, 即

$$\begin{cases} x_1 = r\sin\varphi_1\cdots\sin\varphi_{n-1} \\ x_2 = r\sin\varphi_1\cdots\sin\varphi_{n-2}\cos\varphi_{n-1} \\ \quad\vdots \\ x_{n-1} = r\sin\varphi_1\cos\varphi_2 \\ x_n = r\cos\varphi_1 \end{cases} \quad (4.90)$$

$0 \leqslant r < +\infty, 0 \leqslant \varphi_1 \leqslant \pi, \cdots, 0 \leqslant \varphi_{n-2} \leqslant \pi, 0 \leqslant \varphi_{n-1} \leqslant 2\pi$. 当 $r = 1$ 时, $(1, \varphi_1, \cdots, \varphi_{n-1})$ 表示 $n-1$ 维单位球面 U_{n-1} 上的点. U_{n-1} 上点的体积元为

$$\mathrm{d}u_{n-1} = \sin^{n-2}\varphi_1\sin^{n-3}\varphi_2\cdots\sin\varphi_{n-2}\mathrm{d}\varphi_1 \wedge \cdots \wedge \mathrm{d}\varphi_{n-1} \quad (4.91)$$

在式 (4.90) 中, 置 $r = 1$ 和 $\varphi_1 = \dfrac{\pi}{2}$, 便得到 U_{n-1} 在超平面 $x_n = 0$ 上的投影——$n-2$ 维单位球面 U_{n-2}, 其体积元为

$$\mathrm{d}u_{n-2} = \sin^{n-3}\varphi_2\cdots\sin\varphi_{n-2}\mathrm{d}\varphi_2 \wedge \cdots \wedge \mathrm{d}\varphi_{n-1} \quad (4.92)$$

由 $(4.91), (4.92)$ 二式, 有

$$\mathrm{d}u_{n-1} = \sin^{n-2}\varphi_1 \mathrm{d}\varphi_1 \wedge \mathrm{d}u_{n-2} \qquad (4.93)$$

设 N 的方向由 $\boldsymbol{u}_{n-1}$ 确定. 考虑沿此方向的投影. 记

$$f_k(u_{k-1}, l) = \int_{r(l, u_{k-1})}^{\sigma_M(u_{k-1})} A(\sigma, u_{k-1}) \mathrm{d}\sigma$$

则有

$$m(l) = \frac{1}{2} O_0 O_1 \cdots O_{n-2} \int_{\frac{1}{2}U_{n-1}} f_n(u_{n-1}, l) \mathrm{d}u_{n-1} \qquad (4.94)$$

N 在 e_n 上的投影为 $l\cos\varphi_1$. 若 $H \leqslant l\cos\varphi_1$, N 不可能含于 D_n 内, 从而 $f_n(u_{n-1}, l) = 0$; 若 $H > l\cos\varphi_1$, 由 $f_k(u_{k-1}, l)$ 的几何意义, 有

$$f_n(u_{n-1}, l) = f_{n-1}(u_{n-2}, l\sin\varphi_1)(H - l\cos\varphi_1)$$

综合起来, 有

$$f_n(u_{n-1}, l) = f_{n-1}(u_{n-2}, l\sin\varphi_1)h(\varphi_1) \qquad (4.95)$$

由 (4.93), (4.94) 及 (4.95) 三式, 我们有

$$\begin{aligned} m(l) &= \frac{1}{2} O_0 O_1 \cdots O_{n-2} \int_{\frac{1}{2}U_{n-1}} f_n(u_{n-1}, l) \mathrm{d}u_{n-1} \\ &= \frac{1}{2} O_0 O_1 \cdots O_{n-2} \int_0^{\frac{\pi}{2}} \left[\int_{U_{n-2}} f_{n-1}(u_{n-2}, l\sin\varphi_1) \mathrm{d}u_{n-2} \right] \cdot \\ &\quad h(\varphi_1)\sin^{n-2}\varphi_1 \mathrm{d}\varphi_1 \\ &= 2O_{n-2} \int_0^{\frac{\pi}{2}} m_{n-1}(l\sin\varphi_1)h(\varphi_1)\sin^{n-2}\varphi_1 \mathrm{d}\varphi_1 \end{aligned}$$

对于 $n = 3$ 的情形, 有

$$m_3(l) = 4\pi \int_0^{\frac{\pi}{2}} m_2(l\sin\varphi)h(\varphi)\sin\varphi \mathrm{d}\varphi \qquad (4.96)$$

或者, 作变换 $l\sin\varphi = t, 0 \leqslant t \leqslant l$, 则有

$$m_3(l) = \frac{4\pi}{l} \int_0^l m_2(t)\max\{H - \sqrt{l^2 - t^2}, 0\} \frac{t}{\sqrt{l^2 - t^2}} \mathrm{d}t$$

$$(4.97)$$

本段的定理提供了一种计算柱体的 $m(l)$ 的有效方法. 在实际应用中许多常见的几何形体实际上是柱体, 所以公式(4.89)或其三维特款(4.96)和(4.97), 是很有用的公式.

4. E_3 中长方体的 $m(l)$ 与 Buffon 投针问题

设 D_3 为 E_3 中的长方体, 边长为 a,b 和 $c,c \leqslant b \leqslant a$. N 为长度等于 l 的线段. D_3 内定长线段 N 的运动测度记为 $m_3(l)$. 利用式(4.97), 可具体算出这一测度.

(a) 当 $0 \leqslant l \leqslant c$ 时

$$m_3(l) = 4\pi \left[\pi abc - \frac{\pi l}{2}(ab + bc + ca) + \right.$$

$$\left. \frac{2}{3}l^2(a + b + c) - \frac{l^3}{4} \right] \qquad (4.98)$$

(b) 当 $c \leqslant l \leqslant b$ 时

$$m_3(l) = \frac{4\pi}{l} \left\{ \frac{\pi}{2}abc^2 - \frac{1}{12}c^4 + \frac{1}{2}c^2l^2 + \right.$$

$$(a + b) \left[\frac{2}{3}l^3 + l^2(l^2 - c^4)^{\frac{1}{2}} + \right.$$

$$\left. \left. \frac{1}{3}(l^2 - c^2)^{\frac{3}{2}} - cl^2 \arcsin \frac{c}{l} \right] \right\} \qquad (4.99)$$

(c) 当 $b \leqslant l \leqslant \min\left\{ \sqrt{b^2 + c^2}, a \right\}$ 时

$$m_3(l) = \frac{4\pi}{l} \left[\frac{\pi}{2}abc(b + c - 2l) - \frac{\pi}{2}bcl^2 + \right.$$

$$bl^2(a + c)\arccos \frac{b}{l} + cl^2(a + b)\arccos \frac{c}{l} -$$

$$\frac{1}{12}(b^4 + c^4) + \frac{1}{2}l^2(b^2 + c^2) + \frac{2}{3}al^3 + \frac{1}{4}l^4 -$$

$$\frac{1}{3}(a + c)(b^2 + 2l^2)(l^2 - b^2)^{\frac{1}{2}} -$$

Buffon 投针问题

$$\frac{1}{3}(a+b)(c^2+2l^2)(l^2-c^2)^{\frac{1}{2}}] \qquad (4.100)$$

（d）当 $a \leqslant l \leqslant \sqrt{b^2+c^2}$ 时

$$m_3(l) = \frac{4\pi}{l}\Big[\frac{\pi}{2}(a^2bc+ab^2c+abc^2-4abcl) +$$

$$al^2(b+c)\arccos\frac{a}{l}+bl^2(c+a)\arccos\frac{b}{l}+$$

$$cl^2(a+b)\arccos\frac{c}{l}-\frac{1}{12}(a^4+b^4+c^4)+$$

$$\frac{1}{2}l^2(a^2+b^2+c^2-l^2) -$$

$$\frac{1}{3}(b+c)(a^2+2l^2)(l^2-a^2)^{\frac{1}{2}} -$$

$$\frac{1}{3}(c+a)(b^2+2l^2)(l^2-b^2)^{\frac{1}{2}} -$$

$$\frac{1}{3}(a+b)(c^2+2l^2)(l^2-c^2)^{\frac{1}{2}}] \qquad (4.101)$$

（e）当 $\sqrt{b^2+c^2} \leqslant l \leqslant a$ 时

$$m_3(l) = \frac{4\pi}{l}\Big[\frac{\pi}{2}abc(b+c-2l)+\frac{2}{3}al^2-\frac{1}{2}b^2c^2 +$$

$$al^2(\sqrt{l^2-b^2-c^2}-\sqrt{l^2-b^2}-\sqrt{l^2-c^2}) +$$

$$\frac{a}{3}(l^2-b^2)^{\frac{3}{2}}+\frac{a}{3}(l^2-c^2)^{\frac{3}{2}} -$$

$$\frac{a}{3}(l^2-b^2-c^2)^{\frac{3}{2}}+abl^2\arccos\frac{b}{l} +$$

$$acl^2\arccos\frac{c}{l}-ab(l^2+c^2)\arccos\frac{b}{\sqrt{l^2-c^2}} -$$

$$ac(l^2+b^2)\arccos\frac{c}{\sqrt{l^2-b^2}} +$$

$$2abcl\arctan\frac{l\ \sqrt{l^2-b^2-c^2}}{bc}\Bigg] \tag{4.102}$$

（f）当 $\max\left\{\ \sqrt{b^2+c^2}\ ,a\right\}\leqslant l\leqslant \sqrt{c^2+a^2}$ 时

$$m_3(l)=\frac{4\pi}{l}\Bigg[\frac{\pi}{2}abc(a+b+c-4l)+$$

$$\frac{\pi}{2}l^2(ab+bc+ca)-$$

$$\frac{1}{12}a^4+\frac{1}{2}b^2c^2+\frac{1}{2}a^2l^2+\frac{1}{4}l^4-$$

$$\frac{1}{3}(b+c)(a^2+2l^2)(l^2-a^2)^{\frac{1}{2}}+$$

$$al^2(l^2-b^2-c^2)^{\frac{1}{2}}-al^2(l^2-b^2)^{\frac{1}{2}}-$$

$$al^2(l^2-c^2)^{\frac{1}{2}}+\frac{a}{3}(l^2-b^2)^{\frac{3}{2}}+$$

$$\frac{a}{3}(l^2-c^2)^{\frac{3}{2}}-\frac{a}{3}(l^2-b^2-c^2)^{\frac{3}{2}}-$$

$$ab(l^2+c^2)\arccos\frac{b}{\sqrt{l^2-c^2}}-$$

$$ac(l^2+b^2)\arccos\frac{c}{\sqrt{l^2-b^2}}-$$

$$al^2(b+c)\arcsin\frac{a}{l}+abl^2\arccos\frac{b}{l}+$$

$$acl^2\arccos\frac{c}{l}+2abcl\arctan\frac{l\ \sqrt{l^2-b^2-c^2}}{bc}\Bigg]$$

$$\tag{4.103}$$

（g）当 $\sqrt{c^2+a^2}\leqslant l\leqslant \sqrt{a^2+b^2+c^2}$ 时

$$m_3(l)=\frac{4\pi}{l}\Bigg\{\frac{\pi}{2}bc(l-a)^2+\frac{\pi}{2}ac(l-b)^2+\frac{1}{12}c^4-$$

$$\frac{1}{2}c^2(a^2+b^2+l^2)+al^2\big[(l^2-b^2-c^2)^{\frac{1}{2}}-$$

$$(l^2-b^2)^{\frac{1}{2}}\big]+bl^2\big[(l^2-a^2-c^2)^{\frac{1}{2}}-$$

$$(l^2-a^2)^{\frac{1}{2}}\big]+\frac{a}{3}(l^2-b^2)^{\frac{3}{2}}-\frac{a}{3}(l^2-b^2-c^2)^{\frac{3}{2}}+$$

$$\frac{b}{3}(l^2-a^2)^{\frac{3}{2}}-\frac{b}{3}(l^2-a^2-c^2)^{\frac{3}{2}}+$$

$$abl^2\arccos\frac{b}{l}-abl^2\arcsin\frac{a}{l}+$$

$$ab(l^2+c^2)\arcsin\frac{a}{\sqrt{l^2-c^2}}-$$

$$ab(l^2+c^2)\arccos\frac{b}{\sqrt{l^2-c^2}}-$$

$$bc(l^2+a^2)\arccos\frac{c}{\sqrt{l^2-a^2}}-$$

$$ac(l^2+b^2)\arccos\frac{c}{\sqrt{l^2-b^2}}+$$

$$2abcl\arctan\frac{l\sqrt{l^2-a^2-c^2}}{ac}+$$

$$2abcl\arctan\frac{l\sqrt{l^2-b^2-c^2}}{bc}\bigg\} \qquad (4.104)$$

算出 E_3 中长方体的 $m(l)$,立即可以得到 E_3 中推广的 Buffon 问题的解.

设 D_3 和前面一样是边长为 a,b 和 c 的长方体,$c\leqslant b\leqslant a$. 以 D_3 作为基本区域在 E_3 中构成网格. 或者换一个说法,此网格由三组等间隔平行平面族构成,这三组平面族两两正交. 以 H 表示此网格,N 为长度等于 l 的线段,随机投掷于 E_3 中,试求 N 与网格 H 相遇的概率.

处理问题的方法完全类似于平面网格的情形.

取 n^3 个长方体(基本区域),构成有限网格 H_n. H_n 的外缘为边长为 na, nb 和 nc 的长方体. 假定 n 足够大,致使 $l < nc$. 那么含于此大长方体内的 N 的运动测度为

$$\eta = 4\pi\Big[\ \pi n^3 abc - \frac{1}{2}\pi n^2 l(ab+bc+ca) +$$

$$\frac{2}{3}nl^2(a+b+c) - \frac{l^2}{4}\Big] \qquad (4.105)$$

若已知 N 位于此大长方体内, N 与网格 H_n 相遇的概率为

$$p_n^{(3)} = \frac{1}{\eta}\Big\{4\pi\Big[\ \pi n^3 abc - \frac{\pi}{2}n^2 l(ab+bc+ca) +$$

$$\frac{2}{3}nl^2(a+b+c) - \frac{l^2}{4}\Big] - n^3 m(l)\Big\} \quad (4.106)$$

其中 $m(l)$ 为含于 D_3 内的 N 的运动测度. 令 $n\to\infty$,得 N 与网格 H 相遇的概率

$$p^{(3)} = \frac{4\pi^2 abc - m(l)}{4\pi^2 abc} \qquad (4.107)$$

根据 l 的范围,选用 $m(l)$ 的相应表达式(4.98)~ (4.104)之一代入式(4.107),则得到具体结果. 例如,若 l 适合 $0 \le l \le c$,则

$$p^{(3)} = \frac{1}{12\pi abc}\big[6\pi l(ab+bc+ca) -$$

$$8l^2(a+b+c) + 3l^3\big] \qquad (4.108)$$

自然,当 l 在其他范围时亦可立即写出相应的结果,在此不需一一列出.

作为公式(4.108)的推论,还可由此引出另外的结果. 在式(4.108)中令 $a\to\infty$,则有

$$p^{(2)} = \frac{3\pi l(b+c) - 4l^2}{6\pi bc} \qquad (4.109)$$

$p^{(2)}$ 是 N 与两组相互正交的等间隔平面族网格相遇的概率. 若进一步,在式(4.109)中令 $b \to \infty$,便得到 N 与间隔为 c 的平行平面族相遇的概率为

$$p^{(1)} = \frac{l}{2c} \qquad (4.110)$$

对于适合 $c \leqslant l \leqslant b$ 的 l,有如下结果

$$p^{(3)} = (\pi abcl)^{-1} \Big\{ \pi abcl - \frac{\pi}{2} abc^2 + \frac{1}{12} c^4 - \frac{1}{2} c^2 l^2 -$$

$$(a+b) \Big[\frac{2}{3} l^3 + l^2 (l^2 - c^2)^{\frac{1}{2}} + \frac{1}{3} (l^2 - c^2)^{\frac{3}{2}} -$$

$$cl^2 \arcsin \frac{c}{l} \Big] \Big\} \qquad (4.111)$$

$$p^{(2)} = (\pi bcl)^{-1} \Big[\pi bcl - \frac{\pi}{2} bc^2 - \frac{2}{3} l^3 - l^2 (l^2 - c^2)^{\frac{1}{2}} -$$

$$\frac{1}{3} (l^2 - c^2)^{\frac{3}{2}} + cl^2 \arcsin \frac{c}{l} \Big] \qquad (4.112)$$

$$p^{(1)} = 1 - \frac{c}{2l} \qquad (4.113)$$

注意公式(4.113)给出的是长针 Buffon 投针问题的解.

5. E_n 中长方体的 $m(l)$ 与 Buffon 投针问题

设 I 为 E_n 中长方体,边长为 $a_1 \leqslant a_2 \leqslant \cdots \leqslant a_n$. N 为长度等于 l 的线段. 利用递推关系(4.89)不难得出含于 I 内的 N 的运动测度. 置

$$\begin{cases} h_1 = \max\{a_1 - l\cos\varphi_1, 0\} \\ h_i = \max\{a_i - l\sin\varphi_1 \cdots \sin\varphi_{i-1}, 0\}, 2 \leqslant i \leqslant n-1 \\ h_n = \max\{a_n - l\sin\varphi_1 \cdots \sin\varphi_{n-2}\cos\varphi_{n-1}, 0\} \end{cases} \qquad (4.114)$$

则有

$$m(l) = m\{N \subset I\}$$

$$= \frac{1}{2} O_0 O_1 \cdots O_{n-2} \int_{\frac{1}{2} U_{n-1}} h_1 \cdots h_n \mathrm{d}u_{n-1} \quad (4.115)$$

其中

$$\mathrm{d}u_{n-1} = \sin^{n-2}\varphi_1 \sin^{n-3}\varphi_2 \cdots \sin\varphi_{n-2} \mathrm{d}\varphi_1 \wedge \cdots \wedge \mathrm{d}\varphi_{n-2}$$

$$(4.116)$$

以 I 作为基本区域可构成 E_n 中的网格. 与上一段一样,我们可以讨论小针 N 与此网格相遇的概率. 我们有

$$p^{(n)} = 1 - \frac{2}{O_{n-1} a_1 \cdots a_n} \int_{\frac{1}{2} U_{n-1}} h_1 \cdots h_n \mathrm{d}u_{n-1} \quad (4.117)$$

令 $a_2, \cdots, a_n \to \infty$,则有

$$p^{(1)} = 1 - \frac{2 O_{n-2}}{O_{n-1}} \left\{ \int_0^{\frac{\pi}{2}} \sin^{n-2}\varphi_1 \mathrm{d}\varphi_1 - \frac{l}{(n-1)a_1} \right\} \quad (l \leqslant a_1)$$

$$(4.118)$$

$$p^{(1)} = 1 - \frac{2}{O_{n-1} a_1} \int_{\frac{1}{2} U_{n-1}} h_1 \mathrm{d}u_{n-1}$$

$$= 1 - \frac{2 O_{n-2}}{O_{n-1}} \left\{ \int_{\arccos\frac{a_1}{l}}^{\frac{\pi}{2}} \sin^{n-2}\varphi_1 \mathrm{d}\varphi_1 - \right.$$

$$\left. \frac{l}{(n-1)a_1} \left[1 - \left(1 - \frac{a_1^2}{l^2} \right)^{\frac{n-1}{2}} \right] \right\} \quad (l > a_1)$$

$$(4.119)$$

根据式(4.93),有

$$O_{n-1} = 2 O_{n-2} \int_0^{\frac{\pi}{2}} \sin^{n-2}\varphi_1 \mathrm{d}\varphi_1$$

于是式(4.118)变成

$$p^{(1)} = \frac{2 O_{n-2} l}{(n-1) O_{n-1} a_1} \quad (l \leqslant a_1) \quad (4.120)$$

Buffon 投针问题

又,直接计算可知式(4.119)可写成下列形式

$$p^{(1)} = 1 - \frac{2O_{n-2}}{O_{n-1}} \left\{ \frac{a_1}{l} \sum_{k=0}^{\frac{n-4}{2}} \frac{(n-1-2k)!!}{(n-2-2k)!!} \left(1 - \frac{a_1^2}{l^2}\right)^{\frac{n-3-2k}{2}} + \right.$$

$$\frac{(n-3)!!}{(n-2)!!} \arcsin \frac{a_1}{l} - \frac{l}{(n-1)a_1} \cdot$$

$$\left. \left[1 - \left(1 - \frac{a_1^2}{l^2}\right)^{\frac{n-1}{2}}\right] \right\} \quad (l > a_1, n \text{ 为偶数})$$

$$p^{(1)} = 1 - \frac{2O_{n-2}}{O_{n-1}} \left\{ \frac{a_1}{l} \sum_{k=0}^{\frac{n-5}{2}} \frac{(n-1-2k)!!}{(n-2-2k)!!} \left(1 - \frac{a_1^2}{l^2}\right)^{\frac{n-3-2k}{2}} + \right.$$

$$\frac{(n-3)!!}{(n-2)!!} \cdot \frac{a_1}{l} - \frac{l}{(n-1)a_1} \left[1 - \left(1 - \frac{a_1^2}{l^2}\right)^{\frac{n-1}{2}}\right] \right\}$$

$$(l > a_1, n \text{ 为奇数})$$

平面上的运动群和运动密度

第 5 章

1. 平面上的运动群

我们曾经要求平面上的点密度和线密度在运动群下不变. 这个运动群以后用𝔐表示. 现在,我们要具体地讨论这个群𝔐.

设在欧氏平面上建立了直角坐标系. 一个运动是一个变换 $u: P(x, y) \to P'(x', y')$,它用方程

$$x' = x\cos \varphi - y\sin \varphi + a$$
$$y' = x\sin \varphi + y\cos \varphi + b \quad (5.1)$$

表示,其中 a, b, φ 是参数,它们的范围依次是

$$-\infty < a < +\infty, -\infty < b < +\infty, 0 \leqslant \varphi \leqslant 2\pi$$
$$(5.2)$$

若 K 为一个点集,而 $K' = uK$ 为在 u 下 K 的象,我们就说,K 和 K' 全等[①].

容易给出参数 a, b, φ 的几何意义. 设 $(O; x, y)$ 表示原点 O 和 x, y 轴所构成

---

① 在这里,运动不包括对于平面上一条直线的反射,因而全等不包括一般"对称".——译者

的直角标架(图 5.1). 假定经过运动 u, 标架 $(O;x,y)$ 的象是标架 $(O';x',y')$, 则 a,b 为 O' 在 $(O;x,y)$ 里的坐标, 而 φ 为从 x 轴到 x' 轴的角.

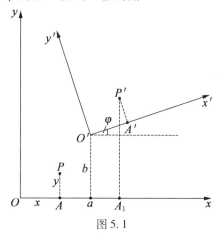

图 5.1

群的幺元是恒等变换 $a=0, b=0, \varphi=0$. 有时利用方阵

$$u = \begin{pmatrix} \cos\varphi & -\sin\varphi & a \\ \sin\varphi & \cos\varphi & b \\ 0 & 0 & 1 \end{pmatrix} \qquad (5.3)$$

来表示运动 u 以代替方程组(5.1).

这样, 运动 $u_2 u_1$ 就用方阵积 $u_2 u_1$ 表示. 而逆运动 u^{-1} 则用逆方阵

$$u^{-1} = \begin{pmatrix} \cos\varphi & \sin\varphi & -a\cos\varphi - b\sin\varphi \\ -\sin\varphi & \cos\varphi & a\sin\varphi - b\cos\varphi \\ 0 & 0 & 1 \end{pmatrix} \quad (5.4)$$

表示.

因此, 运动群$\mathfrak{M}$可以看作是具有形式(5.3)的方阵群, 其元素的合成规律是普通的方阵积. 我们将用同

一个记号来表示一个运动和其对应方阵.

每一个运动可以用三维空间内一点 (a,b,φ) 来确定. 这个空间, 附上等价关系 $(a,b,\varphi) \sim (a,b,\varphi+2k\pi)$ (k 为任意整数), 是群 $\mathfrak{M}$ 的空间, 也用同一个字母 $\mathfrak{M}$ 表示.

每一个运动 $s \in \mathfrak{M}$ 确定 $\mathfrak{M}$ 的两个自同态:

左移

$$L_s : u \to su \qquad (5.5)$$

右移

$$R_s : u \to us \qquad (5.6)$$

例如, 若

$$s = \begin{pmatrix} \cos\varphi_0 & -\sin\varphi_0 & a_0 \\ \sin\varphi_0 & \cos\varphi_0 & b_0 \\ 0 & 0 & 1 \end{pmatrix} \qquad (5.7)$$

则

$$L_s : \begin{pmatrix} \cos\varphi & -\sin\varphi & a \\ \sin\varphi & \cos\varphi & b \\ 0 & 0 & 1 \end{pmatrix} \longmapsto$$

$$\begin{pmatrix} \cos(\varphi+\varphi_0) & -\sin(\varphi+\varphi_0) & a\cos\varphi_0 - b\sin\varphi_0 + a_0 \\ \sin(\varphi+\varphi_0) & \cos(\varphi+\varphi_0) & a\sin\varphi_0 + b\cos\varphi_0 + b_0 \\ 0 & 0 & 1 \end{pmatrix}$$

$$(5.8)$$

而这可以写成

$$L_s : \begin{cases} a \to a\cos\varphi_0 - b\sin\varphi_0 + a_0 \\ b \to a\sin\varphi_0 + b\cos\varphi_0 + b_0 \\ \varphi \to \varphi + \varphi_0 \end{cases} \qquad (5.9)$$

同样

$$R_s : \begin{cases} a \to a_0 \cos\varphi - b_0 \sin\varphi + a \\ b \to a_0 \sin\varphi + b_0 \cos\varphi + b \\ \varphi \to \varphi_0 + \varphi \end{cases} \quad (5.10)$$

2. $\mathfrak{M}$ 上的微分齐式

$\mathfrak{M}$ 上一个一次微分齐式或一次式(或 Pfaffian 齐式)是任意一个具有形状

$$\omega(u) = \alpha(u)\mathrm{d}a + \beta(u)\mathrm{d}b + \gamma(u)\mathrm{d}\varphi \quad (5.11)$$

的式,其中 $\alpha(u), \beta(u), \gamma(u)$ 是在空间 $\mathfrak{M}$ 内确定的,属于 C^∞ 类的函数,即含 $\mathfrak{M}$ 内点 u 的坐标 a, b, φ 的无限次可微的函数.

在 $\mathfrak{M}$ 上,一切在点 u 的一次微分齐式,附以自然确定的加法和纯量的乘法

$$\begin{aligned} \omega_1(u) + \omega_2(u) &= (\alpha_1 + \alpha_2)\mathrm{d}a + (\beta_1 + \beta_2)\mathrm{d}b + \\ &\quad (\gamma_1 + \gamma_2)\mathrm{d}\varphi \end{aligned}$$

$$\lambda\omega = \lambda\alpha\mathrm{d}a + \lambda\beta\mathrm{d}b + \lambda\gamma\mathrm{d}\varphi$$

构成一个三维矢空间,称为在 u 的一次式矢空间(或 $\mathfrak{M}$ 在点 u 的余切空间),并用 T_u^* 表示. 一次齐式 $\mathrm{d}a$, $\mathrm{d}b, \mathrm{d}\varphi$ 或者它们的任意一组三个独立的线性组合构成 T_u^* 的一个底. 左移 L_s 和右移 R_s 在 T_u^* 上导出映象

$$L_s^* : \omega(u) \to \omega(su), \quad R_s^* : \omega(u) \to \omega(us) \quad (5.12)$$

利用式(5.9)和(5.10),可以写出 $\omega(su)$ 和 $\omega(us)$ 的显式,其结果是变换方程

$$L_s^* : \begin{cases} \mathrm{d}a \to \cos\varphi_0 \mathrm{d}a - \sin\varphi_0 \mathrm{d}b \\ \mathrm{d}b \to \sin\varphi_0 \mathrm{d}a + \cos\varphi_0 \mathrm{d}b \\ \mathrm{d}\varphi \to \mathrm{d}\varphi \end{cases} \quad (5.13)$$

$$R_s^* : \begin{cases} \mathrm{d}a \to -(a_0 \sin\varphi + b_0 \cos\varphi)\mathrm{d}\varphi + \mathrm{d}a \\ \mathrm{d}b \to (a_0 \cos\varphi - b_0 \sin\varphi)\mathrm{d}\varphi + \mathrm{d}b \\ \mathrm{d}\varphi \to \mathrm{d}\varphi \end{cases}$$

$$(5.14)$$

一个重要的命题是求 $\mathfrak{M}$ 上一切分别在 L_s^* 下和在 R_s^* 下不变的一次式. 它们依次称为左不变一次式和右不变一次式. 为此, 我们注意方阵

$$\Omega_L = u^{-1}du \qquad (5.15)$$

在左移下是不变的, 这是因为

$$L_u^* \Omega_L = (su)^{-1}d(su) = u^{-1}s^{-1}sdu = u^{-1}du = \Omega_L$$
$$(5.16)$$

故 Ω_L 的元素是左不变一次式. 由式(5.3)和(5.4), 得

$$\Omega_L = u^{-1}du = \begin{pmatrix} 0 & -d\varphi & \cos\varphi da + \sin\varphi db \\ d\varphi & 0 & -\sin\varphi da + \cos\varphi db \\ 0 & 0 & 0 \end{pmatrix}$$
$$(5.17)$$

故一次齐式

$$\begin{cases} \omega_1 = \cos\varphi da + \sin\varphi db \\ \omega_2 = -\sin\varphi da + \cos\varphi db \\ \omega_3 = d\varphi \end{cases} \qquad (5.18)$$

是左不变一次式.

显然, $\omega_1, \omega_2, \omega_3$ 的任意一个常系数线性组合在 L_s^* 下也是不变一次式[①]. 我们将要证明: 逆命题也是正确的, 即 $\mathfrak{M}$ 的任意一个左不变式是一次式(5.18)的常系数线性组合.

---

① 原文作: 另一方面, $\omega_1, \omega_2, \omega_3$ 是独立齐式(因为 $da, db,$ $d\varphi$ 的系数行列式不等于零), 因此它们的每一个常系数线性组合在 L_s^* 下也是不变一次式. 由于 $\omega_1, \omega_2, \omega_3$ 的独立并不是这里结论的必要条件, 故这里的译文做了删节, 而把 $\omega_1, \omega_2, \omega_3$ 独立性的根据移注于下面的证明中. ——译者

为了证明这个事实，我们指出：$\omega_1,\omega_2,\omega_3$ 是独立的（因为作为 $\mathrm{d}a,\mathrm{d}b,\mathrm{d}\varphi$ 的线性组合，它们的系数行列式不等于零），因此，它们构成 T_s^* 的底，而每一个一次式 $\omega(\boldsymbol{u})$ 可以写成

$$\omega(\boldsymbol{u})=\alpha(\boldsymbol{u})\omega_1+\beta(\boldsymbol{u})\omega_2+\gamma(\boldsymbol{u})\omega_3$$

若 ω 在 L_s^* 下不变，则

$$\omega(s\boldsymbol{u})=\alpha(s\boldsymbol{u})\omega_1(s\boldsymbol{u})+\beta(s\boldsymbol{u})\omega_2(s\boldsymbol{u})+\gamma(s\boldsymbol{u})\omega_3(s\boldsymbol{u})$$

但 $\omega_i(s\boldsymbol{u})=\omega_i(\boldsymbol{u})(i=1,2,3)$，故

$$(\alpha(s\boldsymbol{u})-\alpha(\boldsymbol{u}))\omega_1(\boldsymbol{u})+(\beta(s\boldsymbol{u})-\beta(\boldsymbol{u}))\omega_2(\boldsymbol{u})+$$
$$(\gamma(s\boldsymbol{u})-\gamma(\boldsymbol{u}))\omega_3(\boldsymbol{u})=0$$

根据 $\omega_1,\omega_2,\omega_3$ 的独立性，由此可知

$$\alpha(s\boldsymbol{u})=\alpha(\boldsymbol{u}),\beta(s\boldsymbol{u})=\beta(\boldsymbol{u}),\gamma(s\boldsymbol{u})=\gamma(\boldsymbol{u})$$

这表明（因为 s 是 $\mathfrak{M}$ 的任意点），α,β,γ 是常数. 这样，我们就解决了求 $\mathfrak{M}$ 的一切左不变一次式问题.

为了求右不变一次式，我们取方阵

$$\boldsymbol{\Omega}_R=\mathrm{d}\boldsymbol{u}\boldsymbol{u}^{-1} \qquad (5.19)$$

它是在 R_s^* 下不变的，因为

$$R_s^*\boldsymbol{\Omega}_R=\mathrm{d}(\boldsymbol{u}s)(\boldsymbol{u}s)^{-1}=\mathrm{d}\boldsymbol{u}ss^{-1}\boldsymbol{u}^{-1}=\mathrm{d}\boldsymbol{u}\boldsymbol{u}^{-1}=\boldsymbol{\Omega}_R$$

根据式(5.3)和式(5.4)，可得

$$\boldsymbol{\Omega}_R=\begin{pmatrix} 0 & \mathrm{d}\varphi & b\mathrm{d}\varphi+\mathrm{d}a \\ \mathrm{d}\varphi & 0 & -a\mathrm{d}\varphi+\mathrm{d}b \\ 0 & 0 & 0 \end{pmatrix} \qquad (5.20)$$

故有下列右不变一次式

$$\omega^1=b\mathrm{d}\varphi+\mathrm{d}a,\omega^2=-a\mathrm{d}\varphi+\mathrm{d}b,\omega^3=\mathrm{d}\varphi \qquad (5.21)$$

由 $\omega^1,\omega^2,\omega^3$ 的任意一个常系数线性组合是右不变一次式，而通过和上面相同的证明，可以看出，倒转

来,$\mathfrak{M}$ 的任意一个右不变一次式是一次式(5.21)的常系数线性组合.

最后,把恒等式 $uu^{-1} = e = $ 幺方阵微导,我们得 $\mathrm{d}uu^{-1} u\mathrm{d}u^{-1} = 0$,因此

$$\mathrm{d}u^{-1} = -u^{-1}\mathrm{d}uu^{-1} \qquad (5.22)$$

由这个等式以及式(5.15),(5.19),得

$$\Omega_L(u^{-1}) = -\Omega_R(u) \qquad (5.23)$$

这是一个以后有用的一个重要关系.

3. 运动密度

由于 $\omega_1, \omega_2, \omega_3$ 是左不变一次式,外积

$$\mathrm{d}K = \omega_1 \wedge \omega_2 \wedge \omega_3 = \mathrm{d}a \wedge \mathrm{d}b \wedge \mathrm{d}\varphi \qquad (5.24)$$

是左不变三次式. 不但如此,除一个常数因子外,$\mathrm{d}K$ 还是 $\mathfrak{M}$ 上唯一的左不变三次式. 证明如下.

若

$$\psi = f(a, b, \varphi)\mathrm{d}a \wedge \mathrm{d}b \wedge \mathrm{d}\varphi = f(u)\omega_1 \wedge \omega_2 \wedge \omega_3$$

是一个左不变三次式,则

$$f(su)\omega_1(su) \wedge \omega_2(su) \wedge \omega_3(su) = f(u)\omega_1 \wedge \omega_2 \wedge \omega_3$$

而由于 $\omega_i(su) = \omega_i(u)$ $(i = 1, 2, 3)$,可知 $f(su) = f(u)$. 由于任意的 u 可以通过一个适当的左移 s 变成任意的 su[①]. 函数 f 在 $\mathfrak{M}$ 的一切点有相同的值,即它是常数.

由式(5.21)可知

$$\omega^1 \wedge \omega^2 \wedge \omega^3 = \mathrm{d}a \wedge \mathrm{d}b \wedge \mathrm{d}\varphi = \mathrm{d}K \qquad (5.25)$$

---

① 这句话的意思也就是:若 u, v 为 m 的任意两点,令 $s = vu^{-1}$ 就得 $su = v$. ——译者

即微分齐式 dK 也是右不变式. 根据与上面相同的论证可知,除一个常数因子外,它是在右移下唯一的不变三次式. 最后,由式(5.23)[①],可知

$$dK(\boldsymbol{u}^{-1}) = -dK(\boldsymbol{u}) \qquad (5.26)$$

即除一个符号外,在运动逆转(即取运动 $\boldsymbol{u}$ 的逆运动 $\boldsymbol{u}^{-1}$)中,dK 也是不变式. 由于我们对于密度总是取绝对值,式(5.26)里的变号是不起作用的,于是可以断言:三次式(5.24)在左移和右移下,以及在运动逆转中,都是不变的. 它叫作平面上运动群的运动密度.

运动密度 dK 是运动群 $\mathfrak{M}$ 的空间的不变体积元素. 在 $\mathfrak{M}$ 上一个域内取 dK 的积分,就得其对应的运动集合的测度(运动测度). 现在我们举几个例子来说明运动测度的几何意义及其不变性.

取一个长方形 K(长方形 $OABC$)和一个固定的域 K_0,如图 5.2 所示. 设运动 $\boldsymbol{u}$ 令 $\boldsymbol{u}K \cap K_0 \neq \varnothing$,试考虑一切这样的运动 $\boldsymbol{u}$ 所构成的集合的测度. 上述集合也就是把 K 移动到和 K_0 相交的位置的运动的集合. 所考虑的测度等于 $dK = da \wedge db \wedge d\varphi$ 的一个积分,积分范围是使 $\boldsymbol{u}K \cap K_0 \neq \varnothing$ 的点 $O'(a,b)$ 和角 φ. 这个测度的左不变性表示,我们可以用 K_0 在运动 s 下的象 sK_0 来代替 K_0,因为这样做并不影响测度. 换句话说,对于任意固定的 s,令 $\boldsymbol{u}K \cap K_0 \neq \varnothing$ 的运动的测度等于令 $\boldsymbol{u}K \cap sK_0 \neq \varnothing$ 的测度.

---

① 原文作(5.22),疑误. 由(5.23)以及(5.17),(5.18)和 (5.20),(5.21)可知,$\boldsymbol{\Omega}_L(\boldsymbol{u}^{-1})$ 的元素 $\omega_1(\boldsymbol{u}^{-1})$,$\omega_2(\boldsymbol{u}^{-1})$, $\omega_3(\boldsymbol{u}^{-1})$ 依次等于 $-\boldsymbol{\Omega}_R(\boldsymbol{u})$ 的对应元素 $-\omega^1(\boldsymbol{u})$,$-\omega^2(\boldsymbol{u})$, $-\omega^3(\boldsymbol{u})$,故由(5.24)和(5.25)得(5.26).——译者

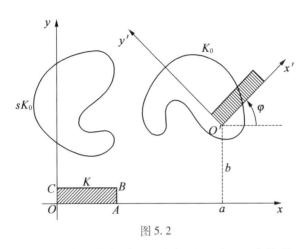

图 5.2

测度的右不变性表示，我们可以取 sK 来代替 K，而令 $\boldsymbol{u}(sK) \cap K_0 \neq \varnothing$ 的运动测度与前相同. 由此可见，运动测度与 K 或 K_0 的初始位置无关，因而求上述运动集合的测度问题可代以求"同域 K_0 有公共点，而和 K 全等的长方形的测度"问题. 这种以"全等图形集合"为基础的提法与以"运动集合"为基础的提法，显然是等价的，有时却更直观.

取运动的逆而 $\mathrm{d}K$ 不变，这表明令 $\boldsymbol{u}K \cap K_0 \neq \varnothing$ 的运动 $\boldsymbol{u}$ 的集合的测度等于令 $K \cap \boldsymbol{u}'K_0 \neq \varnothing$ 的运动 $\boldsymbol{u}' = \boldsymbol{u}^{-1}$ 的测度. 例如，若 K 缩成一点 $P_0(0,0)$，而令 $\boldsymbol{u}P_0 = P(a,b)$，则

$$
\begin{aligned}
m(\boldsymbol{u}; \boldsymbol{u}P_0 \in K_0) &= \int_{\boldsymbol{u}P_0 \in K_0} \mathrm{d}a \wedge \mathrm{d}b \wedge \mathrm{d}\varphi \\
&= 2\pi \int_{\boldsymbol{u}P_0 \in K_0} \mathrm{d}a \wedge \mathrm{d}b \\
&= 2\pi F_0 \qquad\qquad (5.27)
\end{aligned}
$$

其中 F_0 是 K_0 的面积. 若考虑令 $P_0 \in \boldsymbol{u}'K_0$ 的逆运动

u',其结果应相同,故

$$m(u';P_0 \in u'K_0) = \int_{P_0 \in u'K_0} \mathrm{d}K_0 = 2\pi F_0 \quad (5.28)$$

其中我们用 $\mathrm{d}K_0$ 表示现在运动中的图形是 K_0. 方程 (5.28)是一个简单而有用的公式.

注记 根据上面的分析,可见在计算一个图形 K 的全等图形位置的集合测度时,必须选取一个固定在 K 内的标架$(O';x',y')$(动标),然后在那个集合范围内积分 $\mathrm{d}K = \mathrm{d}a \wedge \mathrm{d}b \wedge \mathrm{d}\varphi$,其中 a,b 是 O' 在固定标架 $(O;x,y)$(定标)里的坐标,而 φ 则是 x 轴到 x' 轴的角 (图5.3).

动标的选择是任意的. 事实上,若选取动标$(O_1;x_1,y_1)$来代替$(O';x',y')$,并设 a_0,b_0 为 O'_1 在标架 $(O';x',y')$ 里的坐标,而 φ_0 为 $O'x'$ 到 $O'_1x'_1$ 的角,则

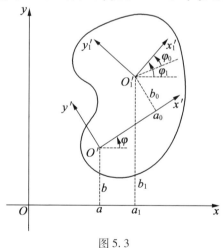

图 5.3

$$\begin{cases} a_1 = a + a_0\cos\varphi - b_0\sin\varphi \\ b_1 = b + a_0\sin\varphi + b_0\cos\varphi \\ \varphi_1 = \varphi + \varphi_0 \end{cases} \qquad (5.29)$$

而这正是右移式(5.10)的变换方程,因此运动密度不变. 换句话说,$\mathrm{d}K$ 的右不变性等价于在动标变更下的不变性. 这个性质使我们可以在每一个具体实例中选取较适当的动标.

运动密度的其他表达形式. 设 $(P;x',y')$ 为动标,其原点在 $P(a,b)$,而由 x 轴到 Px' 轴的角是 $\varphi($图 5.4$)$. 若用新的坐标来确定这个动标,就会获得 $\mathrm{d}K$ 新的表达式. 例如,设用 $G(p,\theta)$ 表示直线 Px',而用 H 表示从 O 到 G 的垂足,并令 $t = PH$,就可以用 G 和 t 确定 $(P;x',y')$. 变换公式是

$$a = p\cos\theta + t\sin\theta, b = p\sin\theta - t\cos\theta, \varphi = \theta - \frac{\pi}{2}$$

故 $\mathrm{d}K = \mathrm{d}a \wedge \mathrm{d}b \wedge \mathrm{d}\varphi = \mathrm{d}p \wedge \mathrm{d}\theta \wedge \mathrm{d}t$,或者

$$\mathrm{d}K = \mathrm{d}G^* \wedge \mathrm{d}t \qquad (5.30)$$

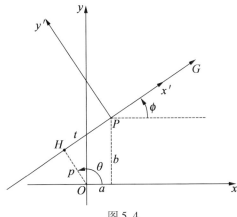

图 5.4

其中我们用 G^* 来标明 G 必须看作有向直线,因为动标 $(P;x',y')$ 随着 G 的方向改变而改变. 每一条无向直线对应于两条有向直线.

若令 $\mathrm{d}P = \mathrm{d}a \wedge \mathrm{d}b$,则式(5.30)可以写成

$$\mathrm{d}P \wedge \mathrm{d}\varphi = \mathrm{d}G^* \wedge \mathrm{d}t \qquad (5.31)$$

下面是 $\mathrm{d}K$ 的另一种表达式. 平面上平移决定于两个参数 a,b,因而在运动群中,平移的集合的测度是零. 因此在讨论运动集合的测度时,可以把平移排除在外. 除平移外,每一个运动 $\boldsymbol{u}$ 是绕一个定点 Q 的转动,Q 称为 $\boldsymbol{u}$ 的转动中心. 设 ξ,η 为 Q 的坐标,φ 为转动角,并设转动 $\boldsymbol{u}$ 把标架 $(O;x,y)$ 变成 $(O';x',y')$. 则坐标 a,b,φ 和 ξ,η,φ 之间的关系是

$$a = (1 - \cos\varphi)\xi + \sin(\varphi)\eta$$
$$b = -\sin(\varphi)\xi + (1 - \cos\varphi)\eta$$

这可以在方程(5.1)中令 $x = x' = \xi, y = y' = \eta$ 得到. 由上面的变换公式,容易算出

$$\mathrm{d}K = 4\sin^2\left(\frac{\varphi}{2}\right)\mathrm{d}\xi \wedge \mathrm{d}\eta \wedge \mathrm{d}\varphi \qquad (5.32)$$

这个表达式不能用于平移,因为对于平移,Q 是一个无穷远点.

4. 线段集合

设 K_0 为固定凸集,面积是 F_0,周长是 L_0. 设 K 为长度等于 l 的有向线段. 我们要计算同 K_0 相交而和 K 全等的线段集合的测度(图5.5). 选取运动密度的表达式(5.30),令 G 为含线段 K 在内的直线,σ 为弦 $G \cap K_0$ 的长,则

$$m(K; K \cap K_0 \neq \varnothing) = \int_{K \cap K_0 \neq \varnothing} \mathrm{d}G^* \wedge \mathrm{d}t$$
$$= \int_{G \cap K_0 \neq \varnothing} (\sigma + l)\mathrm{d}G^*$$

$$= 2\pi F_0 + 2lL_0 \qquad (5.33)$$

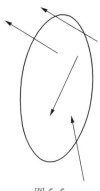

图 5.5

因此,若一个凸集的面积为 F_0,周长为 L_0,则一切长度等于 l 而和该凸集有公共点的有向线段的测度为 $2\pi F_0 + 2lL_0$.

关于求含于 K_0 内的定长线段的测度问题,没有简单答案,其结果同 K_0 的形状密切相关. 对于直径等于 $D \geqslant l$ 的圆 C,通过直接计算可得

$$m(K;K \subset C) = \frac{\pi}{2}\Big[\, \pi D^2 - 2D^2 \arcsin \frac{l}{D} -$$

$$2l(D^2 - l^2)^{\frac{1}{2}}\,\Big] \qquad (5.34)$$

而对于边长等于 $a,b(l \leqslant a, l \leqslant b)$ 的长方形 R,则有

$$m(K;K \subset R) = 2(\pi ab - 2(a+b)l + l^2) \qquad (5.35)$$

在 l 满足某些条件下,对于一个凸多边形,其相应测度将在下面(5.44)给出.

若 K_0 缩成长度为 l_0 的线段,测度式(5.33)化为 $4ll_0$. 若 K_0 为总长等于 L_0 的折线,则对于 K_0 每边计算这个测度,然后对一切边相加,就得

$$\int_{K \cap K_0 \neq \varnothing} n\mathrm{d}K = 4lL_0 \qquad (5.36)$$

99

其中 n 表示在线段 K 各个位置上, K_0 同 K 有公共点的边数(图 5.6).

现在,我们计算同一个角 A 的两边都相交而长度为 l 的有向线段 K 的测度. 我们用 A 同时表示角的顶点与角的大小. 用 σ 表示角 A 从 K 所在的直角 G 截下的弦(图 5.7),则

$$m(K; K \cap AB \neq \varnothing, K \cap AC \neq \varnothing) = \int \mathrm{d}G^* \wedge \mathrm{d}t$$

$$= 2 \int_{\sigma \leqslant l} (l - \sigma) \mathrm{d}G$$

$$(5.37)$$

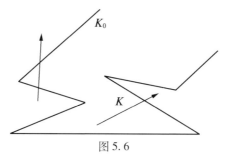

图 5.6

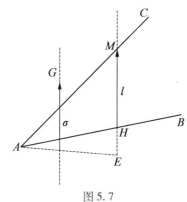

图 5.7

100

又

$$
\begin{aligned}
\int_{\sigma < l} l \mathrm{d}G &= l \int_{\sigma < l} \mathrm{d}p \wedge \mathrm{d}\varphi \\
&= l \int |AE| \, \mathrm{d}\varphi \\
&= 2 \int_0^{\pi - A} T \mathrm{d}\varphi \qquad (5.38)
\end{aligned}
$$

其中 T 是垂直于方向 φ 而具有长度 l 的弦 HM 所确定的 $\triangle AHM$ 的面积.

另一方面

$$
\int_{\sigma \le l} \sigma \mathrm{d}G = \int_{\sigma \le l} \sigma \mathrm{d}p \wedge \mathrm{d}\varphi = \int_0^{\pi - A} T \mathrm{d}\varphi \qquad (5.39)
$$

因此

$$
m(K; K \cap AB \ne \varnothing, K \cap AC \ne \varnothing) = 2 \int_0^{\pi - A} T \mathrm{d}\varphi
$$
$$
(5.40)
$$

为了计算这个积分,注意

$$
2T = \left(\frac{l^2}{\sin A} \right) \sin \varphi \sin(A + \varphi) \qquad (5.41)
$$

故

$$
\begin{aligned}
m &= \frac{l^2}{\sin A} \int_0^{\pi - A} \sin \varphi \sin(A + \varphi) \, \mathrm{d}\varphi \\
&= \frac{l^2}{2} [1 + (\pi - A) \cot A] \qquad (5.42)
\end{aligned}
$$

于是,一切同一个角 A 两边都相交而长度为 l 的有向线段的测度如式(5.42)所示.

在一个已给凸多边形内部的线段集合中,设 K_0 为一个凸多边形而 K 为一个有向线段,假定 K 的长 l 限定它不能同两条不相邻的边都相交.

设 $m_i (i = 0, 1, 2)$ 为同 K_0 的边界恰好有 i 个公共

点的一切 K 的位置的测度(m_0 是在 K_0 内部的一切线段 K 的测度). 公式(5.33),(5.36)和(5.42)依次可以写作[①]

$$m_0 + m_1 + m_2 = 2\pi F_0 + 2lL_0$$

$$m_1 + 2m_2 = 4lF_0$$

$$m_2 = \frac{l^2}{2} \sum_{A_i} \left[1 + (\pi - A_i)\cot A_i \right] \quad (5.43)$$

因而

$$m_0 = 2\pi F_0 - 2lL_0 + \frac{l^2}{2} \sum_{A_i} \left[1 + (\pi - A_i)\cot A_i \right]$$

$$m_1 = 4lL_0 - l^2 \sum_{A_i} \left[1 + (\pi - A_i)\cot A_i \right]$$

$$m_2 = \frac{l^2}{2} \sum_{A_i} \left[1 + (\pi - A_i)\cot A_i \right] \quad (5.44)$$

对于无向线段,这些结果都应除以 2.

同一个已给凸集相交的凸集,设 K_0 为具有面积 F_0 和周长 L_0 的凸集,而 K_1 为具有面积 F_1 和周长 L_1 的凸集. 我们将计算同 K_0 有公共点的一切与 K_1 全等的凸集的测度,也就是同 K_0 相交的一切 K_1 的位置的测度. K_1 的位置决定于 K_1 中一点 P_1 的坐标 x_1, y_1,以及固定在 K_1 内的一个方向 $P_1 A$ 同固定在平面上的一个方向 $P_0 x$ 所作的角(图5.8).

运动测度 $\mathrm{d}K_1 = \mathrm{d}x_1 \wedge \mathrm{d}y_1 \wedge \mathrm{d}\varphi$,其中我们用 $\mathrm{d}K_1$ (代替 $\mathrm{d}K$)来表示它属于运动中的 K_1. 我们要计算

---

① 公式里的 A_i 指 K_0 边界上的角,其下标与 m_i 的下标无关. ——译者

102

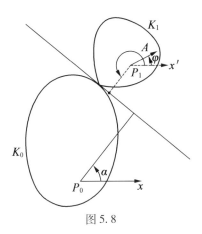

图 5.8

$$m(K_1; K_1 \cap K_0 \neq \varnothing) = \int_{K_1 \cap K_0 \neq \varnothing} \mathrm{d}K_1$$

$$= \int_{K_1 \cap K_0 \neq \varnothing} \mathrm{d}P_1 \wedge \mathrm{d}\varphi \quad (5.45)$$

设 $p_0(\alpha)$ 和 $p_1(\alpha)$ 依次为 K_0 和 K_1 的撑函数,依次相对于原点 $P_0(x_0, y_0) \in K_0$, $P_1(x_1, y_1) \in K_1$ 和平行的轴 P_0x, P_1x'. 若固定 φ 而将 K_1 平移,使它和 K_0 外切(图 5.8),则 P_1 在平移中描出一条新的曲线,它是撑函数

$$p(\alpha) = p_0(\alpha) + p_1(\alpha + \pi) \quad (5.46)$$

所确定的凸集的边界.

$p_1(\alpha + \pi)$ 是把 K_1 对点 P_1 作反射所得的凸集 K_1^* 的撑函数,因此,以 $p(\alpha)$ 为撑函数的凸集的面积是 $F_0 + F_1 + 2F_{01}^*$,其中 F_{01}^* 是 K_0 和 K_1^* 的混合面积. 所以,使 $K_0 \cap K_1 \neq \varnothing$ 的一切 K_1 的平移的测度是 $F_0 + F_1 + 2F_{01}^*$. 这是把式(5.45)对 $\mathrm{d}P_1$ 积分的结果.

再对 $\mathrm{d}\varphi$ 积分,得

$$m(K_1; K_1 \cap K_0 \neq \varnothing) = \int_0^{2\pi} (F_0 + F_1 + 2F_{01}^*) \mathrm{d}\varphi$$

Buffon 投针问题

$$= 2\pi(F_0 + F_1) + L_0 L_1$$

$$(5.47)$$

注意 K_1 和 K_1^* 有相同的周长. 于是证明了:

一个凸集 K_1 同一个已给凸集 K_0 相交的一切位置的测度是

$$m(K_1; K_1 \cap K_0 \neq \varnothing) = \int_{K_1 \cap K_0 \neq \varnothing} dK_1$$
$$= 2\pi(F_0 + F_1) + L_0 L_1$$

$$(5.48)$$

特款 1 若 K_1 为长度等于 l 的线段,则 $F_1 = 0$, $L_1 = 2l$,而式(5.48)化为式(5.33).

特款 2 若 K_1 为半径等于 R 的圆,可以选取 K_1 的中心为 P_1,于是 $\int dK_1 = 2\pi \int dP_1$. 公式(5.48)化为

$$\int_{K_0 \cap K_1 \neq \varnothing} dP_1 = F_0 + L_0 R + \pi R^2 \quad (5.49)$$

含在一个已给凸集内的凸集. 一个凸集 K_1 含在一个固定凸集 K_0 的位置的测度,一般地没有简单的表达式. 但是,在 ∂K_1 和 ∂K_0 有连续的曲率半径,而且 ∂K_1 的最大曲率半径不大于 ∂K_0 的最小曲率半径的假设下,其答案是简单的. 事实上,沿用上面的记号,若把 K_1 平移,使它总是含在 K_0 内,则这样所得到的 P_1 的位置的集合是一个凸集,其撑函数是

$$p(\alpha) = p_0(\alpha) - p_1(\alpha) \quad (5.50)$$

注意由于 $p + p'' = (p_0 + p_0'') - (p_1' + p_1'') > 0, p(\alpha)$ 的确是一个凸集的撑函数,这个凸集的面积是

$$\frac{1}{2}\int_0^{2\pi}(p^2 - p'^2)d\varphi = F_0 + F_1 - 2F_{01} \quad (5.51)$$

在 K_1 的一切转动范围内积分,就得

$$m(K_1;K_1 \subset K_0) = 2\pi(F_0 + F_1) - L_0 L_1 \quad (5.52)$$

于是得:

若 K_0 和 K_1 为有界凸集,其边界 ∂K_0 和 ∂K_1 有连续曲率半径,而且 ∂K_1 的最大曲率半径不大于 ∂K_0 的最小曲率半径,则含在 K_0 而和 K_1 全等的一切凸集的测度由式(5.52)决定. 若只考虑 K_1 的平移,则其相应测度由式(5.51)决定.

若 ρ_m 是 ∂K_0 的最小曲率半径,而 K_1 是半径为 $R(R \leqslant \rho_m)$ 的圆,并取 K_1 的中心为 P_1,则由式(5.52)可知,含在 K_0 内的 K_1 的中心所构成的区域的面积,即距 K_0 为 R 的内平行凸集的面积是

$$(2\pi)^{-1} m(K_1;K_1 \subset K_0) = F - LR + \pi R^2 \quad (5.53)$$

若 ρ_M 为 ∂K_0 的最大曲率半径,而 K_1 为半径等于 $R(R \geqslant \rho_M)$ 的圆,则式(5.53)给出含整个 K_0 在内的圆 K_1 的中心所构成的区域的面积.

6. 一些积分公式

(a)设 K_0, K_1 为两个平面域,它们不一定是凸的,其面积依次为 F_0, F_1. 假定 K_0 固定而 K_1 在运动. 设 dK_1 为 K_1 的密度,设 $P(x, y)$ 为平面上一点,而 $dP = dx \wedge dy$ 为其密度. 考虑积分

$$\begin{aligned} I &= m(P, K_1; P \in K_0 \cap K_1) \\ &= \int_{P \in K_0 \cap K_1} dP \wedge dK_1 \end{aligned} \quad (5.54)$$

其积分范围是满足 $P \in K_0 \cap K_1$ 的 P_1 和 K_1 的一切位置. 若先令 P 固定并利用式(5.28),就得

$$\begin{aligned} I &= \int_{P \in K_0} dP \int_{P \in K_1} dK_1 \\ &= 2\pi F_1 \int_{P \in K_0} dP \end{aligned}$$

$$= 2\pi F_0 F_1 \qquad (5.55)$$

若先令 K_1 固定,就得

$$I = \int_{K_1 \cap K_0 \neq \varnothing} \mathrm{d}K_1 \int_{P \in K_1 \cap K_0} \mathrm{d}P$$

$$= \int_{K_1 \cap K_0 \neq \varnothing} f_{01} \mathrm{d}K_1 \qquad (5.56)$$

其中 f_{01} 表示 $K_1 \cap K_0$ 的面积(图 5.9). 由式(5.55)和
(5.56)得

$$\int_{K_1 \cap K_0 \neq \varnothing} f_{01} \mathrm{d}K_1 = 2\pi F_0 F_1 \qquad (5.57)$$

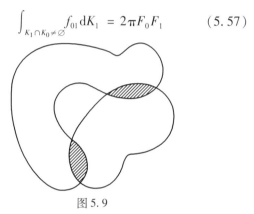

图 5.9

(b)设 K_0, K_1 为平面区域,其面积依次为 F_0, F_1,
而且它们的边界为可求长曲线,其长为 L_0, L_1. 设 $A(s_0)$
为 ∂K_0 上一点(s_0 表示弧长),并考虑

$$J_1 = \int_{A \in K_1} \mathrm{d}s_0 \wedge \mathrm{d}K_1$$

若先令 A 固定,就得

$$J_1 = \int_{\partial K_0} \mathrm{d}s_0 \int_{A \in K_1} \mathrm{d}K_1 = 2\pi F_1 L_0 \qquad (5.58)$$

若先令 K_1 固定而用 l_{01} 表示 ∂K_0 在 K_1 内部分的弧长,
则得

106

$$J_1 = \int_{K_1 \cap K_0 \neq \varnothing} \mathrm{d}K_1 \int_{A \in K_1} \mathrm{d}s_0 = \int_{K_1 \cap K_0 \neq \varnothing} l_{01} \mathrm{d}K_1$$

$$(5.59)$$

由式(5.58)和(5.59),就得(图5.10)

$$\int_{K_1 \cap K_0 \neq \varnothing} l_{01} \mathrm{d}K_1 = 2\pi F_1 L_0 \qquad (5.60)$$

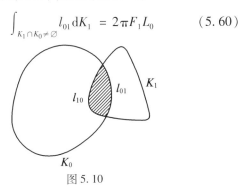

图 5.10

若 l_{10} 表示 ∂K_1 在 K_0 内部分的弧长,则根据运动测度在运动逆转中的不变性,与式(5.60)类似,得

$$\int_{K_0 \cap K_1 \neq \varnothing} l_{10} \mathrm{d}K_1 = 2\pi F_0 L_1 \qquad (5.61)$$

把式(5.60)和(5.61)相加,得

$$\int_{K_0 \cap K_1 \neq \varnothing} L_{01} \mathrm{d}K_1 = 2\pi(F_1 L_0 + F_0 L_1) \quad (5.62)$$

其中 L_{01} 是 $K_0 \cap K_1$ 的边界长.

(c)设 K_0, K_1, K_2 为平面上三个有界凸集. 假定 K_0 固定而 K_1, K_2 在运动,其运动密度依次为 $\mathrm{d}K_1, \mathrm{d}K_2$. 连接应用式(5.48),得

$$m(K_1, K_2; K_0 \cap K_1 \cap K_2 \neq \varnothing)$$

$$= \int_{K_0 \cap K_1 \cap K_2 \neq \varnothing} \mathrm{d}K_1 \wedge \mathrm{d}K_2$$

$$= \int_{K_0 \cap K_1 \neq \varnothing} \left[2(F_2 + f_{01}) + L_2 L_{01} \right] \mathrm{d}K_1$$

$$= (2\pi)^2 (F_1 F_2 + F_0 F_1 + F_0 F_2) +$$
$$2\pi (F_0 L_1 L_2 + F_1 L_0 L_2 + F_2 L_0 L_1) \qquad (5.63)$$

在这里,我们利用了式(5.56)和(5.62).

7. 一项中值;覆盖问题

设 K_0 为面积等于 F_0,周长等于 L_0 的凸集,K_1,K_2,$\cdots$,K_n 为互相全等,面积等于 F,周长等于 L 的凸集. 假定让 K_i 随机地落在平面上,使它们都和 K_0 相交. 我们求 K_0 内被恰好 r 个 K_i 覆盖的面积的中值($r = 0, 1, 2, \cdots, n$). 在图5.11 里,$n = 4$,有阴影的面积对应于 $r = 2$. 为了上述目的,考虑积分

$$I_r = \int \mathrm{d}P \wedge \mathrm{d}K_1 \wedge \mathrm{d}K_2 \wedge \cdots \wedge \mathrm{d}K_n \qquad (5.64)$$

其积分范围是一切 K_0 内被恰好 r 个 K_i 覆盖的点 P,和一切满足 $K_i \cap K_0 \neq \varnothing$ 的 K_i 的位置. 若先令 P 固定,就有

$$I_r = \binom{n}{r} \int_{P \in K_0} (2\pi F)^r (2\pi F_0 + L_0 L)^{n-r} \mathrm{d}P$$

$$= \binom{n}{r} (2\pi F)^r (2\pi F_0 + L_0 L)^{n-r} F_0 \qquad (5.65)$$

另一方面,若先令 $K_1, K_2, \cdots, K_n$ 固定,就有

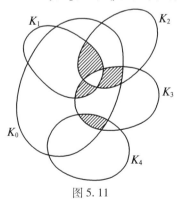

图 5.11

$$I_r = \int_{K_0 \cap K_i \neq \varnothing} f_r \mathrm{d}K_1 \wedge \mathrm{d}K_2 \wedge \cdots \wedge \mathrm{d}K_n \qquad (5.66)$$

其中 f_r 表示 K_0 被恰好 r 个 K_i 覆盖的面积. 于是所求中值是

$$E(f_r) = \frac{\binom{n}{r}(2\pi F)^r (2\pi F_0 + L_0 L)^{n-r} F_0}{[2\pi(F + F_0) + LL_0]^n} \qquad (5.67)$$

令 $n \to \infty$, 同时 K_i 的面积和不变, 即 $nF = a = $ 常数, 考虑这时上述中值的极限. 在式(5.67)中, 令 $F = \frac{a}{n}$, 并取 $n \to \infty$ 时的极限, 就得:

(a)若 K_i 趋于长度为 s 的线段, 则 $L \to 2s$

$$E(f_r) \to \frac{F_0}{r!} \left(\frac{\pi a}{\pi a + sL_0} \right)^r \exp \left(- \frac{\pi a}{\pi F_0 + sL_0} \right) \qquad (5.68)$$

(b)若当 $F \to 0$ 时, K_i 的周长 $L \to 0$, 则

$$E(f_r) \to \frac{F_0}{r!} \left(\frac{a}{F_0} \right)^r \exp \left(- \frac{a}{F_0} \right) \qquad (5.69)$$

令 $r = 0$, 这些公式就给出 K_0 内不被任何 K_i 覆盖的面积的中值.

由式(5.65)可知, 若随机地取凸集 K_0 内一点 P 和 n 个同 K_0 相交而互相全等的凸集 K_i , 则点 P 被恰好 r 个 K_i 覆盖的概率是

$$p_r = \frac{\binom{n}{r}(2\pi F)^r (2\pi F_0 + L_0 L)^{n-r}}{[2\pi(F + F_0) + LL_0]^n} \qquad (5.70)$$

较困难而尚未解决的问题是求 K_0 内每一点被恰好 r 个 K_i 覆盖的概率. 所谓覆盖问题是指下述形式的问题. 设 S 为固定点集而 A_i 为含 S 在内的那个空间里一个序列的随机集. 这时, 对于固定的 N, 我们要求

$S \subset \bigcup\limits_{i=1}^{N} A_i$ 的概率(覆盖概率). Cooke 给出了这些覆盖概率的一般上界和下界. 这些概率一般地难以准确地计算,于是我们就寻求渐近的结果. 下面我们举一个例.

设 D 是凸集 K_0 的一个域. D 内一点被恰好 r 个凸集 K_i 覆盖的概率如式(5.70)所示,假定 K_0 膨胀成整个平面,但同时 $\dfrac{n}{F_0} \rightarrow \rho$ (正常数). 这时,不管 K_0 的形状如何,$\dfrac{L_0}{F_0} \rightarrow 0$,而式(5.70)化为

$$\lim p_r = \frac{(\rho F)^r}{r!} \mathrm{e}^{-\rho F} \qquad (5.71)$$

这个过程所产生的面积为 F 的凸集 K_i 的无尽序列,构成一个密度为 ρ 的凸集场. 按照式(5.71),它们覆盖平面上一点的个数是一个参数为 ρF 的 Poisson 随机变量. 同前面的情况一样,D 的每一点都被恰好 r 个 K_i 覆盖的概率还是不知道. 对于 D 的面积 $F^* \rightarrow \infty$ 的款,Miles 给出了下面的渐近结果.

D 的每一点被至少 r 块 K_i 覆盖的概率是

$$\sim \exp\left\{ -r\rho F^* \exp(-\rho F)\left[1 + \cdots + \frac{(\rho F)^r}{r!} \right] \right\} \qquad (5.72)$$
$$(r = 0,1,2,\cdots)$$

而 D 的每一点被至多 r 块 K_i 覆盖的概率($F^* \rightarrow \infty$ 的渐近值)是

$$\sim \exp\left[-(r+1)\rho F^* \exp(-\rho F)\left(\frac{(\rho F)^r}{r!} + \frac{(\rho F)^{r+1}}{(r+1)!} + \cdots \right) \right]$$
$$(r = 0,1,2,\cdots) \qquad (5.73)$$

其中 F^* 是 D 的面积.

8. 注记与练习

(a)两个中值. 设 K_0 为面积等于 F_0,周长等于 L_0

的固定凸集:$K_1,K_2,\cdots,K_n$ 为 n 个面积等于 F,周长等于 L 的互相全等的凸集. 假定让 K_i 随机地落在平面上,但都和 K_0 相交. 设 u_r 为 K_0 被恰好 r 个 K_i 覆盖部分的边界长,这个边界可能由若干个闭曲线所构成. 这样,u_r 的中值是以下两积分值之比

$$\int_{K_i \cap K_0 \neq \varnothing} u_r \mathrm{d}K_1 \wedge \mathrm{d}K_2 \wedge \cdots \wedge \mathrm{d}K_n$$

$$= \binom{n}{r}(2\pi F)^r(2\pi F_0 + LL_0)^{n-r}L_0 +$$

$$n\Big[\binom{n-1}{r-1}(2\pi F)^{r-1}(2\pi F_0 + LL_0)^{n-r}2\pi F_0 L +$$

$$\binom{n-1}{r}(2\pi F)^r(2\pi F_0 + LL_0)^{n-r-1}2\pi F_0 L\Big] \quad (5.74)$$

和

$$\int_{K_i \cap K_0 \neq \varnothing} \mathrm{d}K_1 \wedge \mathrm{d}K_2 \wedge \cdots \wedge \mathrm{d}K_n$$

$$= \big[2\pi(F + F_0) + LL_0\big]^n \quad (5.75)$$

恰好被 r 个 K_i 覆盖的区域数 N_r 的中值(在图 5.11 里,$N_0 = 2, N_1 = 4, N_2 = 4, N_3 = 1$)是下面积分值和式(5.75)之比

$$\int_{K_i \cap K_0 \neq \varnothing} N_r \mathrm{d}K_1 \wedge \mathrm{d}K_2 \wedge \cdots \wedge \mathrm{d}K_n$$

$$= n(2\pi F)^{r-1}(2\pi F_0 + LL_0)^{n-r-1}2\pi F_0\Big[\binom{n-1}{r} +$$

$$\binom{n-1}{r-1}(2\pi F_0 + LL_0)\Big] + \binom{n}{r}(2\pi F)^r(2\pi F_0 + LL_0)^{n-r} +$$

$$\binom{n}{2}2\pi L^2 F_0(2\pi F)^{r-2}(2\pi F_0 + LL_0)^{n-r-2} \cdot$$

$$\left[\binom{n-2}{r-2}(2\pi F_0 + LL_0)^2 + \binom{n-1}{r-1}4\pi F(2\pi F_0 + LL_0) + \right.$$

$$\binom{n-2}{r}(2\pi F)^2 \right] + LL_0 n (2\pi F)^{r-1}(2\pi F_0 + LL_0)^{n-r-1} \cdot$$

$$\left[\binom{n-1}{r-1}(2\pi F_0 + LL_0) + \binom{n-1}{r}2\pi F \right] \qquad (5.76)$$

(b)凸集的一个随机分布中的团数. 设在一个面积 A 上随机地放上 N 个小薄凸片. 若有一组薄片,其中每一片搭上组中的另一片,我们就说,这一组薄片构成一团[①]. 为方便起见,若一个薄片不和别的相搭,它本身也算是一个团. Armitage 和 Mack 考虑了下述问题:求表达团的期望数的近似公式. 当人们需要在样品盘上数一数有多少个粒子,而粒子又太小,单个粒子和互相搭上的粒子不易区分时,上述问题就有重要意义. 我们将考虑一种简单的情况:所有 N 个薄片都是全等的,其面积是 f,周长是 u.

设确定 K_i 的位置的点和方向是 P_i, φ_i,则 K_i 的运动密度是 $\mathrm{d}K_i = \mathrm{d}P_i \wedge \mathrm{d}\varphi_i$. 设 a 为面积 A 内的一个域,它具有这样的性质:对于每一个和 a 相交的 K_i,对应的 P_i 含在 A 内. 随机给定一个薄片 K_r,点 $P_r \in a$ 的概率是 $\dfrac{a}{A}$,因此,具有这个性质的 K_i 的平均个数是 $\dfrac{Na}{A}$. 另一方面,若 K_r 固定,对于一个随机薄片 K_i,它满足 $K_i \cap K_r \neq \varnothing$ 的概率是 $1 - \dfrac{4\pi f + u^2}{2\pi A}$(利用式(5.48)),一切 K_i 都满足 $K_i \cap K_r = \varnothing$ 的概率是

---

① Clumps.——译者

$$\left[1-\frac{4\pi f+u^2}{2\pi A}\right]^{N-1}$$

因此,不相搭的薄片的平均个数(只含一个薄片的团的个数 c_1 的中值)是

$$E(c_1)=\frac{Na}{A}\left[1-\frac{4\pi f+u^2}{2\pi A}\right]^{N-1} \qquad (5.77)$$

为了求团的平均个数,我们先指出,在每一个团内,总有一个 K_r,其对应点 P_r 有最大的横坐标 x_r,因此,这个团就可以用该 K_r 来确定. 这样,固定了 K_r,另一个 K_i 和 K_r 相交的概率是 $\frac{4\pi f+u^2}{2\pi A}$,因而由对称可知,$K_i$ 和 K_r 相交而且 P_i 的横坐标 $x_i\geqslant x_r$ 的概率是 $\frac{4\pi f+u^2}{4\pi A}$,而一切 K_i 都不具有上述性质的概率是

$$\left[1-\frac{4\pi f+u^2}{4\pi A}\right]^{N-1}$$

于是具有这样性质的 K_r 的平均数(即团的个数 c 的平均值,这些团中,可能有只含一个薄片的)是

$$E(c)=\frac{Na}{A}\left[1-\frac{4\pi f+u^2}{4\pi A}\right]^{N-1} \qquad (5.78)$$

假定 $N\to\infty$,$A\to\infty$,而且 $\frac{N}{A}\to\lambda$(单位面积内平均薄片数),则

$$E(c_1)\to\lambda a\exp\left[-\lambda\left(2f+\frac{u^2}{2\pi}\right)\right] \qquad (5.79)$$

$$E(c)\to\lambda a\exp\left[-\lambda\left(f+\frac{u^2}{4\pi}\right)\right] \qquad (5.80)$$

这些公式是 Mack 得到的,他还考虑了薄片不全等的情况. 细节以及随机结团的理论见 Roach 的书.

(c)一个随机的点分布中,$k-$组的期望数. 假定

有 n 点独立而均匀地分布在平面上一个区域里. 已给一个域 D, 若上述 n 个点中恰好有 k 个含在 D 内, 则这 k 个点构成一个 k – 组. 一个有趣的问题是, 对于不同大小和形状的域 D, 求这种 k – 组的个数的中值. 这个问题曾被 Mach 所探究.

Ambarcumjan 把上述 n 个点所构成的有限集合叫作"撮①", 并假设它含在一个以原点 O 为中心、半径等于 R 的基圆内. 他考虑一个随机圆, 半径为常数 r, 中心在基圆中均匀分布, 并求撮中有 k 个点含在该圆内的概率 $P_k(r)$. 若撮 M 是中心对称的, 对称中心为 O, 而令 n 变成无穷大, 则在撮中随机选取的 m – 组的凸包的周长平均值 h_m 满足不等式 $h_{m+2} \geqslant 4\rho(1 - 2^{-m-1})$, 其中 ρ 表示从 O 到 M 里的点的平均距离. Ambarcujan 给出的另一个渐近结果是 $\dfrac{\rho^*}{H} \leqslant \dfrac{1}{4}$, 其中 ρ^* 表示 M 里的点偶的平均距离, 而 H 表示 M 的凸包的周长.

(d) 用直探针探到一个凸域的概率. 设 K_0 为凸域, 在它里面有另一个凸域 K. 在 K_0 内随机地取一个长度为 s 的线段, 这样的线段叫作探针. 问题是要探出 K, 即求探针和 K 相交的概率 (图 5.12). 我们假定长度为 s 而和 K 相交的探针都含在 K_0 内. 根据式 (5.33), 探到 K 的概率是

$$p = \frac{m(S; S \cap K \neq \varnothing)}{m(S \subset K_0)} = \frac{2\pi F + 2sL}{m(S \subset K_0)} \quad (5.81)$$

其中 F 和 L 依次是 K 的面积和周长. 若 K_0 是一个半

---

① Clusters. ——译者

径 $R > 2s$ 的圆,则按式(5.34),得

$$p(S \cap K \neq \varnothing)$$

$$= \frac{4\pi F + 4sL}{\pi \left[4\pi R^2 - 8R^2 \arcsin \dfrac{s}{2R} - 2s(4R^2 - s^2)^{\frac{1}{2}} \right]} \quad (5.82)$$

若 K_0 是一个边长为 $a, b(a > s, b > s)$ 的长方形,则按 (5.35),得

$$p(S \cap K \neq \varnothing) = \frac{\pi F + sL}{\pi ab - 2(a + b)s + s^2} \quad (5.83)$$

Vinogradov 与 Zaregradsi 讨论了下面的探测问题;所探测的是在一个凸域 K_0 内均匀分布的随机对象,探测的方法是以固定速度在 K_0 内描绘一条定长曲线.

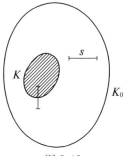

图 5.12

(e)连续随机步行中的自交. 设平面上有 $n(n \geqslant 3)$ 个线段,每段长为 1,第一段始点是原点,以后每段始点是前一段的终点,而每一段的方向是具有均匀分布角度的随机方向,则这一序列的线段构成一个 n 步步行,每一线段叫作一步,若把概率为零的事件略去不算,则步行中的一个自交指这样的事件:对于某个 i 和某个 j,其中 $1 \leqslant i < j \leqslant n$,且 $j - 1 > 1$,第 i 步和第 j 步恰好有一个公共点作为两步的内点.

设 $E(n)$ 为自交数的期望值. 则对于大数 n, 已知有渐近值

$$E(n) \sim (2\pi^2) n \log n$$

(f) 等周不等式的又一个证明. 假定 K_0 和 K_1 是两个全等凸集. 这时式(5.47)化为

$$m(K_1; K_1 \cap K_0 \neq \varnothing) = 4\pi F_0 + L_0^2$$

利用关于 $\mathrm{d}K_1$ 的表达式(5.32), 容易得到

$$m(K_1; K_1 \cap K_0 \neq \varnothing)$$

$$= 4\pi F_0 + 4 \int_{P \in K_0} \left(\frac{\varphi}{2} - \sin \frac{\varphi}{2} \right) \mathrm{d}P$$

其中 φ 是当我们以 $P(P \notin K_0)$ 为中心把 K_0 转动时, 不使它同它的初始位置完全脱离的最大转角. 于是得

$$\int_{P \notin K_0} \left(\frac{\varphi}{2} - \sin \frac{\varphi}{2} \right) \mathrm{d}P = \frac{L_0^2}{4}$$

和 Crofton 公式比较, 就得等周不等式 $L_0^2 - 4\pi F_0 \geq 0$.

(g) 定向[①]不均匀分布的随机图形. 运动测度对于一切点 P 和关于几何图形的一切方向 φ, 赋予了相等的"权". 这是因为我们假定了它在平移和转动下的不变性. 若只假定它在平移下的不变性, 我们就得到像 $\mathrm{d}K^* = F(\varphi) \mathrm{d}p \wedge \mathrm{d}\varphi$ 那样的密度, 并对其定向不均匀分布的图形, 推得一些积分公式和概率. 这个各向异性款曾为 S. W. Dufour 所探讨.

练习 5.1　关于相交凸集的一些积分公式. 设 K_0 和 K_1 为平面上两个有界点集, 它们的面积和周长依次是 F_0, F_1 和 L_0, L_1. 用 F_i 表示 $K_0 \cap K_1$ 的面积; F_{0e} 表示 $K_0 - K_0 \cap K_1$ 的面积; F_{1e} 表示 $K_1 - K_0 \cap K_1$ 的面积; L_{1i}

---

① 即确定图形的方向. ——译者

表示 ∂K_1 含在 K_0 内部分的弧长；L_{01} 表示 ∂K_0 含在 K_1 内部分的弧长；L_{1e} 表示 ∂K_1 在 K_0 外部分的弧长；L_{0e} 表示 ∂K_0 在 K_1 外部分的弧长. 作为练习, 试证下列积分公式

$$\int L_{0i}\mathrm{d}K_1 = 2\pi F_1 L_0, \int L_{1i}\mathrm{d}K_1 = 2\pi F_0 L_1$$

练习 5.2　几何概率中的问题. 我们将给出几何概率中的问题的一些例子, 这些问题都可以利用本章结果求解. 在这些问题中, 我们始终用 F_i, L_i 依次表示有界凸集 K_i 的面积和周长.

（a）设 K_0, K_1 为平面上凸集, $K_1 \subset K_0$. 把凸集 K_1 随机地放在平面上, 使它和 K_0 相交. 求它和 K_1 相交的概率.

解　由式（5.48）, 可得

$$p = \frac{2\pi(F_1 + F_2) + L_1 L_2}{2\pi(F_0 + F_2) + L_0 L_2}$$

（b）随机地取点 P 和凸集 K_1, 使 $P \in K_0$, $K_0 \cap K_1 \neq \varnothing$. 求 $P \in K_1 \cap K_0$ 的概率.

解　可得

$$p = \frac{2\pi F_1}{2\pi(F_0 + F_1) + L_0 L_1}$$

（c）把直线 G 和凸集 K_1 随机地放在平面上, 使它们都和 K_0 相交. 求 $G \cap K_1 \cap K_0 \neq \varnothing$ 的概率.

解　可得

$$p = \frac{2\pi(F_0 L_1 + F_1 L_0)}{L_0 \left[2\pi(F_0 + F_1) + L_0 L_1 \right]}$$

特殊地, 若 K_1 是长度为 s 的线段, 则 $F_1 = 0$, $L_1 = 2s$, 而所求概率化为

$$p = \frac{2\pi F_0 s}{L_0(\pi F_0 + L_0 s)}$$

令 $s \to \infty$，就得到：一个凸集 K_0 的两条随机弦在 K_0 内相交的概率是 $p = \dfrac{2\pi F_0}{L_0^2}$.

(d)设 K_1 和 K_2 为两个和固定凸集 K_0 的随机凸集. 求 $K_0 \cap K_1 \cap K_2$ 的概率.

解 解答是式(5.63)和

$$[2\pi(F_1 + F_0) + L_1 L_0][2\pi(F_2 + F_0) + L_2 L_0]$$

之比. 特殊地，若 K_1 和 K_2 为线段，其长依次为 s_1, s_2，就得

$$p = \frac{2\pi s_1 s_2 F_0}{(\pi F_0 + L_0 s_1)(\pi F_0 + L_0 s_2)}$$

(e)设有 n 个和固定凸集相交的随机凸集 K_i. 证明在 K_0 内所有 K_i 有公共点的概率是

$$p = \frac{(2\pi)^n(F^n + n F_0 F^{n-1})}{[2\pi(F + F_0) + L L_0]^2} +$$

$$\frac{(2\pi)^{n-1}\left(n L L_0 F^{n-1} + \binom{n}{2} F_0 L F^{n-2}\right)}{[2\pi(F + F_0) + L L_0]^2} \qquad (5.84)$$

其中 F 和 L 依次表示互相全等的 K_i 的面积和周长. 从命题(d)，经数学归纳法，就可以直截了当地得到公式的证明.

(f)假定在一个半径等于 R 的圆 K 内随机地取 n 点. 求它们可以用一个含在 K 内而半径为 $r(r \leqslant R)$ 的圆包围的概率.

解 这等价于下面的问题：取一个和 K 同心，半径为 $R - r$ 的圆，求 n 个中心在 K 内，半径等于 r 的圆

同该圆有交点的概率. 于是其解答可在式(5.84)内令
$F = \pi r^2, F_0 = \pi(R-r)^2, L_0 = 2\pi(R-r)$ 得到. 结果是

$$p = \frac{r^{2n-3}}{\pi R^{2n}} \Big[\pi r^3 + n\pi r(R-r)^2 +$$

$$2\pi n R^3(R-r) + \binom{n}{2}(R-r)^2 \Big]$$

（g）设 K_0 为固定凸多边形. 把一个不能和 K_0 两条不相邻边相交的有向线段 S^* 随机地放在平面上, 使它和 K_0 相交. 求 :(i) S^* 在 K_0 内的概率 p_0 ;(ii) S^* 和 ∂K_0 恰好有一个公共点的概率;(iii) S^* 和 K_0 恰好有两个公共点的概率.

解　解答是 $p_i = \dfrac{m_i}{2(\pi F_0 + L_0 s)}$, 其中 s 为 S^* 的长, 而 m_i 为式(5.44)中的测度.

我们将给出这结果的一个应用. 假设 R 是边长为 a, vb 的长方形 , 用平行于底边 a 而相距为 b 的直线把 R 分成较小的长方形 R_i (图 5.13). 按照式(5.35), 含在 R 内而长度为 $s(s \leqslant b)$ 的一切线段 S^* 的测度是

$$m(S^* ; S^* \subset R) = 2\pi vab - 4s(a + vb) + 2s^2 \quad (5.85)$$

而含在长方形 $R_i(i = 1, 2, \cdots)$ 内的线段 S^* 的测度之和是

$$vm(S^* ; S^* \subset R_i) = [2\pi ab - 4s(a + b) + 2s^2]v \quad (5.86)$$

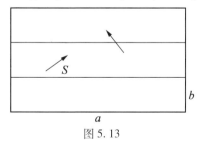

图 5.13

由此可知:若在一个边长为 a , vb ($a > b$) 的长方形 R 内画上平行于底边 a 而距离为 b 的直线,并在 R 的内部随机地取一长度为 s ($s < b$) 的针,则这根针不和任何平行线相交的概率是

$$p = \frac{(\pi ab - 2s(a+b) + s^2)v}{\pi vab - 2s(a+vb) + s^2} \qquad (5.87)$$

(h)若 $a \to \infty$, $v \to \infty$,则整个平面上画上了距离为 b 的平行直线,我们就得到 Buffon 投针问题的结果.

解 设 $|P_1 P_2| = r$. 由极坐标中的面积元素表达式,可知

$$dP_1 \wedge dP_2 = r dP_1 \wedge dr \wedge d\varphi$$

其中 φ 是由平面上一个参考方向到直线 $P_1 P_2$ 的角. 若令 r 固定,则 $dP_1 \wedge d\varphi$ 是长度为 r 的线段的运动密度,于是利用式(5.44),就得

$$m(P_1, P_2; |P_1 P_2| < h)$$

$$= \int_{r \leqslant h} dP_1 \wedge dP_2$$

$$= \int_0^h m_0 r dr$$

$$= \pi F_0 h^2 - \frac{2}{3} L_0 h^3 + \frac{1}{8} h^4 \sum_{A_i} [1 + (\pi - A_i) \cot A_i]$$

而所求概率是

$$p(r \leqslant h)$$

$$= \frac{1}{F_0^2} \left\{ \pi F_0 h^2 - \frac{2}{3} L_0 h^3 + \frac{1}{8} h^4 \sum_{A_i} [1 + (\pi - A_i) \cot A_i] \right\}$$

(i)设 P_1 , P_2 为直径等于 D 的一个圆内的两个随机点,求距离 $|P_1 P_2|$ 不超过 h ($h \leqslant D$) 的概率.

解 可得

$$p(|P_1 P_2| \leqslant h)$$

$$= \frac{4}{\pi D^2} \left[\pi h^2 + \alpha \left(\frac{D^2}{4} - h^2 \right) - \left(\frac{D^2}{4} + \frac{h^2}{2} \right) \sin \alpha \right]$$

其中 $\alpha = 2 \arcsin \dfrac{h}{D}$

　　E. Borel 计算了, 当 P_1, P_2 是三角形, 正方形和一般多边形内的随机点时的相应结果.

　　一般的, 若 r 为一个凸集 K 内两点之间的距离, 则分布函数 $\mathrm{prob}(r \leqslant x)$ 是 $\dfrac{r m(r)}{F^2}$ 对于 r 的积分, 积分范围从 0 到 x, 其中 F 是 K 的面积, 而 $m(r)$ 表示含于 K 内而长度为 r 的一切有向线段的测度. 这从等式 $\mathrm{d} P_1 \wedge \mathrm{d} P_2 = r \mathrm{d} r \wedge \mathrm{d} \varphi \wedge \mathrm{d} P_2$ 可以立刻得到.

将 Buffon 投针问题推广到 E_n

1. 和一个凸集相交的 r 维平面的集合

设 K 为 E_n 里的凸集. 我们试求一切和 K 相交的 r 维平面 L_r 的测度. 应用关于 $\mathrm{d}L_r$ 的表达式,可知这个测度等于 $I_r(K)$,或者,用截测积分表示

$$M(L_r; L_r \cap K \neq \varnothing)$$

$$= \int_{E_r \cap K \neq \varnothing} \mathrm{d}L_r$$

$$= \frac{n O_{n-2} O_{n-3} \cdots O_{n-r-1}}{(n-r) O_{r-1} \cdots O_1 O_0} W_r(K) \quad (6.1)$$

于是得结论:

在 E_n 里,一切和一个凸集相交的 r 维平面的测度($r = 1, 2, \cdots, n-1$)由式 (6.1) 确定.

$r = 0$ 时,K 的点的测度等于 K 的体积 $V(K)$. 还可以把式 (6.1) 写成

$$m(L_r; L_r \cap K \neq \varnothing)$$

$$= \frac{O_{n-2} \cdots O_{n-r-1}}{(n-r) O_{r-1} \cdots O_0} M_{r-1}(\partial K) \quad (6.2)$$

$n = 3$ 时,就得

$$m(L_1; L_1 \cap K \neq \varnothing) = \frac{\pi}{2}F$$

$$m(L_2; L_2 \cap K \neq \varnothing) = M_1$$

这些是 E_3 里和一个凸集相交的直线测度和平面测度.

其次,在和 K 相交的一切 L_r 的范围上,试求截测积分 $W_i^{(r)}(K \cap L_r)$. 即

$$\mathrm{d}L_{i+1}^{(r)} \wedge \mathrm{d}L_r^* = \mathrm{d}L_{r[i+1]} \wedge \mathrm{d}L_{i+1}, i+1 \leqslant r \quad (6.3)$$

考虑积分

$$I = \int_{L_{i+1}^{(r)} \cap K \neq \varnothing} \mathrm{d}L_{i+1}^{(r)} \wedge \mathrm{d}L_r^* \quad (6.4)$$

令 L_r 固定,对 $\mathrm{d}L_{i+1}^{(r)}$ 求积,利用式(6.1),得

$$I = \frac{rO_{r-2}\cdots O_{r-i-2}}{(r-i-1)O_i\cdots O_1 O_0} \int_{L_r \cap K \neq \varnothing} W_{i+1}^{(r)}(K \cap L_r)\mathrm{d}L_r^* \quad (6.5)$$

另一方面,根据式(6.3)

$$I = \int_{L_{i+1} \cap K \neq \varnothing} \mathrm{d}L_{i+1} \int_{\text{全体}} \mathrm{d}L_{r[i+1]}$$

$$= \frac{2O_{n-i-2}\cdots O_{n-r}}{O_{r-2}\cdots O_0} \int_{L_{i+1} \cap K \neq \varnothing} \mathrm{d}L_{i+1} \quad (6.6)$$

其中因子 2 的出现是由于假定 L_r 是有向的. 因此若假定 L_r 是无向的,则根据式(6.1)和(6.5)

$$\int_{L_r \cap K \neq \varnothing} W_{i+1}^{(r)}(K \cap L_r)\mathrm{d}L_r$$

$$= \frac{(r-i-1)O_{n-i-2}O_{n-2}\cdots O_{n-r}n}{(n-i-1)O_{r-i-2}O_{n-r}\cdots O_1 O_0 r} W_{i+1}(K) \quad (6.7)$$

或者,根据恒等式

$$2\pi O_{i-2} = (i-1)O_i \quad (6.8)$$

可得

$$\int_{L_r \cap K \neq \varnothing} W_{i+1}^{(r)}(K \cap L_r)\,\mathrm{d}L_r = \frac{O_{n-2}\cdots O_{n-r}O_{n-i}n}{O_{r-2}\cdots O_0 O_{r-1}r} W_{i+1}(K) \tag{6.9}$$

注意 $i = r-1$ 时,根据式(6.9), $W_r^{(r)} = \dfrac{O_{r-1}}{r}$. 而式 (6.9)和式(6.1)一致.

可以把式(6.9)写成用中曲率积分表达的形式

$$\int_{L_r \cap K \neq \varnothing} M_i^{(r)}(\partial(K \cap L_r))\,\mathrm{d}L_r$$

$$= \frac{O_{n-2}\cdots O_{n-r}O_{n-i}}{O_{r-2}\cdots O_0 O_{r-1}} M_i(\partial K) \tag{6.10}$$

本节的公式为 Santaló 和 Hadwiger 给出.

2. 几何概率

由以上公式可以得出几何概率中下面一些典型问题的解.

(a)设 K_0, K_1 为 E_n 里的凸集而 $K_1 \subset K_0$. 一个和 K_0 相交的随机 r 维平面($r = 1, 2, \cdots, n-1$)也和 K_1 相交的概率是

$$p(L_r \cap K_1 \neq \varnothing) = \frac{W_r(K_1)}{W_r(K_0)} = \frac{M_{r-1}(\partial K_1)}{M_{r-1}(\partial K_0)} \tag{6.11}$$

这个结果可以从式(6.1)和式(6.2)直接推得.

(b)设 K 为 E_n 里的凸集. 假定 $p + q \geq n$, 而 L_p 和 L_q 为 E_n 里和 K 相交的两个子空间. 求 $L_p \cap L_q$ 和 K 相交的概率.

解 我们需要求下面积分的值

$$m(L_p, L_q; L_p \cap L_q \cap K \neq \varnothing) = \int_{L_p \cap L_q \cap K \neq \varnothing} \mathrm{d}L_p \wedge \mathrm{d}L_q \tag{6.12}$$

令 L_q 固定,然后对于一切和 $L_q \cap K$ 相交的 L_p 求

积,得

$$m = \frac{O_{n-2}\cdots O_{n-p-1}}{(n-p)O_{p-1}\cdots O_0}\int_{L_q\cap K\neq\varnothing}M_{p-1}(L_q\cap\partial K)\mathrm{d}L_q \quad (6.13)$$

为了计算最后的积分,我们分两款来考虑:

a) $p+q\geqslant n+1$. 有

$$M_{p-1} = \frac{\binom{q-1}{p+q-n-1}}{\binom{n-1}{p-1}}\frac{O_{p-1}}{O_{p+q-n-1}}M_{p+q-n-1}^{(q)} \quad (6.14)$$

而根据式(6.10)

$$\int_{L_q\cap K\neq\varnothing}M_{p+q-n-1}^{(q)}(L_q\cap\partial K)\mathrm{d}L_q$$

$$= \frac{O_{n-2}\cdots O_{n-q}O_{2n-p-q+1}}{O_{q-2}\cdots O_0 O_{n-p+1}}M_{p+q-n-1}(\partial K) \quad (6.15)$$

把式(6.14)和式(6.15)代入式(6.13),就得满足 $L_p\cap L_q\cap K\neq\varnothing$ 的一切子空间偶 L_p,L_q 的测度. 一切和 K 相交的子空间偶 L_p,L_q 的测度等于式(6.2)所给出的 $m(L_p;L_p\cap K\neq\varnothing)$ 和 $m(L_q;L_q\cap K\neq\varnothing)$ 之积. 相除,就得所求概率

$$p(L_p\cap L_q\cap K\neq\varnothing,p+q>n)$$

$$= \frac{2(p-1)!\,(q-1)!\,O_{p-1}O_{q-1}O_{2n-p-q+1}}{(p+q-n-1)!\,(n-1)!\,O_{n-p+1}O_{n-q+1}O_{p+q-n-1}}\cdot$$

$$\frac{M_{p+q-n-1}(\partial K)}{M_{p-1}(\partial K)M_{q-1}(\partial K)} \quad (6.16)$$

b) $p+q=n$. 有

$$M_{p-1} = \binom{n-1}{p-1}^{-1}O_{n-q-1}\sigma_q(L_q\cap K) \quad (6.17)$$

其中 $\sigma_q(L_q\cap K)$ 表示 $L_q\cap K$ 的 q 维体积. 此外,利用关于 $\mathrm{d}L_q$ 的表达式,并取 K 在 $L_{n-q[0]}$ 上的投影 K'_{n-q} 上的

积分 $\sigma_q(L_q \cap K)\mathrm{d}\sigma_{n-q}$,则因这个积分等于 K 的体积 $V(K)$,得

$$\int_{L_q \cap K \neq \varnothing} \sigma_q(L_q \cap K)\mathrm{d}L_q = V(K) \int_{G_{n-q,q}} \mathrm{d}L_{n-q[0]}$$

$$= \frac{O_{n-1}\cdots O_{n-q}}{O_{q-1}\cdots O_0} V(K) \quad (6.18)$$

故这时

$$m(L_p, L_q; L_p \cap L_q \cap K \neq \varnothing)$$

$$= \frac{O_{n-2}\cdots O_{n-p-1}O_{n-q-1}}{(n-p)O_{p-1}\cdots O_0 \binom{n-1}{p-1}} \frac{O_{n-1}\cdots O_{n-q}}{O_{q-1}\cdots O_0} V(K) \quad (6.19)$$

而所求概率是

$$p(L_p \cap L_q \cap K \neq \varnothing, p+q=n)$$

$$= \frac{p!\ q!\ O_{n-1}V(K)}{(n-1)!\ M_{p-1}(\partial K)M_{q-1}(\partial K)} \quad (6.20)$$

例 a)$p=1, q=n-1$ 时

$$p = \frac{O_{n-1}V(K)}{F(\partial K)M_{n-2}(\partial K)} \quad (6.21)$$

其中 $F(\partial K)$ 表示 ∂K 的面积.

b)若 K 为球体,式(6.21)给出 $p=\dfrac{1}{n}$. 于是得:和一个球体相交的超平面和直线彼此在球内相交的概率是 $\dfrac{1}{n}$.

c)上面方法给出以下一般问题的解:已给 h 个和凸集 K 相交的随机子空间 $L_{r_i}(i=1,2,\cdots,h)$,其维数满足 $r_1+r_2+\cdots+r_h \geqslant (h-1)n$,求

$$L_{r_1} \cap L_{r_2} \cap \cdots \cap L_{r_h} \cap K \neq \varnothing$$

的概率.

一般公式是复杂的,但把上面方法用于每个特款,就都容易得到解答. 例如在 E_3 里,三个和 K 相交的平面的公共点在 K 内的概率是 $\dfrac{\pi^4 V}{M^3}$.

3. E_n 里的 Crofton 公式

我们试把 E_2 里的两个经典的 Crofton 公式推广到 E_n.

弦公式　设 P_1, P_2 为 E_n 里两点,G 为它们所确定的直线,t_1, t_2 为 P_1, P_2 在 G 上的坐标. 若 $\mathrm{d}\sigma_{n-1}$ 表示在 P_1 垂直于 G 的超平面上的体元,则 E_n 在 P_1 的体元可以写成 $\mathrm{d}P_1 = \mathrm{d}\sigma_{n-1} \wedge \mathrm{d}t_1$. 另一方面,$E_n$ 在 P_2 的体元可以写成 $\mathrm{d}P_2 = t^{n-1} \mathrm{d}u_{n-1} \wedge \mathrm{d}t_2$,其中 $t = |t_2 - t_1|$ 而 $\mathrm{d}u_{n-1}$ 表示对应于 G 的方向的 $n-1$ 维立体角元[①]. 于是

$$\mathrm{d}P_1 \wedge \mathrm{d}P_2 = t^{n-1} \mathrm{d}G \wedge \mathrm{d}t_1 \wedge \mathrm{d}t_2 \tag{6.22}$$

对于一个凸集 K 内的一切点偶 P_1, P_2 求积,并利用关系

$$\int_0^\sigma \int_0^\sigma |t_1 - t_2|^{n-1} \mathrm{d}t_1 \wedge \mathrm{d}t_2 = \frac{2}{n(n+1)} \sigma^{n+1} \tag{6.23}$$

其中 σ 表示 K 在 G 上的弦长,就得

$$\int_{G \cap K \neq \varnothing} \sigma^{n+1} \mathrm{d}G = \frac{n(n+1)}{2} V^2 \tag{6.24}$$

其中 V 是 K 的体积.

Crofton 弦公式到 E_n 的这个推广是 Hadwiger 的结果. 由于和 K 相交的直线的测度是 $\left[\dfrac{O_{n-2}}{2(n-1)}\right] F$(根据

---

① 即 $n-1$ 维幺球面上的体元. ——译者

式(6.2)),σ^{n+1}的中值是

$$E(\sigma^{n+1}) = \frac{n(n^2-1)}{O_{n-2}} \frac{V^2}{F}$$

更一般的,用 t 的一个幂乘式(6.22)两边并像上面那样求积,就得关系

$$2I_m = n(m-1)J_{m-n-1}^{①} \qquad (6.25)$$

其中

$$I_m = \int_{G \cap K \neq \varnothing} \sigma^m \mathrm{d}G$$

$$J_m = \int_{P_1, P_2 \cap K} t^m \mathrm{d}P_1 \wedge \mathrm{d}P_2 \qquad (6.26)$$

在 I_m 和 J_m 之间有类似对于 E_2 的不等式.

Hadwiger 证明了

$$F^2 \geqslant 2(n-1)(n-2)J_{-2}$$

其中等号只适用于球体.

由式(6.25)和式(6.26)可知一个凸集的两点间距离的中值是

$$E(r) = \frac{2I_{n+2}}{(n+1)(n+2)V^2}$$

对于半径为 R 的三维球体,经直接计算可得

$$l_m = \frac{2^{m+2}}{m+2}\pi^2 R^{m+2}$$

$n=3$ 时,已经知道的关于 I_3 之间的不等式有

$$8I_0^3 - 9\pi^2 I_1^2 \geqslant 0, 4I_0^3 - 3\pi^4 I_4 \geqslant 0, 3^4 I_1^4 - 2^6 \pi^2 I_2^3 \geqslant 0$$

$$2^5 I_1^5 - 5^3 \pi^4 I_3^3 \geqslant 0, 7^3 \pi^8 I_5^3 - 3^7 I_1^7 \geqslant 0$$

其中等号对于球体而且只对于球体成立.

角公式 设 L_{n-1} 和 L_{n-1}^* 为两个和凸集 K 相交的超

---

① 应限于 $m \geqslant 2$. ——译者

平面. 这样的超平面偶的测度是

$$\int_{\substack{L_{n-1}\cap K\neq\varnothing \\ L_{n-1}^{*}\cap K\neq\varnothing}} \mathrm{d}L_{n-1}\wedge \mathrm{d}L_{n-1}^{*} = M_{n-2}^{2}(\partial K) \quad (6.27)$$

我们计算其交集 $L_{n-1}\cap L_{n-1}^{*}$ 和 K 相交的超平面偶 L_{n-1},L_{n-1}^{*}. 利用 $p=n-1,q=n-1$ 时的式（6.13），（6.14），（6.15）（假定 $n>2$），得

$$M(L_{n-1}\cap L_{n-1}^{*}\cap K\neq\varnothing) = \frac{n-2}{n-1}\frac{O_{n-2}^{2}}{O_{n-3}}\frac{\pi}{4}M_{n-3}(\partial K)$$

$$(6.28)$$

另一方面，考虑和 K 相交但其交集不和 K 相交的超平面偶，为了计算它们的测度，我们利用公式（6.43）. 令 φ 表示 K 的两个经过 L_{n-2} 的撑超平面之间的角，并令

$$\Phi_{n-1}(\varphi) = \int_{0}^{\varphi}\int_{0}^{\varphi} |\sin^{n-1}(\varphi_2-\varphi_1)| \,\mathrm{d}\varphi_1\wedge \mathrm{d}\varphi_2$$

$$(6.29)$$

则所求测度等于 $\int \Phi_{n-1}(\varphi)\mathrm{d}L_{n-2}$，其中积分范围是一切在 K 外的 L_{n-2}. 我们得

$$\int_{L_{n-2}\cap K\neq\varnothing} \Phi_{n-1}(\varphi)\mathrm{d}L_{n-2}$$

$$= M_{n-2}^{2}(\partial K) - \frac{n-2}{n-1}\frac{O_{n-2}^{2}}{O_{n-3}}\frac{\pi}{4}M_{n-3}(\partial K) \quad (6.30)$$

这就是 $n>2$ 时 Crofton 公式到 E_n 的推广. $\Phi_{n-1}(\varphi)$ 的值如下：

（a）$n-1$ 为偶数时

$$\Phi_{n-1}(\varphi)$$

$$= -\frac{2}{n-1}\Big[\frac{1}{n-1}\sin^{n-1}\varphi +$$

$$\sum_{i=1}^{\frac{n-3}{2}} \frac{(n-1)\cdots(n-2i)}{(n-3)\cdots(n-1-2i)} \sin^{n-1-2i}\varphi \Big] +$$

$$\frac{(n-2)\cdot\cdots\cdot 3\cdot 1}{(n-1)\cdot\cdots\cdot 4\cdot 2}\varphi^2 \qquad (6.31)$$

(b) $n-1$ 为奇数时

$$\Phi_{n-1}(\varphi)$$

$$= -\frac{2}{n-1}\Big[\frac{1}{n-1}\sin^{n-1}\varphi +$$

$$\sum_{i=1}^{\frac{n}{2}-1} \frac{(n-2)\cdots(n-2i)}{(n-3)\cdots(n-1-2i)} \sin^{n-1-2i}\varphi -$$

$$\frac{(n-3)\cdot\cdots\cdot 4\cdot 2}{(n-3)\cdot\cdots\cdot 3\cdot 1}\varphi \Big] \qquad (6.32)$$

公式(6.30)是 Santaló 给出的. $n=3$ 时,有

$$\int_{L_1\cap K\neq\varnothing}(\varphi^2 - \sin^2\varphi)\,\mathrm{d}L_1 = 2M^2 - (\pi^{\frac{3}{2}})F \quad (6.33)$$

这是 Herglotz 的结果.

4. 线性子空间密度之间的一些关系

设 O 为固定点(原点),并设 $L_{q[0]}$ 为经过 O 的一个固定 q 维平面. 设 $L_{r[0]}$ 为经过 O 的变动 r 维平面,而且 $q+r>n$,这样, $L_{q[0]}\cap L_{r[0]}$ 一般是经过 O 的 $r+q-n$ 维平面,用 $L_{r+q-n[0]}$ 表示. 我们将用 $\mathrm{d}L_{r[r+q-n]}$(L_r 绕 $L_{r+q-n[0]}$ 的密度)和 $\mathrm{d}L_{r+q-n[0]}^{(q)}$($L_{r+q-n[0]}$ 作为固定的 $L_{q[0]}$ 的子空间的密度)之积来表达 $\mathrm{d}L_{r[0]}$. 为此目的,考虑下面两个幺模正交动标:

动标 1:

(a) $\boldsymbol{e}_1,\boldsymbol{e}_2,\cdots,\boldsymbol{e}_{r+q-n}$ 确定 $L_{q[0]}\cap L_{r[0]}$;

(b) $\boldsymbol{e}_{r+q-n+1},\cdots,\boldsymbol{e}_r$ 在 $L_{r[0]}$ 里;

(c) $\boldsymbol{e}_{r+1},\cdots,\boldsymbol{e}_n$ 补足幺模正交动标 1 的任意幺矢.

动标 2 ：

（ a ）$e_1, e_2, \cdots, e_{r+q-n}$ 确定 $L_{q[0]} \cap L_{r[0]}$ ；

（ b ）$b_{r+q-n+1}, \cdots, b_r$ 为垂直于 $L_{q[0]}$ 的 $n-q$ 维平面 $L_{n-q[0]}$ 里的常矢；

（ c ）$b_{r+1}, \cdots, b_n$ 在 $L_{q[0]}$ 里，它们和 $e_1, \cdots, e_{r+q-n}$ 一起构成 $L_{q[0]}$ 里的一个幺模正交标架.

有了以上记号之后，就有

$$\mathrm{d}L_{r[0]} = \bigwedge_{a,i}(e_{r+a}, \mathrm{d}e_i) \bigwedge_{a,k}(e_{r+a}, \mathrm{d}e_n) \quad (6.34)$$

其中下标范围如下

$$a = 1, 2, \cdots, n-r; \quad i = 1, 2, \cdots, r+q-n$$
$$h = r+q-n+1, \cdots, r \quad (6.35)$$

这些范围在本节中都适用.

我们有

$$\mathrm{d}L_{r[r+q-n]} = \bigwedge_{a,k}(e_{r+a}, \mathrm{d}e_h) \quad (6.36)$$

$$\mathrm{d}L^{(q)}_{r+q-n[0]} = \bigwedge_{a,i}(b_{r+a}, \mathrm{d}e_i) \quad (6.37)$$

令

$$e_{r+a} = \sum_h u_{r+a,h} b_h + \sum_k u_{r+a,k} b_k \quad (6.38)$$

其中 h 的范围见式（6.35）而 $k = r+1, r+2, \cdots, n$.

由于 b_h 是常矢，$(b_h \cdot \mathrm{d}e_i) = -(e_i \cdot \mathrm{d}b_h) = 0$，故

$$(e_{r+a} \cdot \mathrm{d}e_i) = \sum_k u_{r+a \cdot k}(b_k \cdot \mathrm{d}e_i) \quad (6.39)$$

由式（6.34）和式（6.39），就得所求公式

$$\mathrm{d}L_{r[0]} = \Delta^{r+q-n} \mathrm{d}L_{r[r+q-n]} \bigwedge \mathrm{d}L^{(q)}_{r+q-n[0]} \quad (6.40)$$

其中

$$\Delta = \det(e_{r+a} \cdot b_k) \quad (6.41)$$

在一切 $L_{r[0]}$ 上对（6.40）求积，在左边得到已知的值（6.35），而在右边，由于 Δ 只和 $L_{r[r+q-n]}$ 有关，可以

对于 $n\rightarrow q$, $r\rightarrow r+q-n$ 来积分 $\mathrm{d}L_{r+q-n[0]}^{[q]}$. 其结果是

$$\int \Delta^{r+q-n}\mathrm{d}L_{r[q+r-n]} = \frac{O_{n-1}O_{n-2}\cdots O_q}{O_{r-1}O_{r-2}\cdots O_{r+q-n}} \quad (6.42)$$

其中积分范围是一切 $L_{r[q+r-n]}$.

可以把这个公式写成另一种有用的形式. 注意 $\mathrm{d}L_{r[q]} = \mathrm{d}L_{r-q[0]}^{[n-q]}$, 它可以写成

$$\mathrm{d}L_{r[r+q-n]} = \mathrm{d}L_{n-q[0]}^{(2n-r-q)} \quad (6.43)$$

因而式(6.42)化为

$$\int_{G_{n-q,n-r}} \Delta^{r+q-n}\mathrm{d}L_{n-q[0]}^{(2n-r-q)} = \frac{O_{n-1}\cdots O_q}{O_{r-1}\cdots O_{r+q-n}} \quad (6.44)$$

改变记号, 令 $r+q-n=N$, $2n-x-q=\nu$, $n-q=\rho$, 就得

$$\int_{G_{\rho,\nu-\rho}} \Delta^N \mathrm{d}L_{\rho[0]}^{(\nu)} = \frac{O_{N+\rho-1}\cdots O_{N+\nu-\rho}}{O_{N+\rho-1}\cdots O_N} \quad (6.45)$$

注意行列式 Δ 的意义:经过原点 O, 有 ρ 个固定幺模正交矢量 $\pmb{e}_1^0, \pmb{e}_2^0, \cdots, \pmb{e}_\rho^0$. 又有幺模正交矢量 $\pmb{e}_1, \pmb{e}_2, \cdots, \pmb{e}_\rho$ 所张成的变动中的 $L_{\rho[0]}$. 这样, $\Delta = \det(\pmb{e}_i^0, \pmb{e}_j)$, 其中 $1\leqslant i,j\leqslant\rho$.

试考察从式(6.40)可得的其他结果. 考虑固定的 $L_{q[0]}$ 和一个变动的 L_r, $r+q>n$. 设 x 为交集 $L_r\cap L_{q[0]}$ 的一点, 并考虑以 x 为始点的上述动标 1 和 2. 为了应用式(6.40), 注意

$$\mathrm{d}L_{n-r[0]} = \mathrm{d}L_{r[0]} = \mathrm{d}L_{r[x]}$$
$$\mathrm{d}\pmb{\sigma}_{n-r} = (\mathrm{d}x \cdot \pmb{e}_{r+1}) \wedge \cdots \wedge (\mathrm{d}x \cdot \pmb{e}_n)$$

于是

$$\mathrm{d}L_r = \mathrm{d}L_{r[x]} \bigwedge_a (\mathrm{d}x \cdot \pmb{e}_{r+a}) \quad (a=1,2,\cdots,n-r) \quad (6.46)$$

由于矢量 $\pmb{b}_h$ ($h=r+q-n+1,\cdots,r$) 垂直于 $L_r\cap L_{q[0]}$, 而 $x\in L_r\cap L_{q[0]}$, 我们有 $\mathrm{d}x\cdot\pmb{b}_h=0$, 因而由式

（6.38）得

$$\mathrm{d}x \cdot \boldsymbol{e}_{r+a} = \sum_k u_{r+a \cdot k}(\mathrm{d}x \cdot \boldsymbol{b}_k) \qquad (6.47)$$

由此可知

$$\bigwedge_a (\mathrm{d}x \cdot \boldsymbol{e}_{r+a}) = \Delta \bigwedge_k (\mathrm{d}x \cdot \boldsymbol{b}_k) \, (k = r+1, \cdots, n) \quad (6.48)$$

但 $\mathrm{d}L_{r+q-n}^{(q)} = \mathrm{d}L_{r+q-n[0]}^{(q)} \bigwedge_k (\mathrm{d}x \cdot b_k)$，故由最后几个

关系和式（6.39），得

$$\mathrm{d}L_r = \Delta^{r+q-n+1} \mathrm{d}L_{r[r+q-n]} \wedge \mathrm{d}L_{r+q-n}^{(q)} \qquad (6.49)$$

设 $F(L_r)$ 为只决定于 $L_{r+q-n}^{(q)} = L_r \cap L_{q[0]}$ 的可积函
数，就有

$$\int F(L_r)\mathrm{d}L_r = \int \Delta^{r+q-n+1} \mathrm{d}L_{r[r+q-n]} \int F(L_{r+q-n}^{(q)}) \mathrm{d}L_{r+q-n}^{(q)}$$

$$(6.50)$$

其中积分范围是被积函数的一切可能的值. 根据（6.43），得

$$\int \Delta^{r+q-n+1} \mathrm{d}L_{r[r+q-n]} = \int \Delta^{r+q-n+1} \mathrm{d}L_{n-q[0]}^{(2n-r-q)} \quad (6.51)$$

又把式（6.45）应用于 $N = r+q-n+1, \rho = n-q, \nu = 2n-r-q$ 的款，就得

$$\int \Delta^{r+q-n+1} \mathrm{d}L_{r[r+q-n]} = \frac{O_n O_{n-1} \cdots O_{q-1}}{O_r O_{r-1} \cdots O_{r+q-n+1}} \quad (6.52)$$

以及最后

$$\int F(L_r)\mathrm{d}L_r = \frac{O_n O_{n-1} \cdots O_{q+1}}{O_r O_{r-1} \cdots O_{r+q-n+1}} \int F(L_{r+q-n}^{[q]}) \mathrm{d}L_{r+q-n}^{[q]}$$

$$(6.53)$$

公式（6.44）和（6.53）是陈省身的工作.

作为式（6.53）的一个应用，设 K_q 为含在 $L_{q[0]}$ 里
的凸集，而 F 为一个函数，当 $L_r \cap K_q \neq \varnothing$ 时，它等于 1，
否则等于 0. 这样，式（6.53）左边是和 K_q 相交的一切
L_r 的测度. 于是根据式（6.2），就有

$$\int_{L_r \cap K_q \neq \varnothing} \mathrm{d}L_r = \frac{O_{n-2}\cdots O_{n-r-1}}{(n-r)O_{r-1}\cdots O_1 O_0} M_{r-1}^{(n)} \quad (6.54)$$

其中 $M_{r-1}^{(n)}$ 表示作为 E_n 的凸体的 K_q 的第 $r-1$ 个中曲率积分. 式(6.53)右边的积分是 $L_{q[0]}$ 里一切和 K_q 相交的 $L_{r+q-n}^{(q)}$ 的测度. 因此,根据同一个公式(6.2),就有

$$\int_{L_{r+q-n}^{(q)} \cap K_q \neq \varnothing} \mathrm{d}L_{r+q-n}^{(q)} = \frac{O_{q-2}\cdots O_{n-r-1}}{(n-r)O_{r+q-n-1}\cdots O_0} M_{r+q-n-1}^{(q)}$$

$$(6.55)$$

其中 $M_{r+q-n-1}^{(q)}$ 是作为 $L_{q[0]}$ 的凸体的 K_q 的第 $r+q-n-1$ 个中曲率积分. 于是式(6.53)给出

$$M_{r-1}^{(n)} = \frac{O_{r+q-n}O_n O_{n-1}}{O_r O_q O_{q-1}} M_{r+q-n-1}^{(q)} \quad (6.56)$$

这个公式应当和式(6.62)一致. 为了验证这一点,只需利用 O_i 的值以及下面关于 γ 函数的已知性质

$$\Gamma(z) = (z-1)!, \Gamma(z)\Gamma\left(z+\frac{1}{2}\right) = 2^{1-2z}\pi^{\frac{1}{2}}\Gamma(2z)$$

$$(6.57)$$

5. 和一个流形相交的线性子空间

设 $(x; e_i)$ 为变动的幺模正交标架,并设 L_r 为 x, $e_1, e_2, \cdots, e_r$ 所确定的 r 维平面. L_r 的密度是

$$\mathrm{d}L_r = \bigwedge_i \omega_i \bigwedge_{h,j} \omega_{hj}, i, h = r+1, \cdots, n, j = 1, 2, \cdots, r$$

$$(6.58)$$

外积 $\bigwedge \omega_i = \bigwedge(\mathrm{d}x \cdot e_i)(i = r+1, \cdots, n)$ 等于垂直于 L_r 的 $n-r$ 维平面 $L_{n-r[x]}$ 在 x 的体元 $\mathrm{d}\sigma_{n-r}(x)$. 外积

$$\bigwedge_{h,j} = \bigwedge(e_j \cdot \mathrm{d}e_h)$$

是绕 x 的 r 维平面的体元. 故有

$$\mathrm{d}L_r = \mathrm{d}\sigma_{n-r}(x) \bigwedge \mathrm{d}L_{r[x]} \quad (6.59)$$

设 M^q 为嵌在 E_n 里的一个 q 维紧致可微流形,并

假定它是逐段(块)光滑的. 假定 $r + q \geqslant n$, 并考虑和 M^q 有交点的 r 维平面的集合. 交集 $L_r \cap M^q$ 一般是 $r + q - n$ 维流形. 选取标架 $(x; e_i)$, 其中 $x \in L_r \cap M^q$, 而 e_1, $e_2, \cdots, e_{r+q-n}$ 是 $L_r \cap M^q$ 的幺模正交切矢. 设 b_{r+1}, $b_{r+2}, \cdots, b_n$ 为一组幺模正交矢量, 而且 $e_1, \cdots, e_{r+q-n}$, $b_{r+1}, \cdots, b_n$ 张成 M^q 在 x 的切空间. 由于我们只考虑和 M^q 相交的 r 维平面, 对于式(6.59)中的 x, 可以假定

$$\mathrm{d}x = \sum_{i=1}^{r+q-n} \lambda_i e_i + \sum_{h=r+1}^{n} \beta_k b_k \qquad (6.60)$$

其中 λ_i 和 β_k 是一次微分齐式. 于是

$$\omega_{r+a} = \mathrm{d}x \cdot e_{r+a}$$

$$= \sum_{k=r+1}^{n} \beta_k (b_k \cdot e_{r+a}) \quad (a = 1, 2, \cdots, n-r) \; (6.61)$$

因而

$$\mathrm{d}\sigma_{n-r}(x) = \bigwedge_{a=1}^{n-1} \omega_{r+a} = \Delta \bigwedge_k \beta_k \quad (k = r+1, \cdots, n)$$

$$(6.62)$$

其中 $\Delta = \det(b_k, e_{r+a}) = \det(\cos \varphi_{k,r+a})$, 而 $\varphi_{k,r+a}$ 则是 b_k 和 e_{r+a} 之间的角.

在 x, 若 $\mathrm{d}\sigma_{r+q-n}(x)$ 表示 $L_r \cap M^q$ 的体元而 $\mathrm{d}\sigma_q(x)$ 表示 M^q 的体元, 则因 $\wedge\beta_k$ 是 M^q 中垂直于 $L_r \cap M^q$ 的 $n-r$ 维体元, 得

$$\bigwedge_{k=r+1}^{n} \beta_k \wedge \mathrm{d}\sigma_{r+q-1}(x) = \mathrm{d}\sigma_q(x) \qquad (6.63)$$

因而从式(6.59), (6.62)和(6.63), 就得

$$\mathrm{d}\sigma_{r+q-n}(x)\mathrm{d}L_r = \Delta \mathrm{d}\sigma_q(x) \wedge \mathrm{d}L_{r[x]} \qquad (6.64)$$

注意:

(a)Δ 决定于 L_r 相对于 M^q 在 x 的 q 维平面的位置, 但与 x 无关.

（b）若 $r+q-n=0$，公式（6.64）仍然正确，并化为
$$\mathrm{d}L_r = \Delta \mathrm{d}\sigma_q(x) \wedge \mathrm{d}L_{r[x]}, \quad r+q=n \qquad (6.65)$$
用 $\sigma(M^q)$ 表示 M^q 的 q 维体元. 对一切和 M^q 相交的 r 维平面求式（6.64）两边的积分，得
$$\int_{L_r \cap M^q \neq \varnothing} \sigma_{r+q-n}(M^q \cap L_r) \mathrm{d}L_r = c\sigma_q(M^q) \qquad (6.66)$$
其中
$$c = \int \Delta \mathrm{d}L_{r[x]}$$
是需要计算的一个常数. 为此，我们将对于 E_n 里的 q 维幺球 U_q 直接计算式（6.66）的左边. 用 $L_m^{(q+1)}, m \leqslant q$ 表示含 U_q 在内的 $q+1$ 维平面里的 m 维平面. 先考虑积分
$$\int \sigma_{m-1}(U_q \cap L_m^{(q+1)}) \mathrm{d}L_m^{(q+1)} \qquad (6.67)$$
积分范围是一切和 U_q 相交的 L_m^{q+1}. 若 O 是 U_q 的中心而 ρ 表示从 O 到 $L_m^{(q+1)}$ 的距离，则 $U_q \cap L_m^{(q+1)}$ 是一个 $m-1$ 维球，其半径是 $(1-\rho^2)^{\frac{1}{2}}$. 因而
$$\sigma_{m-1}(U_q \cap L_m^{(q+1)}) = (1-\rho^2)^{\frac{m-1}{2}} O_{m-1}$$
另一方面，由于经过 O 而垂直于 L_m^{q+1} 的 $q+1-m$ 维平面在它和 $L_m^{(q+1)}$ 的交点的体元是 $\rho^{q-m}\mathrm{d}u_{q-m} \wedge \mathrm{d}\rho$，我们就有
$$\mathrm{d}L_m^{(q+1)} = \rho^{q-m}\mathrm{d}u_{q-m} \wedge \mathrm{d}\rho \wedge \mathrm{d}L_{q+1-m[0]}^{(q+1)}$$
注意
$$\int_0^1 \rho^{q-m}(1-\rho^2)^{\frac{m-1}{2}}\mathrm{d}\rho = O_{q+1}(O_{q-m}O_m)^{-1}$$
再应用对于 Grassmann 流形 $G_{q+1-m,m}$ 的公式，就得
$$\int_{L_m^{(q+1)} \cap U_q \neq \varnothing} \sigma_{m-1}(U_q \cap L_m^{(q+1)}) \mathrm{d}L_m^{(q+1)} = \frac{Q_{q+1}O_q \cdots O_{m+1}O_{m-1}}{O_{q-m}O_{q-m-1} \cdots O_0}$$
$$(6.68)$$

现在回到 E_n 里的一般 L_m 的情况,我们令公式 (6.53) 里的 F 等于 $U_q \cap L_m$ 的体积,然后应用该公式. 由于 U_q 是含在一个固定的 $q+1$ 维平面里,我们用 q 代替 $q+1$,然后令 (6.68) 中的 $m \to r+q+1-n$,就得

$$\int_{U_q \cap L_r \neq \varnothing} \sigma_{r+q-n}(U_q \cap L_r) \mathrm{d}L_r = \frac{O_n O_{n-1} \cdots O_{r-1} O_{r+q-n}}{O_{n-r-1} \cdots O_1 O_0}$$

和式 (6.66) 比较,就得常数 c 的值. 代入式 (6.66),就得最后结果

$$\int_{M^q \cap L_r \neq \varnothing} \sigma_{r+q-n}(M^q \cap L_r) \mathrm{d}L_r = \frac{O_n \cdots O_{n-r} O_{r+q-n}}{O_r \cdots O_0 O_q} \sigma_q(M^q)$$

$$(6.69)$$

值得注意的是,这个公式适用于任意常曲率空间,即欧氏和非欧空间. $r+q=n$ 时,式 (6.69) 化为

$$\int_{M^{n-r} \cap L_r \neq \varnothing} N(M^{n-r} \cap L_r) \mathrm{d}L_r = \frac{O_n \cdots O_{n-r+1}}{O_r \cdots O_1} \sigma_q(M^{n-r})$$

$$(6.70)$$

其中 $N(M^{n-r} \cap L_r)$ 表示交集 $M^{n-r} \cap L_r$ 所含的点的个数.

公式 (6.69) 包括大量的特款. 我们指出下列结果.

例 6.1　对于平面,$n=2$,有两种可能:

(a) $r=1,q=1$. 这 M^1 是曲线,$\sigma_1(M^1)$ 是它的长,而 $\sigma_0(M^1 \cap L_1)$ 是 M^1 和直线 L_1 的交点数.

(b) $r=1$,$q=2$. 这时 M^2 是平面域,面积是 $\sigma_2(M^2)$. 函数 $\sigma_1(M^2 \cap L_1)$ 是弦 $M^2 \cap L_1$ 的长.

例 6.2　对于空间 $n=3$,有下列诸款:

(a) $r=1,q=2$. L_1 是和一个面积的 F 为固定曲面 M^2 相交的直线,而式 (6.69) 化为

$$\int_{L_1 \cap M^2 \neq \varnothing} N \mathrm{d}L_1 = \pi F \qquad (6.71)$$

其中 N 是 L_1 和 M^2 的交点数.

（b）$r = 1, q = 3$. L_1 是和一个固定域 D 相交的直线. 若 σ_1 表示弦 $L_1 \cap D$ 的长, 就得

$$\int_{L_1 \cap D \neq \varnothing} \sigma_1 \mathrm{d}L_1 = 2\pi V, V = D \text{ 的面积} \quad (6.72)$$

（c）$r = 2, q = 1$. L_2 为和长度等于 L 的曲线 C 相交的平面. 这时有

$$\int_{L_2 \cap C \neq \varnothing} N \mathrm{d}L_2 = \pi L \quad (6.73)$$

其中 N 是 L_2 和 C 的交点数. 我们已经证明, 这个公式 (6.73) 对于逐段光滑曲线是成立的, 但它对于任意有长曲线也是正确的.

（d）$r = 2, q = 2$. L_2 为和一个固定曲面 M^2 相交的平面. 这时式 (6.69) 给出

$$\int_{L_2 \cap M^2 \neq \varnothing} \lambda \mathrm{d}L_2 = \frac{\pi^2}{2} F \quad (6.74)$$

其中 λ 是 $L_2 \cap M^2$ 的长, F 是 M^2 的面积.

White 给出了一些积分公式, 这些公式表达了经过一个固定点的平面同一个曲面的交线的长和总曲率与曲面不变量之间的关系.

（e）$r = 2, q = 3$. L_2 是和一个体积等于 V 的固定域 D 相交的平面. 这时式 (6.69) 化为

$$\int_{L_2 \cap D \neq \varnothing} \sigma_2 \mathrm{d}L_2 = 2\pi V \quad (6.75)$$

其中 σ_2 是交集 $L_2 \cap D$ 的面积.

由式 (6.74) 和式 (6.75), 利用 $m(L_2; L_2 \cap K \neq \varnothing) = M$ 的事实, 可得以下（关于凸体 K）的中值

$$E(\lambda) = \frac{\pi^2 F}{2M}, E(\sigma_2) = \frac{2\pi V}{M} \quad (6.76)$$

例6.3　设 $\omega^{(n-r)}$ 为一个在 M^{n-r} 上确定的 $n-1$ 次齐式. 则式(6.70)可以推广到如下形状的积分公式

$$\int_{L_r \cap M^{n-r} \neq \varnothing} \Big(\sum_i \omega^{(n-r)}(P_i) \Big) \mathrm{d}L_r = c \int_{M^{n-r}} \omega^{(n-r)}$$

其中 P_i 为 $M^{n-r} \cap L_r$ 中的交点, c 为常数. 这类公式可用来证明 Stokes 公式

$$\int_{\partial M^{n-r}} \omega = \int_{M^{n-r}} \mathrm{d}\omega$$

6. 超曲面与线性空间

我们试把公式(6.10)推广到一个不限于凸的体 Q 和同它相交的变动的 r 维平面. 假定 ∂Q 是属于 C^2 类的超曲面. 设 L_r 为同 Q 相交的 r 维平面, 而 $x \in L_r \cap \partial Q$. 这时 $q = n-1$, 公式(6.64)化为

$$\mathrm{d}\sigma_{r-1}(x) \wedge \mathrm{d}L_r = \Delta \mathrm{d}\sigma_{n-1}(x) \wedge \mathrm{d}L_{r[x]} \quad (6.77)$$

设 $\rho_1, \cdots, \rho_{r-1}$ 为 $r-1$ 维流形 $\partial Q \cap L_r$ 在 x 的主曲率. 以 $\left\{ \dfrac{1}{\rho_{h_1}}, \cdots, \dfrac{1}{\rho_{h_i}} \right\}$ 乘式(6.77)两边, 并对一切变量值求积, 则在左边, 得到积分

$$\binom{r-1}{i} \int M_i^{(r)} \mathrm{d}L_r$$

其积分范围是一切令 $L_r \cap \partial Q \neq \varnothing$ 的 L_r. 为了计算右边的积分, 注意主曲率 $\dfrac{1}{\rho_h}$ $(h = 1, 2, \cdots, r-1)$ 可以用 ∂Q 在 x 的主曲率 $\dfrac{1}{R_s}$ $(s = 1, 2, \cdots, n-1)$ 以及矢量 $\boldsymbol{e}_h$ 和 $\boldsymbol{b}_s$ 之间的角 $\varphi_{h,s}$ 表示

$$\left\{ \frac{1}{\rho_{h_1}}, \cdots, \frac{1}{\rho_{h_i}} \right\} \Delta = F \left(\frac{1}{R_i}, \varphi_{h,s} \right)$$

就可以看出, 对于一切经过 x 的 L_r 所取的积分

$\int F \mathrm{d}L_{r[x]}$ 只同 $R_1, R_2, \cdots, R_{n-1}$ 有关. 直接计算这个积分看来是困难的. 但是我们知道, 对于凸体, 它 (除了一个常数因子外) 等于对称函数 $\left\{\dfrac{1}{R_{h_1}}, \cdots, \dfrac{1}{R_{h_s}}\right\}$ (*), 而这个局部结果不会受 ∂Q 的整体性质所影响, 因此式 (*) 普遍成立. 换句话说, 对于任意其边界 ∂Q 属于 C^2 类的 Q, 可以写出公式

$$\int_{Q \cap L_r \neq \varnothing} M_i^{(r)}(\partial Q \cap L_r)\mathrm{d}L_r = \frac{Q_{n-2}\cdots O_{n-r}O_{n-1}}{O_{r-2}\cdots O_0 O_{r-i}}M_i(\partial Q)$$

$$(6.78)$$

若 Q 为凸体而取 $i = r - 1$, 就得 $M_{i-1}^{(r)} = O_{r-1}$, 而式 (6.78) 就和式 (6.2) 一致. 对于任意不一定是凸的体 Q, 有

$$\int_{Q \cap L_r \neq \varnothing} \chi(Q \cap L_r)\mathrm{d}L_r$$

$$= \frac{O_{n-2}\cdots O_{n-r}O_{n-r+1}}{O_{r-2}\cdots O_0 O_{r-1}}M_{r-1}(\partial Q)$$

$$= \frac{O_{n-2}\cdots O_{n-r-1}}{(n-r)O_{r-1}\cdots O_0}M_{r-1}(\partial Q) \qquad (6.79)$$

若令 $M_r(\partial Q) = nW_{r+1}(Q)$, 式 (6.79) 可以作为非凸体的 $W_{r+1}(Q)$ 的定义

7. 注记

（a）Favard 测度与维数. 若 A 为 E_n 的一个子集而 k 为小于 n 的正整数, 则 A 的 k 维 Favard 测度的定义是

$$M_F^k(A) = \frac{O_{n-k}\cdots O_1}{O_n \cdots O_{k+1}}\int_{L_{n-k}\cap A \neq \varnothing} N(A \cap L_{n-k})\mathrm{d}L_{n-k}$$

其中 $N(A \cap L_{n-k})$ 表示 $A \cap L_{n-k}$ 的点的个数（可能无限

大). 若 s 和 n 是整数, $n>0,0 \leqslant s \leqslant n$, 而 $m_F^s(A)=0$, 则 $\dim A \leqslant s-1$.

可以证明下面公式(可与式(6.69)比较)

$$M_F^k(A) = \frac{O_{n-k+h} \cdots O_0 O_k}{O_n \cdots O_{k-h} O_h} \cdot$$

$$\int_{L_{n-k+h} \cap A \neq \varnothing} m_F^h(A \cap L_{n-k+h}) \mathrm{d}L_{n-k+h}$$

Favard 测度的性质, 它和其他测度(Caratheodory, Hausdorff)的关系, 以及它和维数的关系, 在 Federer 的重要论文中有论述.

(b)支撑一个凸体的 r 维平面集合. 设 ω 为 E_n 里代表一切方向的幺球面上的一个点集. 设 K 为 E_n 里一个凸体, 取 K 的撑超平面中, 其向外法线方向落在 ω 里的那一部分, 再取 K 的边界点中属于至少一个这样撑超平面的那一部分, 设 $S(K;\omega)$ 表示这些点的集合的 $n-1$ 维面积. 若 B 为幺球体而 $\lambda \geqslant 0$, 则 $S(K+\lambda B; \omega)$ 是含 λ 的一个多项式, 其系数确定 K 的所谓面积函数 $S_{n-q-1}(K;\omega)$, $q=0,1,\cdots,n-1$. 对于每一个 $u \in U$, 有唯一的具有向外法矢的 $K+\lambda B$ 的撑超平面. 在这个超平面里, 设 $C_q(u,\lambda)$ 为一切和 $K+\lambda B$ 有公共点的 q 维平面. 对于每一个 ω 和每一个 $\eta>0$, 设

$$F_q(K;\omega,\eta)=\cup C_q(u,\lambda) \quad (u \in \omega, 0<\lambda<\eta)$$

设 $\mu_q(K;\omega,\eta)$ 为 $F_q(K;\omega,\eta)$ 作为 E_n 里一个 q 维平面集合的不变测度. Firey 证明了

$$\lim_{\eta \to 0^+} \frac{F(K;\omega,\eta)}{\eta}=S_{n-q-1}(K;\omega)$$

若 $\omega=U$, 则 $S_{n-q-1}(K;U)=nW_{q+1}(K)$, 其中 $W_{q+1}(K)$ 是 K 的第 $q+1$ 截测积分. 因此, 本来(除一个常数因子外)等于和 K 相交的 $q+1$ 维平面的测度 $W_{q+1}(K)$

也可以看作"支撑"K 的 q 维平面的测度.

（c）关于 n 维椭圆面的一个积分几何公式. 设 K 为中心在原点的一个 n 维椭圆面, $G_{r,n-r}$ 表示经过 E_n 原点的 r 维平面所构成的 Grassmann 流形. Furstenberg 与 Tzkoni 给出了公式

$$c_{n,r} m(G_{r,n-r})(\sigma_n(K))^r$$
$$= \int_{G_{r,n-r}} \left[\sigma_r(K \cap L_{r[0]}) \right]^n \mathrm{d}L_{r[0]}$$

其中 $m(G_{r,n-r})$ 是 Grassmann 流形 $G_{r,n-r}$ 的测度, σ_h 表示 h 维测度, 而

$$c_{n,r} = \left[\Gamma\left(\frac{n}{2}\right)\left(\frac{n}{2}\right) \right]^r \left[\Gamma\left(\frac{r}{2}\right)\left(\frac{r}{2}\right) \right]^n$$

这个公式可以经过多重扩张以得到关于标志流形[1], 即一切 m 平面组 $L_{s_1} \subset L_{s_2} \subset \cdots \subset L_{s_m}$ 所构成的流形的公式.

（d）带的集合. E_n 里两个距离为 a 的平行超平面之间的部分空间叫作带, a 叫作它的宽. 具有已给宽度的带 B 的位置可以用居中的超平面来确定, 因而带的密度和超平面相同, $\mathrm{d}B = \mathrm{d}\rho \wedge \mathrm{d}u_{n-1}$.

设 K 为 E_n 里的凸集. 对于平行于 K, 距离为 $\frac{a}{2}$ 的凸体 $K_{\frac{a}{2}}$, 中曲率积分是 $M_{n-2}(\partial K) + \left(\frac{O_{n-1}}{2}\right)a$, 故

$$m(B; B \cap K \neq \varnothing) = M_{n-2}(\partial K) + \left(\frac{O_{n-1}}{2}\right)a \quad (6.80)$$

若 K 的直径小于 a, 则又有

---

① flag manifold. ——译者

$$m(B;B \supset K) = \left(\frac{Q_{n-2}}{2}\right)a - M_{n-2}(\partial K)$$

设 K_0 是常宽为 D_0 的凸集,则 $M_{n-2}(\partial K_0) = \left(\frac{Q_{n-2}}{2}\right)D_0$. 设 K_1 为凸集,$K_1 \subset K_0$. 现在不假定 B 变动而假定有一个固定的平行带 B 的序列,各带词的距离为 D_0 然后把连同 K_1 在内的 K_0 随机地放在空间里,由于 K_0 总要和唯一的一个带 B 相交,而且我们知道每一个直径等于 D_0 的凸集是一个常宽为 D_0 的集的子集,所以得以下结论:

设 E_n 里有一组平行带,带宽为 a,各带间距离为 D_0,而把一个凸集 K_1 随机地放在空间里,K_1 直径 $D_1 \leqslant D_0$,则 K_1 和其中一个带相交的概率是

$$p = \frac{2M_{n-2}(\partial K_1) + O_{n-1}a}{O_{n-1}(D_0 + a)}$$

特殊地,若 $a = 0$,则

$$p = \frac{2M_{n-2}(\partial K_1)}{O_{n-1}D_0}$$

而若 K_1 是一条长度为 b 的线段,则

$$p = \frac{2O_{n-2}b}{(n-1)O_{n-1}D_0}$$

这些公式把经典的 Buffon 投针问题推广到 E_n. 另一种途径见 Stoka 和 Ambarcumjan.

凸域内弦的平均长度^①

第 7 章

§1 引 言

关于凸域内弦的平均长度,L. A. Santaló 在他著的《Integral Geometry and Geometric Probability》这本书中列举了多种定义方法[1],常见的有:

设 K 为平面凸域,G 为随机直线,G 与 K 截出的弦长记为 σ,则平均弦长可定义为

$$E(\sigma) = \frac{\displaystyle\int_{G \cap K \neq \varnothing} \sigma \mathrm{d}G}{\displaystyle\int_{G \cap K \neq \varnothing} \mathrm{d}G}$$

若周长为 L,面积为 F,则得

$$\int_{G \cap K \neq \varnothing} \mathrm{d}G = \int_{G \cap K \neq \varnothing} \mathrm{d}p \wedge \mathrm{d}\varphi = \int_0^{2\pi} P(\varphi)\mathrm{d}\varphi = L$$

又由 Crofton 公式得

① 赵静,李德宜,王现美. 凸域内弦的平均长度[J]. 数学杂志,2007,27(3):291 – 294.

$$\int_{G \cap K \neq \varnothing} \sigma \mathrm{d}G = \pi F$$

从而得凸集 K 的平均弦长为[2][3]

$$E(\sigma) = \frac{\pi F}{L} \qquad (7.1)$$

L. A. Santaló 下面给我们列举了一个具体有趣的实际问题:

设 ∂K 是一道完善的反射墙,并设一个粒子从 K 的一点 P 沿方向 θ 发射,当粒子到达 ∂K 上一点 A_1 时,它受到反射,沿一条弦 A_1A_2 进行,然后又受到反射,逐次沿弦 A_1A_2,A_2A_3,……前进,设 P 是在 K 内随机的选取,而 θ 是在 0 到 2π 之间随机的选取,求弦 A_1A_2,A_2A_3,……的平均长.

若用 σ 表示含 pA_1 的长,则可用下式确定上述平均长

$$E_1(\sigma) = \frac{\displaystyle\int_{\substack{p \in K \\ 0 \leqslant \theta \leqslant 2\pi}} \sigma \mathrm{d}p \wedge \mathrm{d}\theta}{\displaystyle\int_{\substack{p \in K \\ 0 \leqslant \theta \leqslant 2\pi}} \mathrm{d}p \wedge \mathrm{d}\theta}$$

根据凸集 K 的弦幂积分定义,将 $\displaystyle\int_{G \cap K \neq \varnothing} \sigma^2 \mathrm{d}G$ 记为 I_2,而

$$\int_{\substack{p \in K \\ 0 \leqslant \theta \leqslant 2\pi}} \mathrm{d}p \wedge \mathrm{d}\theta = \int_{\substack{p \in K \\ 0 \leqslant \theta \leqslant 2\pi}} \sigma \mathrm{d}G^*$$

$$= 2\pi F \int_{\substack{p \in K \\ 0 \leqslant \theta \leqslant 2\pi}} \sigma \mathrm{d}p \wedge \mathrm{d}\theta$$

$$= \int_{\substack{p \in K \\ 0 \leqslant \theta \leqslant 2\pi}} \sigma \mathrm{d}G^* \wedge \mathrm{d}t$$

$$= 2 \int_{\substack{p \in K \\ 0 \leqslant \theta \leqslant 2\pi}} \sigma^2 \mathrm{d}G$$

$$= 2I_2$$

则

$$E_1(\sigma) = \frac{I_2}{\pi F} \tag{7.2}$$

按式(7.2)定义的平均弦长更有用,比如在建筑声学中,见文献[5 − 7].

§2 $E_1(\sigma)$ 的计算

从式(7.2)可看出 $E_1(\sigma)$ 的计算关键是计算 I_2,但是 I_2 的计算一般很复杂. 本章拟利用广义支持函数计算 I_2,需指出的是此方法对一般的 I_n 也适用.

定义 7.1 以 σ 表示凸域 D 被直线 G 截出的弦长,当 G 仅与 ∂D 相交包括 $G \cap \partial D$ 是线段情形,约定 $\sigma = 0$. G 的表示取广义法式. 对任意给定的 σ 及 φ $(0 \leqslant \varphi \leqslant 2\pi)$,令 $p(\sigma,\varphi) = \sup_G \{p : m[G \cap (\text{int } D)] = \sigma\}$,称二元函数 $p(\sigma,\varphi)$ 为凸域 D 的广义支持函数[2−4].

1. 圆域的 $E_1(\sigma)$

定理 7.1 圆域内弦的平均长度公式为: $E_1(\sigma) = \frac{16r}{3\pi}$,其中 r 为半径.

证明 于平面上取好直角坐标系 xoy,设圆域为 $(R): -r \leqslant x \leqslant r, -r \leqslant y \leqslant r$,其中 r 为半径. 根据圆的方程 $x^2 + y^2 = r^2$,直线 G 的表示取广义法式 $x\cos\varphi +$

$y\sin\varphi - p = 0$，G 与 R 截出的弦长为 σ 得：$p(\sigma,\varphi) = \dfrac{1}{2}(4r^2 - \sigma^2)^{\frac{1}{2}}$，由对称性，仅需要考虑 0 到 $\dfrac{\pi}{2}$ 在 $G \cap R = \varnothing$ 下的积分

$$
\begin{aligned}
I_2 &= \int_{G \cap R \neq \varnothing} \sigma^2 \mathrm{d}G = \int_{G \cap R \neq \varnothing} \sigma^2 \mathrm{d}P \wedge \mathrm{d}\varphi \\
&= 4 \int_0^{\frac{\pi}{2}} \int_{2r}^0 \sigma^2 \frac{\partial p}{\partial \sigma} \mathrm{d}\sigma \mathrm{d}\varphi \\
&= \frac{\pi}{2} \int_{2r}^0 \sigma^2 (-2\sigma)(4r^2 - \sigma^2)^{-\frac{1}{2}} \mathrm{d}\sigma \\
&= \frac{\pi}{2} \int_{2r}^0 \frac{-\sigma^2 \mathrm{d}\sigma^2}{\sqrt{4r^2 - \sigma^2}} \\
&= \frac{\pi}{2} \int_{2r}^0 \left(\sqrt{4r^2 - \sigma^2} - \frac{4r^2}{\sqrt{4r^2 - \sigma^2}} \right) \mathrm{d}\sigma^2 \\
&= \frac{\pi}{2} \left[-\frac{2}{3}(4r^2 - \sigma^2)^{\frac{3}{2}} + 8r^2(4r^2 - \sigma^2)^{\frac{1}{2}} \right] \Big|_{2r}^0 \\
&= \frac{16}{3}\pi r^3
\end{aligned}
$$

最后将 I_2 代入式(7.2)得

$$
E_1(\sigma) = \frac{I_2}{\pi F} = \frac{\dfrac{16}{3}\pi r^3}{\pi(\pi r^2)} = \frac{16r}{3\pi}
$$

2. 矩形域的 $E_1(\sigma)$

定理 7.2　矩形域内弦的平均长度公式为

$$
E_1(\sigma) = \frac{2}{3\pi}\left[\frac{b}{a}(b - \sqrt{a^2 + b^2}) + \frac{a}{b}(a - \sqrt{a^2 + b^2}) \right] +
$$

$$
\frac{2}{\pi}\left(b\ln \frac{a + \sqrt{a^2 + b^2}}{b} - a\ln \frac{\sqrt{a^2 + b^2} - b}{a} \right)
$$

其中 a,b 分别为矩形的长和宽.

Buffon 投针问题

证明 于平面上取好直角坐标系 xoy,设矩形域为 (R): $-\dfrac{a}{2} \leqslant x \leqslant \dfrac{a}{2}$, $-\dfrac{b}{2} \leqslant y \leqslant \dfrac{b}{2}$,不失一般性,可设 $b \leqslant a$. 根据直线 G 的表示取广义法式 $x\cos\varphi + y\sin\varphi - p = 0$ 和 G 与 R 截出的弦长 σ 得:$p(\sigma,\varphi) = \dfrac{1}{2}(a\cos\varphi + b\sin\varphi - \sigma\sin 2\varphi)$.

由对称性,仅需要考虑 0 到 $\dfrac{\pi}{2}$ 在 $G \cap R \neq \varnothing$ 下的积分

$$
\begin{aligned}
I_2 &= \int_{G \cap R \neq \varnothing} \sigma^2 \mathrm{d}G = \int_{G \cap R \neq \varnothing} \sigma^2 \mathrm{d}P \wedge \mathrm{d}\varphi \\
&= 4\left\{ \int_0^{\arctan\frac{a}{b}} \left[\int_{\frac{b}{\cos\varphi}}^0 \sigma^2 \frac{\partial p}{\partial \sigma}\mathrm{d}\sigma + \int_0^{\frac{b}{\cos\varphi}} \sigma^2 \mathrm{d}p \right]\mathrm{d}\varphi + \right. \\
&\quad \left. \int_{\arctan\frac{a}{b}}^{\frac{\pi}{2}} \left[\int_{\frac{a}{\sin\varphi}}^0 \sigma^2 \frac{\partial p}{\partial \sigma}\mathrm{d}\sigma + \int_0^{\frac{a}{\sin\varphi}} \sigma^2 \mathrm{d}p \right]\mathrm{d}\varphi \right\} \\
&= 4(I_{21} + I_{22})
\end{aligned}
$$

其中

$$
I_{21} = \int_0^{\arctan\frac{a}{b}} \left[\int_{\frac{b}{\cos\varphi}}^0 \sigma^2 \frac{\partial p}{\partial \sigma}\mathrm{d}\sigma + \int_0^{\frac{b}{\cos\varphi}} \sigma^2 \mathrm{d}p \right]\mathrm{d}\varphi
$$

$$
I_{22} = \int_{\arctan\frac{a}{b}}^{\frac{\pi}{2}} \left[\int_{\frac{a}{\sin\varphi}}^0 \sigma^2 \frac{\partial p}{\partial \sigma}\mathrm{d}\sigma + \int_0^{\frac{a}{\sin\varphi}} \sigma^2 \mathrm{d}p \right]\mathrm{d}\varphi
$$

下面将分别计算 I_{21} 和 I_{22}

$$
\begin{aligned}
I_{21} &= \int_0^{\arctan\frac{a}{b}} \left[\int_{\frac{b}{\cos\varphi}}^0 \sigma^2 \frac{\partial p}{\partial \sigma}\mathrm{d}\sigma + \int_0^{\frac{b}{\cos\varphi}} \sigma^2 \mathrm{d}p \right] \\
&= \int_0^{\arctan\frac{a}{b}} \left[\left(-\frac{1}{2}\sin 2\varphi \right)\frac{\sigma^3}{3}\bigg|_{\frac{b}{\cos\varphi}}^0 + \right. \\
&\quad \left. \frac{1}{2}\left(a\cos\varphi + b\sin\varphi - \frac{b}{\cos\varphi}\sin 2\varphi \right)\frac{b^2}{\cos^2\varphi} \right]\mathrm{d}\varphi
\end{aligned}
$$

148

$$= \int_0^{\arctan \frac{a}{b}} \left(-\frac{1}{6} \frac{b^3 \sin \varphi}{\cos^2 \varphi} + \frac{1}{2} \frac{ab^2}{\cos \varphi} \right) \mathrm{d}\varphi$$

$$= \left[-\frac{1}{6} b^3 \left(\frac{1}{\cos \varphi} \right) + \right.$$

$$\left. \frac{1}{2} ab^2 \ln |\sec \varphi + \tan \varphi| \right] \Big|_0^{\arctan \frac{a}{b}}$$

$$= \frac{1}{6} b^2 (b - \sqrt{a^2 + b^2}) + \frac{1}{2} ab^2 \ln \frac{a + \sqrt{a^2 + b^2}}{b}$$

$$I_{22} = \int_{\arctan \frac{a}{b}}^{\frac{\pi}{2}} \left[\int_{\frac{a}{\sin \varphi}}^0 \sigma^2 \frac{\partial p}{\partial \sigma} \mathrm{d}\sigma + \int_0^{\frac{a}{\sin \varphi}} \sigma^2 \mathrm{d}p \right] \mathrm{d}\varphi$$

$$= \int_{\arctan \frac{a}{b}}^{\frac{\pi}{2}} \left[\left(-\frac{1}{2} \sin 2\varphi \right) \frac{\sigma^3}{3} \Big|_{\frac{a}{\sin \varphi}}^0 + \right.$$

$$\left. \frac{1}{2} \left(a\cos \varphi + b\sin \varphi - \frac{a}{\sin \varphi} \sin 2\varphi \right) \frac{\sigma^2}{\sin^2 \varphi} \right] \mathrm{d}\varphi$$

$$= \int_{\arctan \frac{a}{b}}^{\frac{\pi}{2}} \left(-\frac{1}{6} \frac{a^3 \cos \varphi}{\sin^2 \varphi} + \frac{1}{2} \frac{a^2 b}{\sin \varphi} \right) \mathrm{d}\varphi$$

$$= \left[\frac{1}{6} a^3 \left(\frac{1}{\sin \varphi} \right) + \right.$$

$$\left. \frac{1}{2} a^2 b \ln |\csc \varphi + \cot \varphi| \right] \Big|_{\arctan \frac{a}{b}}^{\frac{\pi}{2}}$$

$$= \frac{1}{6} a^2 (a - \sqrt{a^2 + b^2}) - \frac{1}{2} a^2 b \ln \frac{\sqrt{a^2 + b^2} - b}{a}$$

将 I_{21} 和 I_{22} 的值代入 $I_2 = 4(I_{21} + I_{22})$ 得其值为

$$\frac{2}{3} [b^2 (b - \sqrt{a^2 + b^2}) + a^2 (a - \sqrt{a^2 + b^2})] +$$

$$2ab \left(b\ln \frac{a + \sqrt{a^2 + b^2}}{b} - a\ln \frac{\sqrt{a^2 + b^2} - b}{a} \right)$$

最后将 I_2 值代入式(7.2)得

Buffon 投针问题

$$E_1(\sigma) = \frac{I_2}{\pi F} = \frac{I_2}{\pi ab}$$

$$= \frac{2}{3\pi}\left[\frac{b}{a}(b - \sqrt{a^2 + b^2}) + \frac{a}{b}(a - \sqrt{a^2 + b^2})\right] +$$

$$\frac{2}{\pi}\left(b\ln\frac{a + \sqrt{a^2 + b^2}}{b} - a\ln\frac{\sqrt{a^2 + b^2} - b}{a}\right)$$

凸域内两点间的平均距离[①]

第

8

章

§1　引　言

由文献[1,2],我们有如下定义:

设 K 为有界凸集, σ 为 K 被 G 截出的弦长. 考虑积分

$$I_n = \int_{G \cap K \neq \varnothing} \sigma^n \mathrm{d}G \qquad (8.1)$$

其中 n 为非负整数. I_n 称为凸集 K 的弦幂积分,而序列 $\{I_n\}$ ($= 0,1,2,\cdots$) 称为凸集 K 的弦幂积分序列.

为研究 I_n ,引进另一积分序列

$$J_n = \int_{P_1 P_2 \in K} r^n \mathrm{d}P_1 \wedge \mathrm{d}P_2 \qquad (8.2)$$

其中 r 表示 P_1 与 P_2 两点间的距离.

利用密度公式 $\mathrm{d}P_1 \wedge \mathrm{d}P_2 = |t_2 - t_1| \cdot \mathrm{d}G \wedge \mathrm{d}t_1 \wedge \mathrm{d}t_2$ (其中 t_1 , t_2 为有向线段 HP_1 和 HP_2 的值)可得

①　程鹏,李寿贵,许金华.凸域内两点间的平均距离[J].数学杂志,2008,28(1):57 - 60.

Buffon 投针问题

$$J_n = \int |t_2 - t_1|^{n+1} dG \wedge dt_1 \wedge dt_2$$

$$= \int dG \wedge dt_1 \Big[\int_{t_1}^{b} (t_2 - t_1)^{n+1} dt_2 + \int_{a}^{t_1} (t_1 - t_2)^{n+1} dt_2 \Big]$$

$$= \frac{1}{n+2} \int dG \int_{a}^{b} \big[(b - t_1)^{n+2} + (t_1 - a)^{n+2} \big] dt_1$$

$$= \frac{2}{(n+1)(n+3)} \int_{G \cap K \neq \varnothing} (b - a)^{n+3} dG$$

其中 a, b 为弦的端点所对应的 t 的取值,所以 $b - a = \sigma$,这样就导出了下面的关系

$$J_n = \frac{2}{(n+2)(n+3)} I_{n+3} \quad (n \geqslant -1) \quad (8.3)$$

此式也可改写为如下的关系式

$$I_n = \frac{n(n-1)}{2} J_{n-3} \quad (n \geqslant 2) \quad (8.4)$$

由文献[1][8]可得对于任意的凸域 K,K 内任意两点间的平均距离有如下定义:平均距离

$$E(r) = \frac{1}{F^2} \int_{P_1, P_2 \in K} r dP_1 \wedge dP_2 \quad (8.5)$$

其中 F 为凸域的面积,r 为 P_1 与 P_2 两点间的距离.

式(8.5)右边积分项 $\int_{P_1, P_2 \in K} r dP_1 \wedge dP_2 = J_1$,通过 I_n 和 J_n 之间的关系(8.4)可得 $J_1 = \frac{1}{6} I_4$,将它代入(8.5),得到任意两点平均距离的另一种形式

$$E(r) = \frac{1}{6F^2} I_4 \quad (8.6)$$

§2　主要结果

1. 广义支持函数的概念

从公式(8.6)中我们可以看到,计算 $E(r)$ 的关键在于怎样去得到 I_4. 下面我们利用广义支持函数来求解 I_4,得到 I_4 后只要把它带入(8.6)即可得 $E(r)$.

定义 8.1　以 σ 表示凸域 D 被直线 G 截出的弦长,当 G 仅与 ∂D 相交包括 $G \cap \partial D$ 是线段情形,约定 $\sigma = 0$. G 的表示取广义法式. 对任意给定的 σ 及 $\varphi(0 \leqslant \varphi \leqslant 2\pi)$,置

$$p(\sigma,\varphi) = \sup_{G} \{ p : m[G \cap (\text{int } D)] = \sigma \} \quad (8.7)$$

称二元函数 $p(\sigma,\varphi)$ 为凸域 D 的广义支持函数.

利用式(8.7)我们可以很方便的求解 I_4. 下面分别以圆,矩形,椭圆为例来求解 I_4,最终得到对应的平均距离.

2. 解圆域的平均距离

对于圆域而言假设它的半径为 R,以圆心为坐标原点建立直角坐标系. 圆的直角坐标系方程为 $x^2 + y^2 = R^2$,G 为过圆域的直线. 将 G 用广义法式方程表示为:$x\cos \varphi + y\sin \varphi - p = 0$. 另设 σ 为 G 被圆域截得的弦长. 由于圆域是关于原点对称的,以及圆在每一象限的区域都是全等的,所以我们只需考虑在第一象限的情况. 即仅考虑 φ 从 0 变化到 $\dfrac{\pi}{2}$ 时的定积分.

对于圆域而言它的广义支持函数很容易得到:

$$p(\sigma,\varphi) = \frac{1}{2}(4R^2 - \sigma^2)^{\frac{1}{2}}, p \text{ 为 0 时}, \sigma \text{ 为 } 2R, p \text{ 为 } R \text{ 时}$$

σ 为 0. 所以此时的

$$
\begin{aligned}
I_4 &= \int_{G \cap R \neq \varnothing} \sigma^4 \mathrm{d}G = \int_{G \cap R \neq \varnothing} \sigma^4 \mathrm{d}P \wedge \mathrm{d}\varphi \\
&= 4 \int_0^{\frac{\pi}{2}} \int_{2R}^0 \sigma^4 \frac{\partial p}{\partial \sigma} \mathrm{d}\sigma \mathrm{d}\varphi \\
&= 4 \int_0^{\frac{\pi}{2}} \int_{2R}^0 \sigma^4 \frac{1}{4}(-2\sigma) \frac{1}{\sqrt{4R^2 - \sigma^2}} \mathrm{d}\sigma \mathrm{d}\varphi \\
&= \pi \int_{2R}^0 \frac{-\sigma^5 \mathrm{d}\sigma}{\sqrt{4R^2 - \sigma^2}}
\end{aligned}
$$

令 $\sigma = 2R\sin\varphi$, 所以

$$
\begin{aligned}
I_4 &= 2^5 \pi R^5 \int_{\frac{\pi}{2}}^0 (1 - \cos^2\varphi)^2 \mathrm{d}\cos\varphi \\
&= 2^5 \pi R^5 \left(\cos\varphi + \frac{\cos^5\varphi}{5} - \frac{2}{3}\cos^3\varphi\right)\Big|_{\frac{\pi}{2}}^2 \\
&= \frac{256}{15} \pi R^5
\end{aligned}
$$

将该结果代入(8.6)即可得到圆域的任意两点间的平均距离为

$$E(r) = \frac{1}{6F^2} I_4 = \frac{1}{6\pi R^4} \frac{256}{15} \pi R^5 = \frac{128R}{4\pi}$$

3. 矩形域的平均距离

设矩形的长和宽分别为 a, b. 不失一般性, 可设 $b \leq a$. 以矩形的中心为坐标原点建立直角坐标系. 可以看到这样建立坐标系后矩形域在四个象限的区域也是全等的, 且矩形域是关于原点对称的. 所以我们也只需考虑在第一象限的区域上的定积分.

根据直线 G 的表示, 取广义法式 $x\cos\varphi + y\sin\varphi -$

$p = 0$ 和 G 与 R 截出的弦长 σ 得

$$p(\sigma, \varphi) = \frac{1}{2}(a\cos \varphi + b\sin \varphi - \sigma\sin 2\varphi)$$

下面具体去求解 I_4

$$I_4 = \int_{G \cap R \neq \varnothing} \sigma^4 \mathrm{d}G = \int_{G \cap R \neq \varnothing} \sigma^4 \mathrm{d}P \wedge \mathrm{d}\varphi$$

$$= 4\left\{ \int_0^{\arctan \frac{a}{b}} \left[\int_{\frac{b}{\cos \varphi}}^0 \sigma^4 \frac{\partial p}{\partial \sigma}\mathrm{d}\sigma + \int_0^{\frac{b}{\cos \varphi}} \sigma^4 \mathrm{d}p \right]\mathrm{d}\varphi + \right.$$

$$\left. \int_{\arctan \frac{a}{b}}^{\frac{\pi}{2}} \left[\int_{\frac{a}{\sin \varphi}}^0 \sigma^4 \frac{\partial p}{\partial \sigma}\mathrm{d}\sigma + \int_0^{\frac{a}{\sin \varphi}} \sigma^4 \mathrm{d}p \right]\mathrm{d}\varphi \right\}$$

$$= 4[(I_4)_1 + (I_4)_2] \tag{8.8}$$

I_4 的求解就归结到求 $(I_4)_1$ 和 $(I_4)_2$，下面分别给

予计算：因为 $\dfrac{\partial p}{\partial \varphi} = -\dfrac{\sin 2\varphi}{2}$，所以

$$(I_4)_1 = \int_0^{\arctan \frac{a}{b}} \left[\int_{\frac{b}{\cos \varphi}}^0 \sigma^4 \frac{\partial p}{\partial \sigma}\mathrm{d}\sigma + \int_0^{\frac{b}{\cos \varphi}} \sigma^4 \mathrm{d}p \right]\mathrm{d}\varphi$$

$$= \int_0^{\arctan \frac{a}{b}} \left[\left(-\frac{\sin 2\varphi}{2} \right)\frac{\sigma^5}{5} \Big|_{\frac{b}{\cos \varphi}}^0 + p\sigma^4 \Big|_0^{\frac{b}{\cos \varphi}} \right]\mathrm{d}\sigma$$

$$= \int_0^{\arctan \frac{a}{b}} \left[\left(-\frac{\sin 2\varphi}{2} \right)\frac{\sigma^5}{5} \Big|_{\frac{b}{\cos \varphi}}^0 + \right.$$

$$\left. \frac{1}{2}\left(a\cos \varphi + b\sin \varphi - \frac{b}{\cos \varphi}\sin 2\varphi \right)\frac{b^4}{\cos^4 \varphi} \right]\mathrm{d}\varphi$$

$$= \int_0^{\arctan \frac{a}{b}} \left(\frac{ab^4}{2\cos^3 \varphi} - \frac{3b^5 \sin \varphi}{10\cos^4 \varphi} \right)\mathrm{d}\varphi$$

$$= \left\{ -\frac{b^5}{10\cos^3 \varphi} + \frac{ab^4}{4}\left[\sec \varphi\tan \varphi + \right. \right.$$

$$\left. \left. \ln(\sec \varphi + \tan \varphi) \right] \right\} \Bigg|_0^{\operatorname{arccot} \frac{a}{b}}$$

$$= \frac{b^2}{10}\left[b^3 - (a^2 + b^2)^{\frac{3}{2}} \right] +$$

$$\frac{ab^4}{4}\left[\frac{a(a^2 + b^2)^{\frac{1}{2}}}{b^2} + \ln \frac{(a^2 + b^2)^{\frac{1}{2}} + a}{b} \right]$$

$$(I_4)_2 = \int_{\arctan \frac{a}{b}}^{\frac{\pi}{2}} \left[\int_{\frac{a}{\sin\theta}}^{0} \sigma^4 \frac{\partial p}{\partial \sigma} d\sigma + \int_{0}^{\frac{a}{\sin\theta}} \sigma^4 dp \right] d\varphi$$

$$= \int_{\arctan \frac{a}{b}}^{\frac{\pi}{2}} \left[\left(-\frac{\sin 2\varphi}{2} \right) \frac{\sigma^5}{5} \Big|_{\frac{a}{\sin\varphi}}^{0} + p\sigma^4 \Big|_{0}^{\frac{a}{\sin\varphi}} \right] d\varphi$$

$$= \int_{\arctan \frac{a}{b}}^{\frac{\pi}{2}} \left[\left(-\frac{\sin 2\varphi}{2} \right) \frac{\sigma^5}{5} \Big|_{\frac{a}{\sin\varphi}}^{0} + \right.$$

$$\left. \frac{1}{2}\left(a\cos\varphi + b\sin\varphi - \frac{a}{\sin\varphi}\sin 2\varphi \right) \frac{a^4}{\sin^4\varphi} \right] d\varphi$$

$$= \int_{\arctan \frac{a}{b}}^{\frac{\pi}{2}} \left(\frac{ba^4}{2\sin^3\varphi} - \frac{3a^5\cos\varphi}{10\sin^4\varphi} \right) d\varphi$$

$$= \left\{ \frac{a^5}{10\sin^3\varphi} + \frac{ba^4}{4}\left[-\csc\varphi\cot\varphi + \right. \right.$$

$$\left. \left. \ln(\csc\varphi - \cot\varphi) \right] \right\} \Bigg|_{\arctan \frac{a}{b}}^{\frac{\pi}{2}}$$

$$= \frac{a^2}{10}\left[a^3 - (a^2 + b^2)^{\frac{3}{2}} \right] +$$

$$\frac{ba^4}{4}\left[\frac{b(a^2 + b^2)^{\frac{1}{2}}}{a^2} - \ln \frac{(a^2 + b^2)^{\frac{1}{2}} - b}{a} \right]$$

将所求得的$(I_4)_1$和$(I_4)_2$,代入(8.8)就得到了I_4,再把I_4代入(8.6)即得矩形域的

$$E(r) = \frac{2}{3a^2b^2}\left\{ \frac{b^2}{10}\left[b^3 - (a^2 + b^2)^{\frac{3}{2}} \right] + \right.$$

$$\frac{ab^4}{4}\left[\frac{a(a^2 + b^2)^{\frac{1}{2}}}{b^2} + \ln \frac{(a^2 + b^2)^{\frac{1}{2}} + a}{b} \right] +$$

$$\frac{a^2}{10}[\,a^3 - (\,a^2 + b^2\,)^{\frac{3}{2}}\,] +$$

$$\frac{ba^4}{4}\left[\frac{b(\,a^2 + b^2\,)^{\frac{1}{2}}}{a^2} - \ln \frac{(\,a^2 + b^2\,)^{\frac{1}{2}} - b}{a}\right]\Big\}$$

$$= \frac{1}{15}\Big\{\frac{a^3}{b^2} + \frac{b^3}{a^2} + (\,a^2 + b^2\,)^{\frac{1}{2}}\left(3 - \frac{a^2}{b^2} - \frac{b^2}{a^2}\right) +$$

$$\frac{5}{2}\Big[\frac{b^2}{a}\ln \frac{a + (a^2 + b^2)^{\frac{1}{2}}}{b} + \frac{a^2}{b}\ln \frac{b + (a^2 + b^2)^{\frac{1}{2}}}{a}\Big]\Big\}$$

4. 椭圆域的平均距离

以椭圆的中心为原点建立直角坐标系,设椭圆方程为 $\frac{x^2}{a^2} + \frac{y^2}{b^2} = 1$. 不失一般性令 $a > b$,同样的我们只需考虑椭圆在第一象限区域的定积分. 通过复杂的代数运算我们能得到椭圆的广义支持函数为

$$p(\sigma,\varphi) = \frac{[\,4a^2b^2(\,a^2\cos^2\varphi + b^2\sin^2\varphi) - \sigma^2(\,a^2\cos^2\varphi + b^2\sin^2\varphi)^2\,]^{\frac{1}{2}}}{2ab}$$

$$\frac{\partial p}{\partial \sigma} = \frac{- (a^2\cos^2\varphi + b^2\sin^2\varphi)^2\sigma}{2ab[\,4a^2b^2(\,a^2\cos^2\varphi + b^2\sin^2\varphi) - \sigma^2(\,a^2\cos^2\varphi + b^2\sin^2\varphi)^2\,]^{\frac{1}{2}}}$$

$$I_4 = \int\limits_{G \cap R \neq \varnothing} \sigma^4 \mathrm{d}G$$

$$= \int\limits_{G \cap R \neq \varnothing} \sigma^4 \mathrm{d}p \wedge \mathrm{d}\varphi$$

$$= 4 \int_0^{\frac{\pi}{2}} \int_{\frac{2ab}{(a^2\cos^2\varphi + b^2\sin^2\varphi)^{\frac{1}{2}}}}^{0}$$

$$\frac{- (a^2\cos^2\varphi + b^2\sin^2\varphi)^2\sigma^5}{2ab[\,4a^2b^2(\,a^2\cos^2\varphi + b^2\sin^2\varphi) - \sigma^2(\,a^2\cos^2\varphi + b^2\sin^2\varphi)^2\,]^{\frac{1}{2}}}\mathrm{d}\sigma \wedge \mathrm{d}\varphi$$

$$= \frac{512}{15}a^4b^4 \int_0^{\frac{\pi}{2}} (\,a^2\cos^2\varphi + b^2\sin^2\varphi)^{-\frac{3}{2}}\mathrm{d}\varphi$$

又

$$F = 4\int_0^a \frac{b}{a}(a^2 - x^2)^{\frac{1}{2}}\mathrm{d}x$$

$$= \frac{4b}{a}\left[\frac{a^2}{2}\arcsin\frac{x}{a} + \frac{x}{2}(a^2 - x^2)^{\frac{1}{2}}\right]\Big|_0^a$$

$$= \pi ab$$

所以

$$E(r) = \frac{1}{6F^2}I_4$$

$$= \frac{1}{6\pi^2 a^2 b^2}\frac{512}{15}a^4 b^4\int_0^{\frac{\pi}{2}}(a^2\cos^2\varphi + b^2\sin^2\varphi)^{-\frac{3}{2}}\mathrm{d}\varphi$$

$$= \frac{256 a^2 b^2}{45\pi^2}\int_0^{\frac{\pi}{2}}(a^2\cos^2\varphi + b^2\sin^2\varphi)^{\frac{3}{2}}\mathrm{d}\varphi$$

令 $a = b$，此时椭圆变成了一个单位圆，得出此时的 $E(r) = \frac{256}{45\pi^2}\frac{\pi}{2} = \frac{128}{45\pi}$ 与前面中推导出的圆的 $E(r)$ 结果是一致的.

矩形的弦长分布[①]

§1　基本方法

设 D 为平面凸体,即具有非空内部的紧凸集. $G = G(p,\varphi)$ 为平面中的直线,其广义法式方程[2]为 $x\cos\varphi + y\sin\varphi = p$,称 (p,φ) 为直线 G 的广义法式坐标. 用 $\lambda_i(E)$ 表示点集 E 的 i 维测度. σ 表示直线 G 被凸体 D 截出的弦长, $\sigma = \lambda_1[G(p,\varphi) \cap \text{int } D]$,当 G 仅与边界 ∂D 相交时(含 $G \cap \partial D$ 是线段的情形),约定 $\sigma = 0$.

定义 9.1　设 D 为平面凸体,对任意给定的 σ 及 $\varphi(0 \leqslant \varphi < 2\pi)$,称二元函数

$$p(\sigma,\varphi) = \sup\{p:\lambda_1[G(p,\varphi) \cap \text{int } D] = \sigma\}$$

为凸域 D 的广义支持函数[2],[3].

定义 9.2　以 $\sigma_M(\varphi)$ 表示垂直于 φ 方向的直线 G 被凸体 D 截出的弦长最大

①　李德宜,杨佩佩,李亭.矩形的弦长分布[J].武汉科技大学学报,2011,34(5):381 – 383.

值,即

$$\sigma_M(\varphi) = \sup\{\sigma : \sigma = \lambda_1 [G(p,\varphi) \cap \text{int } D]\}$$

对任意给定的 $l(\geqslant 0)$ 及 $\varphi(0 \leqslant \varphi < 2\pi)$,令

$$r(l,\varphi) = \min\{l, \sigma_M(\varphi)\}$$

称二元函数 $r(l,\varphi)$ 为凸域 D 的限弦函数[2],[3].

定理 9.1[1]   设 K 为周长等于 L 的凸体,G 为随机直线,则有

$$\int_{G \cap K \neq \varnothing} dG = L \qquad (9.1)$$

§2　凸体弦长分布函数的定义

设 K 为周长等于 L 的平面凸体,有关 K 的一些随机变量、平均量得到了广泛关注和研究,比如 K 内两点间的平均距离[10]、平均弦长[11] 等. 设 G 为随机直线,当 G 与 K 相交时,G 被 K 截得的弦长 σ 也是随机的,本章讨论弦长的分布.

定义 9.3   设 K 为平面凸体,G 为与 K 相交的随机直线,截出的弦长为 σ,弦长分布函数[1] $F(y)$ 定义为

$$F(y) = \frac{\displaystyle\int_{\substack{G \cap K \neq \varnothing \\ (\sigma \leqslant y)}} dG}{\displaystyle\int_{G \cap K \neq \varnothing} dG} = \int_{G \cap K \neq \varnothing, \sigma \leqslant y} \frac{dG}{L} \qquad (9.2)$$

§3 矩形的弦长分布函数

对于光滑严格凸的凸体,较容易求出弦长分布函数,但当凸域具有平行边时,因为弦长定义中的特殊约定,对它的处理则需要单独进行.

定理 9.2 边长为 a 和 $b(b \leqslant a)$ 的矩形的弦长分布函数 $F(y)$ 为

$$F(y) = \begin{cases} 0 & (y \leqslant 0) \\ \dfrac{y}{(a+b)} & (0 < y \leqslant b) \\ \dfrac{by + a\sqrt{y^2 - b^2}}{(a+b)y} & (b < y \leqslant a) \\ 1 + \left(\dfrac{a\sqrt{y^2 - b^2} + b\sqrt{y^2 - a^2} - y^2}{(a+b)y}\right) & (a < y \leqslant \sqrt{a^2 + b^2}) \\ 1 & (y > \sqrt{a^2 + b^2}) \end{cases}$$

证明 在平面上取直角坐标系 xoy,设矩形域为

$$(R): -\frac{a}{2} \leqslant x \leqslant \frac{a}{2}, \ -\frac{b}{2} \leqslant y \leqslant \frac{b}{2}$$

不失一般性,可设 $b \leqslant a$,矩形的直径记为 d,由对称性,可以仅考虑 $0 \leqslant \varphi \leqslant \dfrac{\pi}{2}$ 的情形. 此时,矩形的最大弦长函数为

$$\sigma_M(\varphi) = \frac{b}{\cos \varphi}$$

矩形域 (R) 的限弦函数 $r(l, \varphi)$ 为

Buffon 投针问题

$$r(l,\varphi) = \begin{cases} l & \left(0 \leqslant l \leqslant b \text{ 及 } 0 \leqslant \varphi \leqslant \dfrac{\pi}{2}\right) \\[2mm] \dfrac{b}{\cos\varphi} & \left(b \leqslant l < a \text{ 及 } 0 \leqslant \varphi \leqslant \arccos\dfrac{b}{l}\right) \\[2mm] l & \left(b \leqslant l < a \text{ 及 } \arccos\dfrac{b}{l} \leqslant \varphi \leqslant \dfrac{\pi}{2}\right) \\[2mm] \dfrac{b}{\cos\varphi} & \left(a \leqslant l \leqslant d \text{ 及 } 0 \leqslant \varphi < \arccos\dfrac{b}{l}\right) \\[2mm] l & \left(a \leqslant l \leqslant d \text{ 及 } \arccos\dfrac{b}{l} \leqslant \varphi < \arcsin\dfrac{a}{l}\right) \\[2mm] \dfrac{a}{\sin\varphi} & \left(a \leqslant l \leqslant d \text{ 及 } \arcsin\dfrac{a}{l} \leqslant \varphi \leqslant \dfrac{\pi}{2}\right) \end{cases}$$

矩形的广义支持函数为

$$p(\sigma,\varphi) = \frac{1}{2}(a\cos\varphi + b\sin\varphi - \sigma\sin 2\varphi)$$

$$\left(0 \leqslant \varphi \leqslant \frac{\pi}{2}, 0 \leqslant \sigma \leqslant b\right)$$

求矩形的弦长分布主要是求出积分

$$\int\limits_{\substack{G \cap K \neq \varnothing \\ \left(0 \leqslant \varphi \leqslant \frac{\pi}{2}; \sigma \leqslant y\right)}} \mathrm{d}G$$

当 $0 < y \leqslant b$ 时

$$I_1 = -\frac{1}{2}\int_0^{\frac{\pi}{2}}\mathrm{d}\varphi\int_y^0 \frac{\partial p}{\partial\sigma}d\sigma$$

$$= -\frac{1}{2}\int_0^{\frac{\pi}{2}}\mathrm{d}\varphi\int_y^0 \sin 2\varphi\,\mathrm{d}\sigma = \frac{y}{2}$$

当 $b < y \leqslant a$ 时

$$I_2 = \int_0^{\frac{\pi}{2}}\mathrm{d}\varphi\int_b^0 \frac{\partial p}{\partial\sigma}\mathrm{d}\sigma + \int_0^{\arccos\frac{b}{y}}\mathrm{d}\varphi\int_{\frac{b}{\cos\varphi}}^b \frac{\partial p}{\partial\sigma}\mathrm{d}\sigma +$$

162

$$\int_0^{\arccos \frac{b}{y}} p\left(\frac{b}{\cos \varphi}, \varphi\right) \mathrm{d}\varphi + \int_{\arccos \frac{b}{y}}^{\frac{\pi}{2}} \int_y^b \frac{\partial p}{\partial \sigma} \mathrm{d}\sigma$$

等式右边第 3 项是由于平行边而必须添加的, 即

$$I_2 = -\frac{1}{2} \int_0^{\frac{\pi}{2}} \mathrm{d}\varphi \int_b^0 \sin 2\varphi \mathrm{d}\sigma - \frac{1}{2} \int_0^{\arccos \frac{b}{y}} \mathrm{d}\varphi \int_{\frac{b}{\cos \varphi}}^b \sin 2\varphi \mathrm{d}\sigma +$$

$$\frac{1}{2} \int_0^{\arccos \frac{b}{y}} (a\cos \varphi - b\sin \varphi) \mathrm{d}\varphi -$$

$$\frac{1}{2} \int_{\arccos \frac{b}{y}}^{\frac{\pi}{2}} \mathrm{d}\varphi \int_y^b \sin 2\varphi \mathrm{d}\sigma = \frac{b}{2} + \frac{a\sqrt{y^2 - b^2}}{2y}$$

当 $a < y \leqslant \sqrt{a^2 + b^2}$ 时

$$I_3 = \int_0^{\frac{\pi}{2}} \mathrm{d}\varphi \int_b^0 \frac{\partial p}{\partial \sigma} \mathrm{d}\sigma + \int_0^{\arccos \frac{b}{y}} \mathrm{d}\varphi \int_{\frac{b}{\cos \varphi}}^b \frac{\partial p}{\partial \sigma} \mathrm{d}\sigma +$$

$$\int_0^{\arcsin \frac{b}{y}} p\left(\frac{b}{\cos \varphi}, \varphi\right) \mathrm{d}\varphi + \int_{\arccos \frac{b}{y}}^{\frac{\pi}{2}} \mathrm{d}\varphi \int_a^b \frac{\partial p}{\partial \sigma} \mathrm{d}\sigma +$$

$$\int_{\arccos \frac{b}{y}}^{\arcsin \frac{a}{y}} \mathrm{d}\varphi \int_y^a \frac{\partial p}{\partial \sigma} \mathrm{d}\sigma + \int_{\arcsin \frac{a}{y}}^{\frac{\pi}{2}} \mathrm{d}\varphi \int_{\frac{a}{\sin \varphi}}^a \frac{\partial p}{\partial \sigma} \mathrm{d}\sigma +$$

$$\int_{\arcsin \frac{a}{y}}^{\frac{\pi}{2}} p\left(\frac{a}{\sin \varphi}, \varphi\right) \mathrm{d}\varphi$$

等式右边第 3 项和第 7 项是由于平行边而必须添加的, 即

$$I_3 = \frac{b}{2} + \frac{b}{2} + \frac{b^3}{2y^2} - \frac{b^2}{y} +$$

$$\frac{a\sqrt{y^2 - b^2}}{2y} + \frac{b^2}{2y} - \frac{b}{2} + \frac{ab^2 - b^3}{2y^2} +$$

$$\frac{y - a}{2} \int_{\arccos \frac{b}{y}}^{\arcsin \frac{a}{y}} \sin 2\varphi \mathrm{d}\varphi - \frac{1}{2} \int_{\arcsin \frac{a}{y}}^{\frac{\pi}{2}} \mathrm{d}\varphi \int_{\frac{a}{\sin \varphi}}^a \sin 2\varphi \mathrm{d}\sigma +$$

$$\frac{1}{2} \int_{\arcsin \frac{a}{y}}^{\frac{\pi}{2}} (b\sin \varphi - a\cos \varphi) \mathrm{d}\varphi$$

$$= \frac{a+b-y}{2} + \frac{a\sqrt{y^2-b^2}+b\sqrt{y^2-a^2}}{2y}$$

根据矩形的对称性

当 $0 < y \leqslant b$ 时

$$F(y) = \frac{4I_1}{L} = \frac{2y}{a+b}$$

当 $b < y \leqslant a$ 时

$$F(y) = \frac{4I_2}{L} = \frac{b}{a+b} + \frac{a\sqrt{y^2-b^2}}{y(a+b)}$$

当 $a < y \leqslant \sqrt{a^2+b^2}$ 时

$$F(y) = \frac{a+b-y}{a+b} + \frac{a\sqrt{y^2-b^2}+b\sqrt{y^2-a^2}}{y(a+b)}$$

证毕.

推论 边长为 a 的正方形的弦长分布函数为

$$F(y) = \begin{cases} 0 & (y \leqslant 0) \\ \dfrac{y}{2a} & (0 < y \leqslant a) \\ 1 - \dfrac{y}{2a} + \dfrac{\sqrt{y^2-a^2}}{y} & (a < y \leqslant \sqrt{2}a) \\ 1 & (y > \sqrt{2}a) \end{cases}$$

164

多凸域型网格的 Buffon 问题[①]

§1 引 言

Buffon 问题已有各种推广研究,其中最重要的推广是:将小针随机地投掷于布有以某凸域为基本区域的网格的平面上,求小针与网格相遇的概率[3]. 本节拟介绍以多个凸域的并为基本区域的网格的 Buffon 问题. 这类问题的解决取决于对包含测度的研究.

设平面上有两区域 K_0 和 K, K_0 位置固定, K 位置可变,把 K 带到 K_0 内部的运动 u 所组成的集合记作 $X = \{u : uK \subset K_0\}$, 集合 X 的运动测度为

$$m\{u : uK \subset K_0\} = \int_{uK \subset K_0} \mathrm{d}K$$
$$= \int_{uK \subset K_0} \mathrm{d}p \wedge \mathrm{d}\varphi \wedge \mathrm{d}t$$

① 李满满,李寿贵,肖艳. 多凸域型网格的 Buffon 问题 [J]. 数学杂志,2008,28(5):551-554.

其中 p, φ, t 为运动参数. 此即为 K 包含于 K_0 内部的运动测度问题,是积分几何中较为重要的问题之一.

文献[1][8]给出了如下的运动测度公式.

若 D 为一个凸多边形而 N 为一条线段,假定 N 的长 l 限定它不能同两条不相邻的边都相交. 则有

$$m(l) = \pi F_0 - lL_0 + \frac{l^2}{4} \sum_{A_i} \left[1 + (\pi - A_i) \cot A_i \right]$$

$$(10.1)$$

其中 A_i, F_0, L_0 为 D 的内角,面积,周长.

文献[3]建立了凸域内定长线段运动测度的一般公式.

定理 10.1 设 D 为平面上有界闭凸域,周长为 L,面积为 F. N 为长度等于常数 l 的线段. 含于 D 内的 N 的运动测度记为 $m(l)$. 则有

$$m(l) = \pi F - lL + \int_{\substack{G \cap D \neq \varnothing \\ (\sigma \leqslant l)}} (l - \sigma) \mathrm{d}G$$

其中 σ 表示 D 被 G 所截的弦长.

此公式虽然表达出运动测度 $m(l)$,但公式中所含积分项不便于实际计算,因此,我们希望将这一公式转化为另外的形式. 为此,文献[8]引入了广义支持函数和限弦函数概念.

定义 10.1 以 σ 表示凸域 D 被直线 G 截出的弦长. 当 G 仅与 ∂D 相交(包括 $G \cap \partial D$ 是线段情形),约定 $\sigma = 0$. G 的表示取广义法式. 对任意给定的 σ 及 $\varphi(0 \leqslant \varphi < 2\pi)$,置

$$p(\sigma, \varphi) = \sup_G \{ p : m[G \cap (\mathrm{int}\, D)] = \sigma \} \quad (10.2)$$

我们称二元函数 $p(\sigma, \varphi)$ 为凸域 D 的广义支持函数.

定义 10.2 以 $\sigma_M(\varphi)$ 表示垂直于 φ 方向的直线

G 与凸域 D 截出的弦长最大值,即

$$\sigma_M(\varphi) = \sup_G \{\sigma : \sigma = m[\,G \cap (\text{int } D)\,]\}$$

对任意给定的 $l(\geqslant 0)$ 及 $\varphi(0 \leqslant \varphi < 2\pi)$,置

$$r(l,\varphi) = \min\{l, \sigma_M(\varphi)\} \qquad (10.3)$$

我们称二元函数 $r(l,\varphi)$ 为凸域 D 的限弦函数.

利用上面两个定义,定理 10.1 中的公式可转化为以下形式:

定理 10.2　设 $p(\sigma,\varphi)$ 和 $r(l,\varphi)$ 分别为凸域 D 的广义支持函数和限弦函数. $m(l)$ 的定义同前. 则有

$$m(l) = \pi F - \int_0^{2\pi} \mathrm{d}\varphi \int_0^{r(l,\varphi)} p(\sigma,\varphi)\mathrm{d}\sigma \quad (10.4)$$

其中 F 为 D 的面积.

利用上述公式,任德麟计算出长宽分别为 a,b 的矩形域内长为 l 的线段的运动测度

$$m(l) = \begin{cases} \pi ab - 2(a+b)l + l^2 & (0 \leqslant l \leqslant b) \\[2mm] \pi ab - 2ab\arccos\dfrac{b}{l} - 2al + 2a(l^2-b^2)^{\frac{1}{2}} - b^2 \\[2mm] \hspace{5cm} (b \leqslant l \leqslant a) \\[2mm] 2a(l^2-b^2)^{\frac{1}{2}} + 2b(l^2-a^2)^{\frac{1}{2}} - a^2 - b^2 - l^2 + \\[2mm] 2ab\arcsin\dfrac{a}{l} - 2ab\arccos\dfrac{b}{l} \quad (a \leqslant l \leqslant d) \end{cases}$$

$$(10.5)$$

利用此 $m(l)$ 易得下述推广的 Buffon 问题的解:设平面上有两组间隔分别为 a,b 的互相正交的平行线网形成矩形网格,将长度为 l 的小针随机投掷于平面上,求小针与该网格相遇的概率.

利用公式(10.4),对于基本区域为三角形,平行四边形,正六边形的情形都可算出具体结果,并应用于

相应的推广的 Buffon 问题中[13].

§2 多凸域型网格的 Buffon 问题

设 D_1, D_2 为两个凸域, 它们的周长分别为 L_1, L_2, 面积分别为 F_1, F_2, 含于其内的长为 l 的线段的运动测度分别记为 $m_1(l)$, $m_2(l)$. 平面上布满以 $D_1 \cup D_2$ 为基本区域的网格, 将长为 l 的小针随机投掷于该平面上, 则小针与网格相遇的概率近似为

$$P_n \approx \frac{m_{(na)}(l) - \dfrac{n^2 a^2}{F_1 + F_2}(m_1(l) + m_2(l))}{m_{(na)}(l)}$$

即

$$P_n \approx 1 - \frac{n^2 a^2 (m_1(l) + m_2(l))}{m_{(na)}(l)(F_1 + F_2)}$$

其中 $m_{(na)}(l)$ 是边长为 na 的正方形内长为 l 的线段的运动测度. 令 $n \to \infty$, 则可得小针与网格相遇的概率的精确值

$$P = 1 - \lim_{n \to \infty} \frac{n^2 a^2 (m_1(l) + m_2(l))}{m_{(na)}(l)(F_1 + F_2)}$$

此公式可以推广到以多个凸域的并为基本区域的网格的情形.

设 D_1, D_2, $\cdots$, D_k 为 k 个凸域, 它们的周长分别为 L_1, L_2, $\cdots$, L_k, 面积分别为 F_1, F_2, $\cdots$, F_k, 含于其内的长为 l 的线段的运动测度分别记为 $m_1(l)$, $m_2(l)$, $\cdots$, $m_k(l)$. 平面上布满以 $D_1 \cup D_2 \cup \cdots \cup D_k$ 为基本区域的网格, 将长为 l 的小针随机投掷于该平面上, 则小针与网格相遇的概率近似为

$$P_n \approx \frac{m_{(na)}l - \dfrac{n^2 a^2}{F_1 + F_2 + \cdots + F_k}(m_1(l) + m_2(l) + \cdots + m_k(l))}{m_{(na)}(l)}$$

$$(10.6)$$

即

$$P_n \approx 1 - \frac{n^2 a^2 (m_1(l) + m_2(l) + \cdots + m_k(l))}{m_{(na)}(l)(F_1 + F_2 + \cdots + F_k)} \quad (10.7)$$

令 $n \to \infty$, 则可得小针与网格相遇的概率的精确值

$$P = 1 - \lim_{n \to \infty} \frac{n^2 a^2 (m_1(l) + m_2(l) + \cdots + m_k(l))}{m_{(na)}(l)(F_1 + F_2 + \cdots + F_k)} \quad (10.8)$$

§3　以三个凸域的并为基本区域的网格的 Buffon 问题

上一节给出了以多个凸域的并为基本区域的网格的 Buffon 概率公式, 特别地, 当 $k = 3$ 时, 公式成为

$$P = 1 - \lim_{n \to \infty} \frac{n^2 a^2 (m_1(l) + m_2(l) + m_3(l))}{m_{(na)}(l)(F_1 + F_2 + F_3)} \quad (10.9)$$

下面是此公式的一个应用.

定理 10.3　设 D_1 是边长为 a 的正方形, D_2 是边长均为 a、内角为 2α 和 $\pi - \alpha$ 的六边形, D_3 是边长均为 a 内角为 $\frac{\pi}{2} + \alpha$ 和 $\pi - \alpha$ 的八边形, 其中 $0 \leqslant \alpha \leqslant \frac{\pi}{2}$.

考虑以 $D_1 \cup D_2 \cup D_3$ 为基本区域的网格, 如图 10.1. 将长为 l 的小针随机投掷于布满该网格的平面上, 则小针与该网格相遇的概率是

$$P = \frac{9}{\pi(1 + \cos \alpha)(1 + 2\sin \alpha)} \cdot \frac{l}{a} -$$

$$\frac{1 + (\pi - 2\alpha)\tan\alpha + (\pi - \alpha\cot\alpha)}{4\pi(1 + \cos\alpha)(1 + 2\sin\alpha)} \cdot \left(\frac{l}{a}\right)^2 \quad (10.10)$$

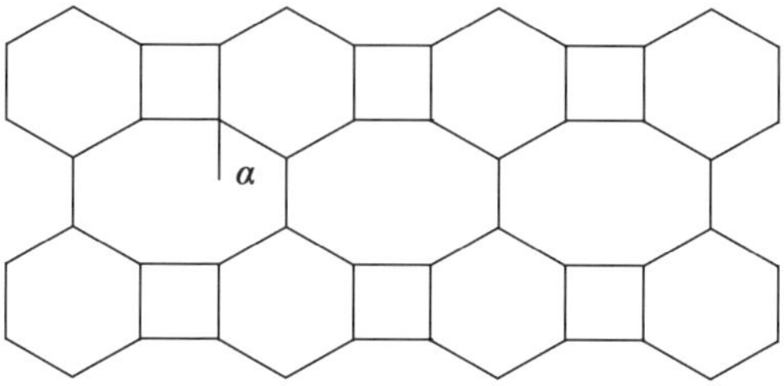

![图10.1]

图 10.1

证明 由已知条件有

$$L_1 = 4a, L_2 = 6a, L_3 = 8a$$

$$F_1 = a^2, F_2 = 2a^2\sin\alpha(1 + \cos\alpha)$$

$$F_3 = a^2(1 + 2\sin\alpha + 2\cos\alpha + 2\sin\alpha\cos\alpha)$$

在此,仅考虑 $l < a$ 的情形. 由于正方形是矩形的特殊情况,故可由公式(10.5)直接求得

$$m_1(l) = \pi a^2 - 4al + l^2$$

$$m_{(na)}(l) = \pi n^2 a^2 - 4nal + l^2$$

而 $m_2(l), m_3(l)$ 都可由公式(10.1)求得

$$m_2(l) = 2\pi a^2 \sin\alpha(1 + \cos\alpha) - 6al +$$
$$\frac{l^2}{2}[3 + (\pi - 3\alpha)\cot\alpha]$$

$$m_3(l) = \pi a^2(1 + 2\sin\alpha + 2\cos\alpha + 2\sin\alpha\cos\alpha) -$$
$$8al + l^2\left[2 - \left(\frac{\pi}{2} - \alpha\right)\tan\alpha - \alpha\cot\alpha\right]$$

将这些值代入公式(10.9)即可得公式(10.10).

特款 1 当 $\alpha = \frac{\pi}{6}$ 时

$$P = \frac{9(2 - \sqrt{3})}{\pi} \cdot \frac{l}{a} - \frac{(18 + 19\sqrt{3}\pi)(2 - \sqrt{3})}{72\pi} \cdot \left(\frac{l}{a}\right)^2$$

170

特款 2　当 $\alpha = \dfrac{\pi}{4}$ 时

$$P = \frac{9(3\sqrt{2}-4)}{\pi} \cdot \frac{l}{a} - \frac{(4+5\pi)(3\sqrt{2}-4)}{16\pi} \cdot \left(\frac{l}{a}\right)^2$$

特款 3　当 $\alpha = \dfrac{\pi}{3}$ 时

$$P = \frac{3(\sqrt{3}-1)}{\pi} \cdot \frac{l}{a} - \frac{(9+5\sqrt{3}\pi)(\sqrt{3}-1)}{108\pi} \cdot \left(\frac{l}{a}\right)^2$$

　　以上讨论是就 $l < a$ 的情况展开的,其实对于 $l \geqslant a$ 的情况同样可以进行讨论. 只是要注意,此时求运动测度时公式(10.1)已不再适用,而是要分款利用公式(10.2),(10.3)分别求出相应的广义支持函数和限弦函数,再代入公式(10.4)才可求得.

某些凸多边形内定长线段的运动测度公式及其在几何概率中的应用①

§1 平行四边形

第 11 章

设平面上一平行四边形的两邻边长分别为 a,b，其夹角为 θ，不妨假设 $a \geqslant b$，$0 \leqslant \theta \leqslant \dfrac{\pi}{2}$. 我们这样取坐标系，使长边平行于 x 轴，原点与两对角线的交点重合. 由图形的对称性，显然有运动测度公式

$$m(l) = \pi F - 2 \int_{-\frac{\pi}{2}}^{\frac{\pi}{2}} \mathrm{d}\varphi \int_0^{r(l,\infty)} P(\sigma,\varphi)\,\mathrm{d}\sigma$$

为了获得具体的结果，我们把平行四边形的广义支撑函数和限弦函数表示出来.

如图 11.1 设

$$l_a' : y = \left(\frac{b}{2}\right)\sin\theta$$

$$l_b : y\cos\theta - x\sin\theta = -\left(\frac{a}{2}\right)\sin\theta$$

① 黎荣泽，张高勇. 某些凸多边形内定长线段的运动测度公式及其在几何概率中的应用[J]. 武汉钢铁学院学报，1981(1)，106 - 127.

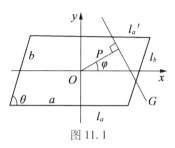

图 11.1

$$l_a : y = -\left(\frac{b}{2}\right)\sin\theta$$

我们考虑那些与 $l_a{'}$ 和 l_b，l_b 和 l_a 相交的直线

$$G : x\cos\varphi + y\sin\varphi = p$$

并且假设 G 在平行四边形内部截得弦长 σ. 把与 $l_a{'}$ 和 l_b，l_b 和 l_a 相交的直线 G 所对应的 P 分别记为 P_1，P_2.
若 G 与 $l_a{'}$ 和 l_b 相交，则把 G 的方程与 l_b，$l_a{'}$ 的方程联立，求出相应的纵坐标 y_b，$y_a{'}$，并且有

$$y_a{'} - y_b = \sigma\cos\varphi$$

由此式立即得出

$$P_1(\sigma,\varphi) = \frac{a}{2}\cos\varphi + \frac{1}{\sin\theta}\left(\sigma\cos\varphi - \frac{b}{2}\sin\theta\right)\cos(\varphi-\theta)$$

$$\left(-\frac{\pi}{2} \leqslant \varphi < -\frac{\pi}{2}+\theta\right)$$

若 G 与 l_a 和 l_b 相交，同理可得

$$P_1(\sigma,\varphi) = \frac{a}{2}\cos\varphi - \frac{1}{\sin\theta}\left(\sigma\cos\varphi - \frac{b}{2}\sin\theta\right)\cos(\varphi-\theta)$$

$$\left(-\frac{\pi}{2}+\theta \leqslant \varphi \leqslant \frac{\pi}{2}\right)$$

这样我们求得了广义支撑函数 $P(\sigma,\varphi)$. 下面求平行四边形的限弦函数

$$r(l,\varphi) = \min\{l, \sigma_M(\varphi)\}$$

对于一固定的 φ，直线 G 必可截得一最大弦长 σ_M，且这时

173

G 必通过平行四边形的某顶点,借助于几何图形易得

$$\sigma_M(\varphi) = \begin{cases} \dfrac{-h_2}{\cos(\varphi-\theta)} & \left(-\dfrac{\pi}{2} \leqslant \varphi < \dfrac{-\pi}{2}+\alpha\right) \\[4mm] \dfrac{h_1}{\cos\varphi} & \left(-\dfrac{\pi}{2}+\alpha \leqslant \varphi < \dfrac{\pi}{2}-\beta\right) \\[4mm] \dfrac{h_2}{\cos(\varphi-\theta)} & \left(\dfrac{\pi}{2}-\beta \leqslant \varphi \leqslant \dfrac{\pi}{2}\right) \end{cases}$$

其中:h_1,h_2 分别是两对对边之间的距离,且 $h_1 \leqslant h_2$; α,β 为图 11.2 中所示.

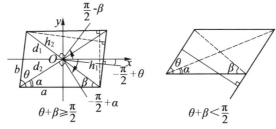

图 11.2

为了将限弦函数 $r(l,\varphi)$ 表示出来,我们先看一下 $\sigma_M(\varphi)$ 的增减情况. 当

$-\dfrac{\pi}{2} \leqslant \varphi < -\dfrac{\pi}{2}+\alpha$ $\sigma_M(\varphi) : a \nearrow d_2$

$-\dfrac{\pi}{2}+\alpha \leqslant \varphi < 0$ $\sigma_M(\varphi) : d_2 \searrow h_1$

$0 \leqslant \varphi < \dfrac{\pi}{2}-\beta$ $\sigma_M(\varphi) : h_1 \nearrow d_1$

$\dfrac{\pi}{2}-\beta \leqslant \varphi \leqslant \dfrac{\pi}{2}$ 且 $\theta+\beta < \dfrac{\pi}{2}$ $\sigma_M(\varphi) : d_1 \nearrow a$

$\dfrac{\pi}{2}-\beta \leqslant \varphi \leqslant \dfrac{\pi}{2}$ 且 $\theta+\beta < \dfrac{\pi}{2}$ $\sigma_M(\varphi) : d_1 \searrow h_2$ 且又 $h_2 \nearrow a$

根据 $\sigma_M(\varphi)$ 的变化情况,我们可得平行四边形的限弦函数如下:

1. 当 $-\dfrac{\pi}{2}+\alpha \leqslant \varphi < \dfrac{\pi}{2}-\beta$ 时

$$r(l,\varphi)=\begin{cases} l & \left(0\leqslant l\leqslant a,\ -\dfrac{\pi}{2}\leqslant\varphi<-\dfrac{\pi}{2}+\alpha\right)\\[3mm] -\dfrac{h_2}{\cos(\varphi-\theta)} & \left(a\leqslant l\leqslant d_2,\ -\dfrac{\pi}{2}\leqslant\varphi<\arccos\left(\dfrac{h_2}{l}\right)\right)\\[3mm] l & \left(a\leqslant l\leqslant d_2,\ \arccos\left(\dfrac{h_2}{l}\right)+\theta-\pi\leqslant\varphi<-\dfrac{\pi}{2}+\alpha\right)\end{cases}$$

2. 当 $-\dfrac{\pi}{2}+\alpha \leqslant \varphi < \dfrac{\pi}{2}-\beta$ 时

$$r(l,\varphi)=\begin{cases} l & \left(0\leqslant l<h_1,\ -\dfrac{\pi}{2}+\alpha\leqslant\varphi<0\right)\\[3mm] l & \left(h_1\leqslant l<d_1,\ -\dfrac{\pi}{2}+\alpha\leqslant\varphi<-\arccos\left(\dfrac{h_1}{l}\right)\right)\\[3mm] \dfrac{h_1}{\cos\varphi} & \left(h_1\leqslant l<d_1,\ -\arccos\left(\dfrac{h_1}{l}\right)\leqslant\varphi<0\right)\\[3mm] l & \left(0\leqslant l<h_1,\ 0\leqslant\varphi<\dfrac{\pi}{2}-\beta\right)\\[3mm] \dfrac{h_1}{\cos\varphi} & \left(h_1\leqslant l<d_1,\ 0\leqslant\varphi<\arccos\left(\dfrac{h_1}{l}\right)\right)\\[3mm] l & \left(h_1\leqslant l<d_1,\ \arccos\left(\dfrac{h_1}{l}\right)\leqslant\varphi<\dfrac{\pi}{2}-\beta\right)\\[3mm] l & \left(d_1\leqslant l\leqslant d_2,\ -\dfrac{\pi}{2}+\alpha\leqslant\varphi<-\arccos\left(\dfrac{h_1}{l}\right)\right)\\[3mm] \dfrac{h_1}{\cos\varphi} & \left(d_1\leqslant l\leqslant d_2,\ -\arccos\left(\dfrac{h_1}{l}\right)\leqslant\varphi<\dfrac{\pi}{2}-\beta\right)\end{cases}$$

3. 当 $\dfrac{\pi}{2}-\beta\leqslant\varphi\leqslant\dfrac{\pi}{2}$ 时

（1）若 $\theta+\beta<\dfrac{\pi}{2}$（必有 $a\geqslant d_1$）

175

$$r(l,\varphi) = \begin{cases} l & \left(0\leqslant l < h_2,\dfrac{\pi}{2}-\beta\leqslant\varphi\leqslant\dfrac{\pi}{2}\right) \\[2mm] l & \left(h_2\leqslant l < d_1,\dfrac{\pi}{2}-\beta\leqslant\varphi\leqslant\dfrac{\pi}{2}\right) \\[2mm] l & \left(d_1\leqslant l < a,\dfrac{\pi}{2}-\beta\leqslant\varphi<\theta-\arccos\left(\dfrac{h_2}{l}\right)\right) \\[2mm] \dfrac{h_2}{\cos(\varphi-\theta)} & \left(d_1\leqslant l < a,\theta-\arccos\left(\dfrac{h_2}{l}\right)\leqslant \right. \\[2mm] & \left. \varphi<\theta+\arccos\left(\dfrac{h_2}{l}\right)\right) \\[2mm] l & \left(d_1\leqslant l < a,\theta+\arccos\left(\dfrac{h_2}{l}\right)\leqslant\varphi\leqslant\dfrac{\pi}{2}\right) \\[2mm] \dfrac{h_2}{\cos(\varphi-\theta)} & \left(a\leqslant l\leqslant d_2,\pi-\beta\leqslant\varphi\leqslant\dfrac{\pi}{2}\right) \end{cases}$$

（2）若 $\theta+\beta\geqslant\dfrac{\pi}{2}$. 设 $d_1\leqslant a$，有

$$r(l,\varphi) = \begin{cases} l & \left(0\leqslant l\leqslant h_2,\dfrac{\pi}{2}-\beta\leqslant\varphi\leqslant\dfrac{\pi}{2}\right) \\[2mm] l & \left(h_2\leqslant l < d_1,\dfrac{\pi}{2}-\beta\leqslant\varphi<\theta-\arccos\left(\dfrac{h_2}{l}\right)\right) \\[2mm] \dfrac{h_2}{\cos(\varphi-\theta)} & \left(h_2\leqslant l < d_1,\theta-\arccos\left(\dfrac{h_2}{l}\right)\leqslant \right. \\[2mm] & \left. \varphi<\theta+\arccos\left(\dfrac{h_2}{l}\right)\right) \\[2mm] l & \left(h_2\leqslant l < d_1,\theta+\arccos\left(\dfrac{h_2}{l}\right)\leqslant\varphi\leqslant\dfrac{\pi}{2}\right) \\[2mm] \dfrac{h_2}{\cos(\varphi-\theta)} & \left(d_1\leqslant l < a,\dfrac{\pi}{2}-\beta\leqslant\varphi<\theta+\arccos\left(\dfrac{h_2}{l}\right)\right) \\[2mm] l & \left(d_1\leqslant l < a,\theta+\arccos\left(\dfrac{h_2}{l}\right)\leqslant\varphi\leqslant\dfrac{\pi}{2}\right) \\[2mm] \dfrac{h_2}{\cos(\varphi-\theta)} & \left(d_1\leqslant l < a,\dfrac{\pi}{2}-\beta\leqslant\varphi\leqslant\dfrac{\pi}{2}\right) \end{cases}$$

设 $d_1\geqslant a$，有

$$r(l,\varphi) = \begin{cases} l & \left(0 \leqslant l \leqslant h_2, \dfrac{\pi}{2} - \beta \leqslant \varphi \leqslant \dfrac{\pi}{2}\right) \\[2mm] l & \left(h_2 \leqslant l < d_1, \dfrac{\pi}{2} - \beta \leqslant \varphi < \theta - \arccos\left(\dfrac{h_2}{l}\right)\right) \\[2mm] \dfrac{h_2}{\cos(\varphi - \theta)} & \left(h_2 \leqslant l < d_1, \theta - \arccos\left(\dfrac{h_2}{l}\right) \leqslant \right. \\[3mm] & \left. \varphi < \theta + \arccos\left(\dfrac{h_2}{l}\right)\right) \\[3mm] l & \left(h_2 \leqslant l < d_1, \theta + \arccos\left(\dfrac{h_2}{l}\right) \leqslant \varphi \leqslant \dfrac{\pi}{2}\right) \\[2mm] \dfrac{h_2}{\cos(\varphi - \theta)} & \left(d_1 \leqslant l < a, \dfrac{\pi}{2} - \beta \leqslant \varphi < \theta - \arccos\left(\dfrac{h_2}{l}\right)\right) \\[3mm] l & \left(d_1 \leqslant l < a, \theta - \arccos\left(\dfrac{h_2}{l}\right) \leqslant \varphi \leqslant \dfrac{\pi}{2}\right) \\[3mm] \dfrac{h_2}{\cos(\varphi - \theta)} & \left(a \leqslant l \leqslant d_2, \dfrac{\pi}{2} - \beta \leqslant \varphi \leqslant \dfrac{\pi}{2}\right) \end{cases}$$

对于积分

$$I = \int_{-\frac{\pi}{2}}^{\frac{\pi}{2}} \mathrm{d}\varphi \int_0^{r(l,\varphi)} P(\sigma, \varphi)\, \mathrm{d}\sigma$$

为了使其上、下限容易确定,我们把平行四边形分成如下五类,且假定 $a \geqslant b, 0 \leqslant \theta \leqslant \dfrac{\pi}{2}$.

A. $0 \leqslant h_1 \leqslant b \leqslant h_2 \leqslant a \leqslant d_1 \leqslant d_2$

B. $0 \leqslant h_1 \leqslant b \leqslant h_2 \leqslant d_1 \leqslant a \leqslant d_2$

C. $0 \leqslant h_1 \leqslant h_2 \leqslant b \leqslant a \leqslant d_1 \leqslant d_2$

D. $0 \leqslant h_1 \leqslant h_2 \leqslant b \leqslant d_1 \leqslant a \leqslant d_2$

E. $0 \leqslant h_1 \leqslant h_2 \leqslant d_1 \leqslant b \leqslant a \leqslant d_2$

一个平行四边形属于某一类,当且仅当它的 $h_1, h_2, b,$ a, d_1, d_2 满足某一类关系式. 下面我们分别对各类积

Buffon 投针问题

分,先设

$$\varphi_1 = \arccos\left(\frac{h_1}{l}\right), \varphi_2 = \arccos\left(\frac{h_2}{l}\right)$$

A. (1) $0 \le l < h_1$

$$I = \int_{-\frac{\pi}{2}}^{-\frac{\pi}{2}+\theta} \mathrm{d}\varphi \int_0^l P_1(\sigma,\varphi)\mathrm{d}\sigma + \int_{-\frac{\pi}{2}+\theta}^{\frac{\pi}{2}} \mathrm{d}\varphi \int_0^l P_2(\sigma,\varphi)\mathrm{d}\sigma$$

$$= (a+b)l + \frac{l^2}{2}\left(\theta - \frac{\pi}{2}\right)\cot\theta - \frac{l^2}{2}$$

(2) $h_1 \le l < b$

$$I = \int_{-\frac{\pi}{2}}^{-\frac{\pi}{2}+\theta} \mathrm{d}\varphi \int_0^l P_1(\sigma,\varphi)\mathrm{d}\sigma + \int_{-\frac{\pi}{2}+\theta}^{-\varphi_1} \mathrm{d}\varphi \int_0^l P_2(\sigma,\varphi)\mathrm{d}\sigma +$$

$$\int_{-\varphi_1}^{\varphi_1} \mathrm{d}\varphi \int_0^{\frac{h_1}{\cos\varphi}} P_2(\sigma,\varphi)\mathrm{d}\sigma + \int_{\varphi_1}^{\frac{\pi}{2}} \mathrm{d}\varphi \int_0^l P_2(\sigma,\varphi)\mathrm{d}\sigma$$

$$= (a+b)l + ah_1\arccos\left(\frac{h_1}{l}\right) - \left(a + \frac{1}{2}\frac{b}{\cos\theta}\right)\sqrt{l^2 - h_1{}^2} -$$

$$\frac{l^2}{2} - \left(\frac{l^2}{2}\right)\cot\theta\left[\frac{\pi}{2} - \theta - \arccos\left(\frac{h_1}{l}\right)\right]$$

(3) $b \le l < h_2$

$$I = \int_{-\frac{\pi}{2}}^{-\varphi_1} \mathrm{d}\varphi \int_0^l P_1(\sigma,\varphi)\mathrm{d}\sigma + \int_{-\varphi_1}^{-\frac{\pi}{2}+\theta} \mathrm{d}\varphi \int_0^{\frac{h_1}{\cos\varphi}} P_1(\sigma,\varphi)\mathrm{d}\sigma +$$

$$\int_{-\frac{\pi}{2}+\theta}^{\varphi_1} \mathrm{d}\varphi \int_0^{\frac{h_1}{\cos\varphi}} P_2(\sigma,\varphi)\mathrm{d}\sigma + \int_{\varphi_1}^{\frac{\pi}{2}} \mathrm{d}\varphi \int_0^l P_2(\sigma,\varphi)\mathrm{d}\sigma$$

$$= ah_1\arccos\left(\frac{h_1}{l}\right) + al - a\sqrt{l^2 - h_1{}^2} + \frac{h_1{}^2}{2}$$

(4) $h_2 \le l < a$

$$I = \int_{-\frac{\pi}{2}}^{-\varphi_1} \mathrm{d}\varphi \int_0^l P_1(\sigma,\varphi)\mathrm{d}\sigma + \int_{-\varphi_1}^{-\frac{\varphi}{2}+\theta} \mathrm{d}\varphi \int_0^{\frac{h_1}{\cos\varphi}} P_1(\sigma,\varphi)\mathrm{d}\sigma +$$

$$\int_{-\frac{\pi}{2}+\theta}^{\varphi_1} \mathrm{d}\varphi \int_0^{\frac{h_1}{\cos\varphi}} P_2(\sigma,\varphi)\mathrm{d}\sigma + \int_{\varphi_1}^{\theta-\varphi_2} \mathrm{d}\varphi \int_0^l P_2(\sigma,\varphi)\mathrm{d}\sigma +$$

$$\int_{\theta-\varphi_2}^{\theta+\varphi_2} \mathrm{d}\varphi \int_0^{\frac{h_2}{\cos(\varphi-\theta)}} P_2(\sigma,\varphi)\mathrm{d}\sigma + \int_{\theta+\varphi_2}^{\frac{\pi}{2}} \mathrm{d}\varphi \int_0^{l} P_2(\sigma,\varphi)\mathrm{d}\sigma$$

$$= ah_1\arccos\frac{h_1}{l} + bh_2\arccos\frac{h_2}{l} + al - a\sqrt{l^2-h_1^2} -$$

$$\frac{a}{2}\cos\theta \cdot \sqrt{l^2-h_2^2} + b\cos\theta\sqrt{l^2-h_1^2} + \frac{l^2}{2}\cot\theta \cdot$$

$$\arccos\frac{h^2}{l} - \frac{h_1^2}{2}$$

（5）$a \leqslant l < d$

$$I = \int_{-\frac{\pi}{2}}^{-\pi+\theta+\varphi_2} \mathrm{d}\varphi \int_0^{\frac{h_2}{\cos(\varphi-\theta)}} P_1(\sigma,\varphi)\mathrm{d}\sigma + \int_{-\pi+\theta+\varphi_2}^{-\varphi_1} \mathrm{d}\varphi \int_0^{l} P_1(\sigma,\varphi)\mathrm{d}\sigma +$$

$$\int_{-\varphi_1}^{-\frac{\pi}{2}+\theta} \mathrm{d}\varphi \int_0^{\frac{h_1}{\cos\varphi}} P_1(\sigma,\varphi)\mathrm{d}\sigma + \int_{-\frac{\pi}{2}+\theta}^{\varphi_1} \mathrm{d}\varphi \int_0^{\frac{h_1}{\cos\varphi}} P_2(\sigma,\varphi)\mathrm{d}\sigma +$$

$$\int_{\varphi_1}^{\theta-\varphi_2} \mathrm{d}\varphi \int_0^{l} P_2(\sigma,\varphi)\mathrm{d}\sigma + \int_{\theta-\varphi_2}^{\frac{\pi}{2}} \mathrm{d}\varphi \int_0^{\frac{h_2}{\cos(\varphi-\theta)}} P_2(\sigma,\varphi)\mathrm{d}\sigma$$

$$= ah_1\varphi_1 + bh_2\varphi_2 + \frac{h_2^2}{2} - a\sqrt{l^2-h_1^2} - b\sqrt{l^2-h_2^2} +$$

$$\frac{l^2}{2}\left(\frac{\pi}{2}-\theta\right)\cot\theta + \frac{l^2}{2} + \frac{h_1^2}{2}$$

（6）$d_1 \leqslant l \leqslant d_2$

$$I = \int_{-\frac{\pi}{2}}^{\varphi_2+\theta-\pi} \mathrm{d}\varphi \int_0^{-\frac{h_2}{\cos(\varphi-\theta)}} P_1(\sigma,\varphi)\mathrm{d}\sigma + \int_{\varphi_2+\theta-\pi}^{-\varphi_1} \mathrm{d}\varphi \int_0^{l} P_1(\sigma,\varphi)\mathrm{d}\sigma +$$

$$\int_{-\varphi_1}^{-\frac{\pi}{2}+\theta} \mathrm{d}\varphi \int_0^{\frac{h_1}{\cos\varphi}} P_1(\sigma,\varphi)\mathrm{d}\sigma + \int_{-\frac{\pi}{2}+\theta}^{\frac{\pi}{2}-\beta} \mathrm{d}\varphi \int_0^{\frac{h_1}{\cos\varphi}} P_2(\sigma,\varphi)\mathrm{d}\sigma +$$

$$\int_{-\frac{\pi}{2}-\beta}^{\frac{\pi}{2}} \mathrm{d}\varphi \int_0^{\frac{h_2}{\cos(\varphi-\theta)}} P_2(\sigma,\varphi)\mathrm{d}\sigma$$

$$= \frac{ah_1}{2}(\theta+\varphi_1+\varphi_2) + \frac{2l}{2}[\sin(\theta+\varphi_2) - \sin\varphi_1] -$$

179

Buffon 投针问题

$$\frac{bl}{2}[\sin\varphi_2 - \sin(\varphi_1+\theta)] + \frac{l^2}{2}\left\{\frac{1}{2}\cot\theta(\pi-\varphi_1-\theta-\varphi_2-\right.$$

$$\left. \sin\varphi_1\cos\varphi_1 - \sin(\theta+\varphi_2)\cos(\theta+\varphi_2) + \frac{1}{2}[\cos^2(\varphi_2+\theta) - \cos^2\varphi_1]\right\}$$

B. (1) $0 \leqslant l < h$,同 A (1).

(2) $h_1 \leqslant l < b$,同 A (2).

(3) $b \leqslant l < h_2$,同 A (3).

(4) $h_2 \leqslant l < d_1$

若 $\theta + \beta < \dfrac{\pi}{2}$,同 A (3).

若 $\theta + \beta \geqslant \dfrac{\pi}{2}$,同 A (4).

(5) $d_1 \leqslant l < a$

若 $\theta + \beta < \dfrac{\pi}{2}$,同 A (4).

若 $\theta + \beta \geqslant \dfrac{\pi}{2}$,则

$$I = \int_{-\frac{\pi}{2}}^{-\varphi_1} \mathrm{d}\varphi \int_0^l P_1(\sigma,\varphi)\mathrm{d}\sigma + \int_{-\varphi_1}^{-\frac{\pi}{2}+\theta} \mathrm{d}\varphi \int_0^{\frac{h_1}{\cos\varphi}} P_1(\sigma,\varphi)\mathrm{d}\sigma +$$

$$\int_{-\frac{\pi}{2}+\theta}^{\frac{\pi}{2}-\beta} \mathrm{d}\varphi \int_0^{\frac{h_1}{\cos\varphi}} P_2(\sigma,\varphi)\mathrm{d}\sigma + \int_{\frac{\pi}{2}-\beta}^{\theta+\varphi_2} \mathrm{d}\varphi \int_0^{\frac{h_2}{\cos(\varphi-\theta)}} P_2(\sigma,\varphi)\mathrm{d}\sigma +$$

$$\int_{\theta+\varphi_2}^{\frac{\pi}{2}} \mathrm{d}\varphi \int_0^l P_2(\sigma,\varphi)\mathrm{d}\sigma$$

$$= \frac{ah_1}{2}(\theta+\varphi_1+\varphi_2) + al[2 - \sin\varphi_1 - \sin(\theta+\varphi_2)] +$$

$$\frac{l^2}{2}\left\{\frac{1}{2}\cot\theta[\theta+\varphi_2-\varphi_1 - \sin\varphi_1\cos\varphi_1 + \sin(\theta+\varphi_2)\cos(\theta+\varphi_2)] -\right.$$

$$\left.\frac{1}{2}[\cos^2\varphi_1 + \cos^2(\theta+\varphi_2)]\right\} + \frac{bl}{2}[\sin(\theta+\varphi_1) - \sin\varphi_2]$$

180

（6）$d_1 \leqslant l \leqslant d_2$，同 A（6）.

C.（1）$0 \leqslant l < h_1$，同 A（1）.

（2）$h_1 \leqslant l < h_2$，同 A（2）.

（3）$h_2 \leqslant l < b$，则

$$
\begin{aligned}
l &= \int_{-\frac{\pi}{2}}^{-\frac{\pi}{2}+\theta} \mathrm{d}\varphi \int_0^l P_1(\sigma,\varphi)\mathrm{d}\sigma + \int_{-\frac{\pi}{2}+\theta}^{-\varphi_1} \mathrm{d}\varphi \int_0^l P_2(\sigma,\varphi)\mathrm{d}\sigma + \\
&\quad \int_{-\varphi_1}^{\varphi_1} \mathrm{d}\varphi \int_0^{\frac{h_1}{\cos\varphi}} P_2(\sigma,\varphi)\mathrm{d}\sigma + \int_{\varphi_1}^{\theta-\varphi_2} \mathrm{d}\varphi \int_0^l P_2(\sigma,\varphi)\mathrm{d}\sigma + \\
&\quad \int_{\theta-\varphi_2}^{\theta+\varphi_2} \mathrm{d}\varphi \int_0^{\frac{h_2}{\cos(\varphi-\theta)}} P_2(\sigma,\varphi)\mathrm{d}\sigma + \int_{\theta+\varphi_2}^{\frac{\pi}{2}} \mathrm{d}\varphi \int_0^l P_2(\sigma,\varphi)\mathrm{d}\sigma \\
&= al(1 - \sin\varphi_1 - \cos\theta\sin\varphi_2) + bl(1 - \sin\theta\cos\varphi_1) \\
&\quad \frac{l^2}{4}\cot\theta(-\pi - \sin 2\theta + 2\theta + 2\varphi_1 + 2\varphi_2 + \sin 2\varphi_1 + \\
&\quad \sin 2\theta\cos 2\varphi_2) - \frac{l^2}{4}(2\sin^2\theta - \sin 2\theta\sin 2\varphi_2)
\end{aligned}
$$

（4）$b \leqslant l < a$，同 A（4）.

（5）$a \leqslant l < d_1$，同 A（5）.

（6）$d_1 \leqslant l \leqslant d_2$，同 A（6）.

D.（1）$0 \leqslant l < h_1$，同 A（1）.

（2）$h_1 \leqslant l < h_2$，同 A（2）.

（3）$h_2 \leqslant l < b$，则

若 $\theta + \beta < \dfrac{\pi}{2}$，同 A（2）.

若 $\theta + \beta \geqslant \dfrac{\pi}{2}$，同 C（2）.

（4）$b \leqslant l < a$，同 B（4）.

（5）$a \leqslant l < d_1$，同 B（5）.

（6）$d_1 \leqslant l \leqslant d_2$，同 A（6）.

Buffon 投针问题

E. （1）$0 \leqslant l < h$，同 A（1）.

（2）$h_1 \leqslant l < h_2$，同 A（2）.

（3）$h_2 \leqslant l < d_1$，则

若 $\theta + \beta < \dfrac{\pi}{2}$，同 A（2）.

若 $\theta + \beta \geqslant \dfrac{\pi}{2}$，同 C（3）.

（4）$d_1 \leqslant l < b$，则

若 $\theta + \beta < \dfrac{\pi}{2}$，同 C（3）.

若 $\theta + \beta \geqslant \dfrac{\pi}{2}$，则

$$I = \int_{-\frac{\pi}{2}}^{-\frac{\pi}{2}+\theta} \mathrm{d}\varphi \int_0^l P_1(\sigma,\varphi)\mathrm{d}\sigma + \int_{-\frac{\pi}{2}+\theta}^{-\varphi_1} \mathrm{d}\varphi \int_0^l P_2(\sigma,\varphi)\mathrm{d}\sigma +$$

$$\int_{-\varphi_1}^{\frac{\pi}{2}-\beta} \mathrm{d}\varphi \int_0^{\frac{h_1}{\cos\varphi}} P_2(\sigma,\varphi)\mathrm{d}\sigma + \int_{-\frac{\pi}{2}-\beta}^{\theta-\beta_2} \mathrm{d}\varphi \int_0^{\frac{h_2}{\cos(\varphi-\theta)}} P_2(\sigma,\varphi)\mathrm{d}\sigma +$$

$$\int_{\theta+\varphi_2}^{\frac{\pi}{2}} \mathrm{d}\varphi \int_0^l P_2(\sigma,\varphi)\mathrm{d}\sigma$$

$$= \frac{1}{2}ah_1(\theta + \varphi_1 + \varphi_2) + \frac{1}{2}al[2 - \sin\varphi_1\sin(\theta+\varphi_2)] +$$

$$\frac{1}{2}bl[2 - \sin\varphi_2 - \sin(\varphi_1+\theta)] - \frac{l^2}{4}[2\sin^2\theta - \cos^2\varphi_1 +$$

$$\cos^2(\theta+\varphi_2)] - \frac{l^2}{4}\cot\theta[\pi - 3\theta + \sin 2\theta - \varphi_1 - \varphi_2 -$$

$$\frac{1}{2}\sin 2\varphi_1 - \frac{1}{2}\sin 2(\theta+\varphi_2)]$$

（5）$b \leqslant l < a$，同 B（5）.

（6）$a \leqslant l < d_2$，同 A（6）.

这样，长度为 l 的定长线段落在平行四边形内部

的运动测度为

$$m(l) = \pi a h_1 - 2I$$

其中 I 为如上所求的各种情况的 I 值.

§2　任意三角形

对平面上任意三角形,我们将设法求出其广义支撑函数 $P(\sigma,\varphi)$ 和限弦函数 $r(l,\varphi)$,从而计算出长度为 l 的线段在三角形内的运动测度 $m(l)$.

设三角形的边长为 a,b,c,且 $a \geqslant b \geqslant c$,相对应的角度为 α,β,γ. 我们如图 11.3 那样建立坐标系,使得边长为 a 的那条边在 x 轴上,角度为 γ 的那个内角顶点与原点重合. 于是边长为 b,c 的边所在的直线的方程分别是

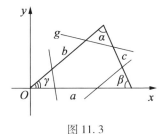

图 11.3

$$l_b : x\sin\gamma - y\cos\gamma = 0$$

$$l_c : x\sin\beta + y\cos\beta = a\sin\beta$$

与三角形相交的直线

$$g : x\cos\varphi + y\sin\varphi = P$$

与 l_b, l_c 的交点的纵坐标是

Buffon 投针问题

$$y_b = \frac{P\sin \gamma}{\cos(\varphi - \gamma)}, y_c = \frac{P\sin \beta - a\sin \beta\cos \varphi}{\cos(\varphi + \beta)} \quad (11.1)$$

若 σ 是 g 在三角形内截出的弦长,有

$$
\begin{cases}
y_c = \sigma\cos \varphi & \left(-\dfrac{\pi}{2} \leq \varphi < \dfrac{\pi}{2} - \beta\right) \\[2mm]
y_b - y_c = \sigma\cos \varphi & \left(\dfrac{\pi}{2} - \beta \leq \varphi < \dfrac{\pi}{2} - \gamma\right) \quad (11.2) \\[2mm]
-y_c = \sigma\cos \varphi & \left(\dfrac{\pi}{2} + \gamma \leq \varphi < \dfrac{3\pi}{2}\right)
\end{cases}
$$

由式(11.1),(11.2)便可解出广义支撑函数 $P(\sigma,\varphi)$,分三段表示为

$$P_1(\sigma,\varphi) = a\cos \varphi - \frac{\sigma}{\sin \beta}\cos \varphi\cos(\varphi + \beta)$$

$$\left(-\frac{\pi}{2} \leq \varphi < \frac{\pi}{2} - \beta\right)$$

$$P_2(\sigma,\varphi) = b\cos(\varphi - \gamma) + \frac{\sigma}{\sin \alpha}\cos(\varphi + \beta)\cos(\varphi - \gamma)$$

$$\left(\frac{\pi}{2} - \beta \leq \varphi < \frac{\pi}{2} + \gamma\right)$$

$$P_3(\sigma,\varphi) = -\frac{\sigma}{\sin \gamma}\cos \varphi\cos(\varphi - \gamma) \quad \left(\frac{\pi}{2} + \gamma \leq \varphi < \frac{3\pi}{2}\right)$$

设 h_a,h_b,h_c 分别是边长为 a,b,c 之边上的高,求得最大弦长为

184

$$\sigma_M(\varphi) = \begin{cases} \dfrac{h_a}{\cos\varphi} & \left(0 \leqslant \varphi < \dfrac{\pi}{2} - \beta\right) \\[2.2ex] \dfrac{h_b}{\cos(\varphi - \gamma)} & \left(\dfrac{\pi}{2} - \beta \leqslant \varphi < \dfrac{\pi}{2}\right) \\[2.2ex] -\dfrac{h_c}{\cos(\varphi + \beta)} & \left(\dfrac{\pi}{2} \leqslant \varphi < \dfrac{\pi}{2} + \gamma\right) \\[2.2ex] -\dfrac{h_a}{\cos\varphi} & \left(\dfrac{\pi}{2} + \gamma \leqslant \varphi < \dfrac{3\pi}{2} - \beta\right) \\[2.2ex] -\dfrac{h_b}{\cos(\varphi - \gamma)} & \left(\dfrac{3\pi}{2} - \beta \leqslant \varphi < \dfrac{3\pi}{2}\right) \\[2.2ex] \dfrac{h_c}{\cos(\varphi + \beta)} & \left(\dfrac{3\pi}{2} \leqslant \varphi < \dfrac{3\pi}{2} + \gamma\right) \\[2.2ex] \dfrac{h_a}{\cos\varphi} & \left(\dfrac{3\pi}{2} + \gamma \leqslant \varphi < 2\pi\right) \end{cases}$$

限弦函数 $r(l,\varphi) = \min\{\sigma_M(\varphi), l\}$，我们分各种情况
表示出来，有

 1. $\alpha > \dfrac{\pi}{2}$

 （1）$0 \leqslant \varphi < \dfrac{\pi}{2} - \beta$

$$r(l,\varphi) = \begin{cases} l & (l \leqslant h_a) \\[1.8ex] \dfrac{h_a}{\cos\varphi} & \left(h_a \leqslant l \leqslant c, \varphi \leqslant \varphi_1 = \arccos\left(\dfrac{h_a}{l}\right)\right) \\[1.8ex] l & (h_a \leqslant l \leqslant c, \varphi \geqslant \varphi_1) \\[1.8ex] \dfrac{h_a}{\cos\varphi} & (l \geqslant c) \end{cases}$$

 （2）$\dfrac{\pi}{2} - \beta \leqslant \varphi < \dfrac{\pi}{2} + \gamma$

Buffon 投针问题

$$r(l,\varphi) = \begin{cases} l & (l \leqslant c) \\ \dfrac{h_b}{\cos(\varphi - \gamma)} & (c \leqslant l \leqslant b, \varphi \leqslant \varphi_2 + \gamma) \\ l & (c \leqslant l \leqslant b, \varphi \geqslant \varphi_2 + \gamma) \\ \dfrac{h_b}{\cos(\varphi - \gamma)} & (b \leqslant l \leqslant a, \varphi \leqslant \varphi_2 + \gamma) \\ l & (b \leqslant l \leqslant a, \varphi_2 + \gamma \leqslant \varphi \leqslant \pi - \beta - \varphi_3) \\ -\dfrac{h_c}{\cos(\varphi + \beta)} & (b \leqslant l \leqslant a, \pi - \beta - \varphi_3 \leqslant \varphi) \end{cases}$$

$$\varphi_2 = \arccos\left(\dfrac{h_b}{l}\right), \varphi_3 = \arccos\left(\dfrac{h_a}{l}\right)$$

（3）$\dfrac{\pi}{2} + \gamma \leqslant \varphi < \dfrac{3\pi}{2}$

$$r(l,\varphi) = \begin{cases} l & (l \leqslant h_a) \\ l & (h_a \leqslant l \leqslant c, \varphi \leqslant \pi - \varphi_1) \\ \dfrac{h_a}{\cos\varphi} & (h_a \leqslant l \leqslant c, \pi - \varphi_1 \leqslant \varphi \leqslant \pi + \varphi_1) \\ l & (h_a \leqslant l \leqslant c, \pi + \varphi_1 \leqslant \varphi) \\ l & (c \leqslant l \leqslant b, \varphi \leqslant \pi - \varphi_1) \\ -\dfrac{h_a}{\cos\varphi} & \left(c \leqslant l \leqslant b, \pi - \varphi_1 \leqslant \varphi \leqslant \dfrac{3\pi}{2} - \beta\right) \\ -\dfrac{h_a}{\cos(\varphi - \gamma)} & \left(c \leqslant l \leqslant b, \dfrac{3\pi}{2} - \beta \leqslant \varphi \leqslant \pi + \gamma + \varphi_2\right) \\ l & (c \leqslant l \leqslant b, \pi + \gamma + \varphi_2 \leqslant \varphi) \\ -\dfrac{h_a}{\cos\varphi} & \left(b \leqslant l \leqslant a, \varphi \leqslant \dfrac{3\pi}{2} - \beta\right) \\ -\dfrac{h_b}{\cos(\varphi - \gamma)} & \left(b \leqslant l \leqslant a, \dfrac{3\pi}{2} - \beta \leqslant \varphi \leqslant \pi + \gamma + \varphi_2\right) \\ l & (b \leqslant l \leqslant a, \pi + \gamma + \varphi_2 \leqslant \varphi) \end{cases}$$

186

（4）$\dfrac{3\pi}{2}\leqslant\varphi\leqslant 2\pi$

$$r(l,\varphi)=\begin{cases} l & (l\leqslant h_a)\\[2mm] l & (h_a\leqslant l\leqslant b,\varphi\leqslant 2\pi-\varphi_1)\\[2mm] \dfrac{h_a}{\cos\varphi} & (h_a\leqslant l\leqslant b,2\pi-\varphi_1\leqslant\varphi)\\[2mm] l & (b\leqslant l\leqslant a,\varphi\leqslant 2\pi-\beta-\varphi_3)\\[2mm] \dfrac{h_c}{\cos(\varphi+\beta)} & \left(b\leqslant l\leqslant a,2\pi-\beta-\varphi_3\leqslant\varphi\leqslant\dfrac{3\pi}{2}+\gamma\right)\\[2mm] \dfrac{h_a}{\cos\varphi} & \left(b\leqslant l\leqslant a,\dfrac{3\pi}{2}+\gamma\leqslant\varphi\right) \end{cases}$$

2. $\alpha\leqslant\dfrac{\pi}{2}$

（1）$0\leqslant\varphi<\dfrac{\pi}{2}-\beta$,同 1（1）.

（2）$\dfrac{\pi}{2}-\beta\leqslant\varphi<\dfrac{\pi}{2}+\gamma$,考虑两种情况：

①$c>h_c$

Buffon 投针问题

$$
r(l,\varphi) = \begin{cases}
l & (l \leqslant h_b) \\
l & (h_b \leqslant l \leqslant h_c, \varphi \leqslant \gamma - \varphi_2) \\
\dfrac{h_b}{\cos(\varphi - \gamma)} & (h_b \leqslant l \leqslant h_c, \gamma - \varphi_2 \leqslant \varphi \leqslant \gamma + \varphi_2) \\
l & (h_a \leqslant l \leqslant h_b, \gamma + \varphi_2 \leqslant \varphi) \\
l & (h_c \leqslant l \leqslant c, \varphi \leqslant \gamma - \varphi_2) \\
\dfrac{h_b}{\cos(\varphi - \gamma)} & (h_c \leqslant l \leqslant c, \gamma - \varphi_2 \leqslant \varphi \leqslant \gamma + \varphi_2) \\
l & (h_c \leqslant l \leqslant c, \gamma + \varphi_2 \leqslant \varphi \leqslant \pi - \beta - \varphi_3) \\
-\dfrac{h_c}{\cos(\varphi + \beta)} & (h_c \leqslant l \leqslant c, \pi - \beta - \varphi_3 \leqslant \varphi \leqslant \pi - \beta + \varphi_3) \\
l & (h_c \leqslant l \leqslant c, \pi - \beta + \varphi_3 \leqslant \varphi) \\
\dfrac{h_b}{\cos(\varphi - \gamma)} & (c \leqslant l \leqslant b, \varphi \leqslant \varphi_2 + \gamma) \\
l & (c \leqslant l \leqslant b, \varphi_2 + \gamma \leqslant \varphi \leqslant \pi - \beta - \varphi_3) \\
-\dfrac{h_c}{\cos(\varphi + \beta)} & (c \leqslant l \leqslant b, \pi - \beta - \varphi_3 \leqslant \varphi \leqslant \pi - \beta + \varphi_3) \\
l & (c \leqslant l \leqslant b, \pi - \beta + \varphi_3 \leqslant \varphi) \\
\dfrac{h_b}{\cos(\varphi - \gamma)} & (b \leqslant l \leqslant a, \varphi \leqslant \varphi_2 + \gamma) \\
l & (b \leqslant l \leqslant a, \varphi_2 + \gamma \leqslant \varphi \leqslant \pi - \beta - \varphi_3) \\
-\dfrac{h_c}{\cos(\varphi + \beta)} & (b \leqslant l \leqslant a, \pi - \beta - \varphi_3 \leqslant \varphi)
\end{cases}
$$

② $c \leqslant h_c$

188

$$r(l,\varphi) = \begin{cases} l & (l \leqslant h_b) \\[4pt] l & (h_b \leqslant l \leqslant c, \varphi \leqslant \gamma - \varphi_2) \\[4pt] \dfrac{h_b}{\cos(\varphi - \gamma)} & (h_b \leqslant l \leqslant c, \gamma - \varphi_2 \leqslant \varphi \leqslant \gamma + \varphi_2) \\[8pt] l & (h_b \leqslant l \leqslant c, \gamma + \varphi_2 \leqslant \varphi) \\[4pt] \dfrac{h_b}{\cos(\varphi - \gamma)} & (c \leqslant l \leqslant h_c, \varphi \leqslant \gamma + \varphi_2) \\[8pt] l & (c \leqslant l \leqslant h_c, \gamma + \varphi_2 \leqslant \varphi) \\[4pt] \dfrac{h_b}{\cos(\varphi - \gamma)} & (h_c \leqslant l \leqslant b, \varphi \leqslant \gamma + \varphi_2) \\[8pt] l & (h_c \leqslant l \leqslant b, \gamma + \varphi_2 \leqslant \varphi \leqslant \pi - \beta - \varphi_3) \\[4pt] -\dfrac{h_c}{\cos(\varphi + \beta)} & (h_c \leqslant l \leqslant b, \pi - \beta - \varphi_3 \leqslant \varphi \leqslant \pi - \beta + \varphi_3) \\[8pt] l & (h_c \leqslant l \leqslant b, \pi - \beta + \varphi_3 \leqslant \varphi) \\[4pt] \dfrac{h_b}{\cos(\varphi - \gamma)} & (b \leqslant l \leqslant a, \varphi \leqslant \varphi_2 + \gamma) \\[8pt] l & (b \leqslant l \leqslant a, \varphi_2 + \gamma \leqslant \varphi \leqslant \pi - \beta + \varphi_3) \\[4pt] -\dfrac{h_c}{\cos(\varphi + \beta)} & (b \leqslant l \leqslant a, \pi - \beta - \varphi_3 \leqslant \varphi) \end{cases}$$

$(3)\,\dfrac{\pi}{2} + \gamma \leqslant \varphi < \dfrac{3\pi}{2}$

Buffon 投针问题

$$r(l,\varphi) = \begin{cases} l & (l \leq h_a) \\ l & (h_a \leq l \leq h_b, \varphi \leq \pi - \varphi_1) \\ -\dfrac{h_a}{\cos\varphi} & (h_a \leq l \leq h_b, \pi - \varphi_1 \leq \varphi \leq \pi + \varphi_1) \\ l & (h_a \leq l \leq h_b, \pi + \varphi_1 \leq \varphi) \\ l & (h_b \leq l \leq c, \varphi \leq \pi - \varphi_1) \\ -\dfrac{h_a}{\cos\varphi} & (h_b \leq l \leq c, \pi - \varphi_1 \leq \varphi \leq \pi + \varphi_1) \\ l & (h_b \leq l \leq c, \pi + \varphi_1 \leq \varphi \leq \pi + \gamma - \varphi_2) \\ -\dfrac{h_b}{\cos(\varphi - \gamma)} & (h_b \leq l \leq c, \pi + \gamma - \varphi_2 \leq \varphi \leq \pi + \gamma + \varphi_2) \\ l & (h_b \leq l \leq c, \pi + \gamma + \varphi_2 \leq \varphi) \\ l & (c \leq l \leq b, \varphi \leq \pi - \varphi_1) \\ -\dfrac{h_a}{\cos\varphi} & \left(c \leq l \leq b, \pi - \varphi_1 \leq \varphi \leq \dfrac{3\pi}{2} - \beta\right) \\ -\dfrac{h_b}{\cos(\varphi - \gamma)} & \left(c \leq l \leq b, \dfrac{3\pi}{2} - \beta \leq \varphi \leq \pi + \gamma + \varphi_2\right) \\ l & (c \leq l \leq b, \pi + \gamma + \varphi_2 \leq \varphi) \\ -\dfrac{h_a}{\cos\varphi} & \left(b \leq l \leq a, \varphi \leq \dfrac{3\pi}{2} - \beta\right) \\ -\dfrac{h_b}{\cos(\varphi - \gamma)} & \left(b \leq l \leq a, \dfrac{3\pi}{2} - \beta \leq \varphi \leq \pi + \gamma + \varphi_2\right) \\ l & (b \leq l \leq a, \pi + \gamma + \varphi_2 \leq \varphi) \end{cases}$$

(4) $\dfrac{3\pi}{2} \leq \varphi < 2\pi$

$$r(l,\varphi)=\begin{cases} l & (l\leq h_c) \\[4pt] l & (h_a\leq l\leq h_c,\varphi\leq 2\pi-\varphi_1) \\[4pt] \dfrac{h_a}{\cos\varphi} & (h_a\leq l\leq h_c,2\pi-\varphi_1\leq\varphi) \\[4pt] l & (h_c\leq l\leq b,\varphi\leq 2\pi-\beta-\varphi_3) \\[4pt] \dfrac{h_c}{\cos(\varphi+\beta)} & (h_c\leq l\leq b,2\pi-\beta-\varphi_3\leq\varphi\leq 2\pi-\beta+\varphi_3) \\[4pt] l & (h_c\leq l\leq b,2\pi-\beta+\varphi_3\leq\varphi\leq 2\pi-\varphi_1) \\[4pt] \dfrac{h_a}{\cos\varphi} & (h_c\leq l\leq b,2\pi-\varphi_1\leq\varphi) \\[4pt] l & (b\leq l\leq a,\varphi\leq 2\pi-\beta-\varphi_3) \\[4pt] \dfrac{h_c}{\cos(\varphi+\beta)} & \left(b\leq l\leq a,2\pi-\beta-\varphi_3\leq\varphi\leq\dfrac{3\pi}{2}+\gamma\right) \\[4pt] \dfrac{h_a}{\cos\varphi} & \left(b\leq l\leq a,\dfrac{3\pi}{2}+\gamma\leq\varphi\right) \end{cases}$$

上面求出了 $P(\sigma,\varphi)$，$\gamma(l,\varphi)$，现在便可计算积分

$$I=\int_0^{2\pi}\mathrm{d}\varphi\int_0^{\gamma(l,\varphi)}P(\sigma,\varphi)\mathrm{d}\sigma$$

$$=\int_0^{\frac{\pi}{2}-\beta}\mathrm{d}\varphi\int_0^{\gamma(l,\varphi)}P_1(\sigma,\varphi)\mathrm{d}\sigma+\int_{\frac{\pi}{2}-\beta}^{\frac{\pi}{2}+\gamma}\mathrm{d}\varphi\int_0^{\gamma(l,\varphi)}P_2(\sigma,\varphi)\mathrm{d}\sigma+$$

$$\int_{\frac{\pi}{2}+\gamma}^{\frac{3\pi}{2}}\mathrm{d}\varphi\int_0^{\gamma(l,\varphi)}P_3(\sigma,\varphi)\mathrm{d}\sigma+\int_{\frac{3\pi}{2}}^{2\pi}\mathrm{d}\varphi\int_0^{\gamma(l,\varphi)}P_1(\sigma,\varphi)\mathrm{d}\sigma$$

（Ⅰ）$\alpha>\dfrac{\pi}{2}$

$1°\quad l\leq h_a$

$$I=\int_0^{\frac{\pi}{2}-\beta}\mathrm{d}\varphi\int_0^l P_1(\sigma,\varphi)\mathrm{d}\sigma+\int_{\frac{\pi}{2}-\beta}^{\frac{\pi}{2}+\gamma}\mathrm{d}\varphi\int_0^l P_2(\sigma,\varphi)\mathrm{d}\sigma+$$

$$\int_{\frac{\pi}{2}+\gamma}^{\frac{3\pi}{2}}\mathrm{d}\varphi\int_0^l P_3(\sigma,\varphi)\mathrm{d}\sigma+\int_{\frac{3\pi}{2}}^{2\pi}\mathrm{d}\varphi\int_0^l P_1(\sigma,\varphi)\mathrm{d}\sigma$$

Buffon 投针问题

$$= (a + b + c)l - \frac{3l^2}{4} - \frac{l_1^2}{4} \cdot$$

$$[(\pi - \alpha)\cot\alpha + (\pi - \beta)\cot\beta + (\pi - \gamma)\cot\gamma]$$

2° $\quad h_a \leqslant l \leqslant c$

$$I = \int_0^{\varphi_1} d\varphi \int_0^{\frac{h_a}{\cos\varphi}} P_1(\sigma,\varphi)d\varphi + \int_{\varphi_1}^{\frac{\pi}{2}-\beta} d\varphi \int_0^l P_1(\sigma,\varphi)d\sigma +$$

$$\int_{\frac{\pi}{2}-\beta}^{\frac{\pi}{2}+\gamma} d\varphi \int_0^l P_2(\sigma,\varphi)d\sigma + \int_{\frac{\pi}{2}+\gamma}^{\pi-\varphi_1} d\varphi \int_0^l P_3(\sigma,\varphi)d\sigma +$$

$$\int_{\pi-\varphi_1}^{\pi+\varphi_1} d\varphi \int_0^{-\frac{h_a}{\cos\varphi}} P_3(\sigma,\varphi)d\sigma + \int_{\pi+\varphi_1}^{\frac{3\pi}{2}} d\varphi \int_0^l P_3(\sigma,\varphi)d\sigma +$$

$$\int_{\frac{3\pi}{2}}^{2\pi-\varphi_1} d\varphi \int_0^l P_1(\sigma,\varphi)d\sigma + \int_{2\pi-\varphi_1}^{2\pi} d\varphi \int_0^{\frac{h_a}{\cos\varphi}} P_1(\sigma,\varphi)d\sigma$$

$$= (a + b + c)l - 2al\sin\varphi_1 + ah_a\varphi_1 - \frac{3}{4}l^2 - \frac{l^2}{4} \cdot$$

$$[(\pi - \alpha)\cot\alpha + (\pi - \beta - 2\varphi_1 - \sin 2\varphi_1)\cot\beta +$$

$$(\pi - \gamma - 2\varphi_1 - \sin 2\varphi_1)\cot\gamma]$$

3° $\quad c \leqslant l \leqslant b$

$$I = \int_0^{\frac{\pi}{2}-\beta} d\varphi \int_0^{\frac{h_a}{\cos\varphi}} P_1(\sigma,\varphi)d\varphi + \int_{\frac{\pi}{2}-\beta}^{\varphi_2+\gamma} d\varphi \int_0^{\frac{h_b}{\cos(\varphi-\gamma)}} P_2(\sigma,\varphi)d\sigma +$$

$$\int_{\varphi_2+\gamma}^{\frac{\pi}{2}+\gamma} d\varphi \int_0^l P_2(\sigma,\varphi)d\sigma + \int_{\frac{\pi}{2}+\gamma}^{\pi-\varphi_1} d\varphi \int_0^l P_3(\sigma,\varphi)d\sigma +$$

$$\int_{\pi-\varphi_1}^{\frac{3\pi}{2}} d\varphi \int_0^{-\frac{h_a}{\cos\varphi}} P_3(\sigma,\varphi)d\sigma + \int_{\frac{3\pi}{2}-\beta}^{\pi+\gamma+\varphi_2} d\varphi \int_0^{-\frac{h_b}{\cos(\varphi-\gamma)}} P_3(\sigma,\varphi)d\sigma +$$

$$\int_{\pi+\gamma+\varphi_2}^{\frac{3\pi}{2}} d\varphi \int_0^l P_3(\sigma,\varphi)d\sigma + \int_{\frac{3\pi}{2}}^{2\pi-\varphi_1} d\varphi \int_0^l P_1(\sigma,\varphi)d\varphi +$$

$$\int_{2\pi-\varphi_1}^{2\pi} d\varphi \int_0^{\frac{h_a}{\cos\varphi}} P_1(\sigma,\varphi)d\sigma$$

$$= (a + b - a\sin \varphi_1 + b\sin \varphi_2)l - \frac{l^2}{2} +$$

$$\frac{1}{2}ah_a\left(\frac{\pi}{2} - \beta + \varphi_1\right) + \frac{1}{2}bh_b\left(\frac{\pi}{2} - \alpha + \varphi_2\right) -$$

$$\frac{l^2}{4\sin \alpha}\left[\left(\frac{\pi}{2} - \varphi_2\right)\cos \alpha + \frac{1}{2}\sin(\alpha - 2\varphi_2)\right] -$$

$$\frac{l^2}{4\sin \beta}\left[\left(\frac{\pi}{2} - \beta\right)\cos \beta + \frac{1}{2}\sin(\beta - 2\varphi_1)\right] - \frac{l^2}{4\sin \gamma}$$

$$\left[(\pi - 2\gamma - \varphi_1 - \varphi_2)\cos \gamma - \frac{1}{2}\sin(2\varphi_1 + \gamma) -\right.$$

$$\left.\frac{1}{2}\sin(2\varphi_2 + \gamma)\right]$$

$4°\quad b\leqslant l\leqslant a$

$$I = \int_0^{\frac{\pi}{2}-\beta}\mathrm{d}\varphi\int_0^{\frac{h_a}{\cos \varphi}}P_1(\sigma,\varphi)\mathrm{d}\varphi + \int_{\frac{\pi}{2}-\beta}^{\varphi_2+\gamma}\mathrm{d}\varphi\int_0^{\frac{h_b}{\cos(\varphi-\gamma)}}P_2(\sigma,\varphi)\mathrm{d}\sigma +$$

$$\int_{\varphi_2+\gamma}^{\pi-\beta-\varphi_3}\mathrm{d}\varphi\int_0^l P_2(\sigma,\varphi)\mathrm{d}\sigma + \int_{\pi-\beta-\varphi_3}^{\frac{\pi}{2}+\gamma}\mathrm{d}\varphi\int_0^{\frac{h_c}{-\cos(\varphi+\beta)}}P_2(\sigma,\varphi)\mathrm{d}\sigma +$$

$$\int_{\frac{\pi}{2}+\gamma}^{\frac{3\pi}{2}-\beta}\mathrm{d}\varphi\int_0^{\frac{h_a}{-\cos \varphi}}P_3(\sigma,\varphi)\mathrm{d}\sigma + \int_{\frac{3\pi}{2}-\beta}^{\pi+\gamma+\varphi_2}\mathrm{d}\varphi\int_0^{\frac{h_b}{-\cos(\varphi-\gamma)}}P_3(\sigma,\varphi)\mathrm{d}\sigma +$$

$$\int_{\pi+\gamma+\varphi_2}^{\frac{3\pi}{2}}\mathrm{d}\varphi\int_0^l P_3(\sigma,\varphi)\mathrm{d}\sigma + \int_{\frac{3\pi}{2}}^{2\pi-\beta-\varphi_3}\mathrm{d}\varphi\int_0^l P_1(\sigma,\varphi)\mathrm{d}\varphi +$$

$$\int_{2\pi-\beta-\varphi_3}^{\frac{3\pi}{2}+\gamma}\mathrm{d}\varphi\int_0^{\frac{h_c}{\cos(\varphi+\beta)}}P_1(\sigma,\varphi)\mathrm{d}\sigma + \int_{\frac{3\pi}{2}+\gamma}^{3\pi}\mathrm{d}\varphi\int_0^{\frac{h_a}{\cos \varphi}}P_1(\sigma,\varphi)\mathrm{d}\sigma$$

（Ⅱ）$\alpha\leqslant\dfrac{\pi}{2}$

（A）$h_c\leqslant c$

1°　$l\leqslant h_a$，同（Ⅰ）1°.

2°　$h_a\leqslant l\leqslant h_b$，同（Ⅰ）2°.

3°　$h_b\leqslant l\leqslant h_c$

Buffon 投针问题

$$
I = \int_0^{\varphi_1} \mathrm{d}\varphi \int_0^{\frac{h_a}{\cos\varphi}} P_1(\sigma,\varphi)\mathrm{d}\sigma + \int_{\varphi_1}^{\frac{\pi}{2}-\beta} \mathrm{d}\varphi \int_0^l P_1(\sigma,\varphi)\mathrm{d}\sigma +
$$

$$
\int_{\frac{\pi}{2}-\beta}^{\gamma-\varphi_2} \mathrm{d}\varphi \int_0^l P_2(\sigma,\varphi)\mathrm{d}\sigma + \int_{\gamma-\varphi_2}^{\gamma+\varphi_2} \mathrm{d}\varphi \int_0^{\frac{h_b}{\cos(\varphi-\gamma)}} P_2(\sigma,\varphi)\mathrm{d}\sigma +
$$

$$
\int_{\gamma+\varphi_2}^{\frac{\pi}{2}+\gamma} \mathrm{d}\varphi \int_0^l P_2(\sigma,\varphi)\mathrm{d}\sigma + \int_{\frac{\pi}{2}+\gamma}^{\pi-\varphi_1} \mathrm{d}\varphi \int_0^l P_3(\sigma,\varphi)\mathrm{d}\sigma +
$$

$$
\int_{\pi-\varphi_1}^{\pi+\varphi_1} \mathrm{d}\varphi \int_0^{-\frac{h_a}{\cos\varphi}} P_3(\sigma,\varphi)\mathrm{d}\sigma + \int_{\pi+\varphi_1}^{\pi+\gamma-\varphi_2} \mathrm{d}\varphi \int_0^l P_3(\sigma,\varphi)\mathrm{d}\varphi +
$$

$$
\int_{\pi+\gamma-\varphi_2}^{\pi+\gamma+\varphi_2} \mathrm{d}\varphi \int_0^{-\frac{h_b}{\cos(\varphi-\gamma)}} P_3(\sigma,\varphi)\mathrm{d}\sigma + \int_{\pi+\gamma+\varphi_2}^{\frac{3\pi}{2}} \mathrm{d}\varphi \int_0^l P_3(\sigma,\varphi)\mathrm{d}\sigma
$$

$$
\int_{\frac{3\pi}{2}}^{2\pi-\varphi_1} \mathrm{d}\varphi \int_0^l P_1(\sigma,\varphi)\mathrm{d}\sigma + \int_{2\pi-\varphi_1}^{2\pi} \mathrm{d}\varphi \int_0^{\frac{h_a}{\cos\varphi}} P_1(\sigma,\varphi)\mathrm{d}\sigma
$$

$$
= ah_a\varphi_1 + bh_b\varphi_2 + (a+b+c)l - 2al\sin\varphi_1 - 2al\sin\varphi_2 -
$$

$$
\frac{3}{4}l^2 - \frac{l^2}{4}\big[(\pi-\alpha-2\varphi_2-\sin2\varphi_2)\cot\alpha +
$$

$$
(\pi-\beta-2\varphi_1-\sin2\varphi_1)\cot\beta + (\pi-\gamma-2\varphi_1-2\varphi_2 -
$$

$$
\sin2\varphi_1 - \sin2\varphi_2)\cot\gamma\big]
$$

$4^\circ \quad h_c \leqslant l \leqslant c$

$$
I = \int_0^{\varphi_1} \mathrm{d}\varphi \int_0^{\frac{h_a}{\cos\varphi}} P_1(\sigma,\varphi)\mathrm{d}\varphi + \int_{\varphi_1}^{\frac{\varphi}{2}-\beta} \mathrm{d}\varphi \int_0^l P_1(\sigma,\varphi)\mathrm{d}\sigma +
$$

$$
\int_{\frac{\pi}{2}-\beta}^{\gamma-\varphi_2} \mathrm{d}\varphi \int_0^l P_2(\sigma,\varphi)\mathrm{d}\sigma + \int_{\gamma-\varphi_2}^{\gamma+\varphi_2} \mathrm{d}\varphi \int_0^{\frac{h_b}{\cos(\varphi-\gamma)}} P_2(\sigma,\varphi)\mathrm{d}\sigma +
$$

$$
\int_{\gamma+\varphi_2}^{\pi-\beta-\varphi_3} \mathrm{d}\varphi \int_0^l P_2(\sigma,\varphi)\mathrm{d}\sigma + \int_{\pi-\beta-\varphi_3}^{\pi-\beta+\varphi_3} \mathrm{d}\varphi \int_0^{-\frac{h_c}{\cos(\varphi+\beta)}} P_2(\sigma,\varphi)\mathrm{d}\sigma +
$$

$$
\int_{\pi-\beta+\varphi_3}^{\frac{\pi}{2}+\gamma} \mathrm{d}\varphi \int_0^l P_3(\sigma,\varphi)\mathrm{d}\sigma + \int_{\frac{\pi}{2}+\gamma}^{\pi-\varphi_1} \mathrm{d}\varphi \int_0^l P_3(\sigma,\varphi)\mathrm{d}\sigma +
$$

$$
\int_{\pi-\varphi_1}^{\pi+\varphi_1} \mathrm{d}\varphi \int_0^{-\frac{h_a}{\cos\varphi}} P_3(\sigma,\varphi)\mathrm{d}\sigma + \int_{\pi+\varphi_1}^{\pi+\gamma-\varphi_2} \mathrm{d}\varphi \int_0^l P_3(\sigma,\varphi)\mathrm{d}\sigma
$$

194

$$\int_{\pi+\gamma-\varphi_2}^{\pi+\gamma+\varphi_2}\mathrm{d}\varphi\int_0^{-\frac{h_b}{\cos(\varphi-\gamma)}}P_3(\sigma,\varphi)\mathrm{d}\sigma+\int_{\pi+\gamma+\varphi_2}^{\frac{3\pi}{2}}\mathrm{d}\varphi\int_0^l P_1(\sigma,\varphi)\mathrm{d}\sigma$$

$$\int_{\frac{3\pi}{2}}^{2\pi-\beta-\varphi_3}\mathrm{d}\varphi\int_0^l P_1(\sigma,\varphi)\mathrm{d}\sigma+\int_{2\pi-\beta-\varphi_3}^{2\pi-\beta+\varphi_3}\mathrm{d}\varphi\int_0^{\frac{h_c}{\cos(\varphi+\beta)}}P_1(\sigma,\varphi)\mathrm{d}\sigma+$$

$$\int_{2\pi-\beta+\varphi_3}^{2\pi-\varphi_1}\mathrm{d}\varphi\int_0^l P_1(\sigma,\varphi)\mathrm{d}\sigma+\int_{2\pi-\varphi_1}^{2\pi}\mathrm{d}\varphi\int_0^{\frac{h_a}{\cos\varphi}}P_1(\sigma,\varphi)\mathrm{d}\sigma$$

$$=ah_a\varphi_1+bh_b\varphi_2+ch_c\varphi_3+(a+b+c)l+\frac{3}{4}l^2-$$

$$2al\sin\varphi_1-2bl\sin\varphi_2-2cl\sin\varphi_3-\frac{l^2}{4}\big[(\pi-\alpha-2\varphi_2-$$

$$2\varphi_3-\sin2\varphi_2-\sin2\varphi_3)\cot\alpha+(\pi-\beta-2\varphi_1-2\varphi_3-$$

$$\sin2\varphi_1-\sin2\varphi_3)\cot\beta+(\pi-\gamma-2\varphi_1-2\varphi_2-\sin2\varphi_1-$$

$$\sin2\varphi_2)\cot\gamma\big]$$

$5°\quad c\leqslant l\leqslant b$

$$I=\int_0^{\frac{\pi}{2}-\beta}\mathrm{d}\varphi\int_0^{\frac{h_a}{\cos\varphi}}P_1(\sigma,\varphi)\mathrm{d}\sigma+\int_{\frac{\pi}{2}-\beta}^{\varphi_2+\gamma}\mathrm{d}\varphi\int_0^{\frac{h_b}{\cos(\varphi-\gamma)}}P_2(\sigma,\varphi)\mathrm{d}\sigma+$$

$$\int_{\varphi_2+\gamma}^{\pi-\beta-\varphi_3}\mathrm{d}\varphi\int_0^l P_2(\sigma,\varphi)\mathrm{d}\sigma+\int_{\pi-\beta-\varphi_3}^{\pi-\beta+\varphi_3}\mathrm{d}\varphi\int_0^{-\frac{h_c}{\cos(\varphi+\beta)}}P_2(\sigma,\varphi)\mathrm{d}\sigma+$$

$$\int_{\pi-\beta+\varphi_3}^{\frac{\pi}{2}+\gamma}\mathrm{d}\varphi\int_0^l P_2(\sigma,\varphi)\mathrm{d}\sigma+\int_{\frac{\pi}{2}+\gamma}^{\pi-\varphi_1}\mathrm{d}\varphi\int_0^l P_3(\sigma,\varphi)\mathrm{d}\sigma+$$

$$\int_{\pi-\varphi_1}^{\frac{3\pi}{2}-\beta}\mathrm{d}\varphi\int_0^{\frac{h_b}{\cos\varphi}}P_3(\sigma,\varphi)\mathrm{d}\sigma+\int_{\frac{3\pi}{2}+\beta}^{\pi+\gamma+\varphi_2}\mathrm{d}\varphi\int_0^{-\frac{h_b}{\cos(\varphi-\gamma)}}P_3(\sigma,\varphi)\mathrm{d}\sigma+$$

$$\int_{\pi+\gamma+\varphi_2}^{\frac{3\pi}{2}}\mathrm{d}\varphi\int_0^l P_3(\sigma,\varphi)\mathrm{d}\sigma+\int_{\frac{3\pi}{2}}^{2\pi-\beta-\varphi_3}\mathrm{d}\varphi\int_0^l P_1(\sigma,\varphi)\mathrm{d}\sigma$$

$$\int_{2\pi-\beta-\varphi_3}^{2\pi-\beta+\varphi_3}\mathrm{d}\varphi\int_0^{\frac{h_c}{\cos(\varphi+\beta)}}P_1(\sigma,\varphi)\mathrm{d}\sigma+\int_{2\pi-\beta+\varphi_3}^{2\pi-\varphi_1}\mathrm{d}\varphi\int_0^l P_1(\sigma,\varphi)\mathrm{d}\sigma+$$

$$\int_{2\pi-\varphi_1}^{2\pi}\mathrm{d}\varphi\int_0^{\frac{h_a}{\cos\varphi}}P_1(\sigma,\varphi)\mathrm{d}\sigma$$

$$= \frac{1}{2}ah_a\left(\frac{\pi}{2} - \beta + \varphi_1\right) + \frac{1}{2}bh_b\left(\frac{\pi}{2} - \alpha + \varphi_2\right) + ch_c\varphi_3 -$$

$$al(1 - \sin\varphi_1) + bl(1 - \sin\varphi_2) - 2cl\sin\varphi_3 - \frac{l^2}{2} -$$

$$\frac{l^2}{4\sin\alpha}\left[\left(\frac{\pi}{2} - \varphi_2 - 2\varphi_3 - \sin 2\varphi_3\right)\cos\alpha + \frac{1}{2}\sin(\alpha - 2\varphi_2)\right] -$$

$$\frac{l^2}{4\sin\beta}\left[\left(\frac{-\pi}{2} - \varphi_1 - 2\varphi_3 - \sin 2\varphi_3\right)\cos\beta + \frac{1}{2}\sin(\beta - 2\varphi_1)\right] -$$

$$\frac{l^2}{4\sin\gamma}\left[(\pi - 2\gamma - \varphi_1 - \varphi_2)\cos\gamma - \frac{1}{2}\sin(\gamma + 2\varphi_1) -\right.$$

$$\left.\frac{1}{2}\sin(\gamma + 2\varphi_2)\right]$$

6° $b \leqslant l \leqslant a$，同（Ⅰ）4°．

（B）$h_c \geqslant c$

1° $l \leqslant h_a$，同（A）1°．

2° $h_a \leqslant l \leqslant h_b$，同（A）2°．

3° $h_b \leqslant l \leqslant c$，同（A）3°．

4° $c \leqslant l \leqslant h_c$

$$I = \int_0^{\frac{\pi}{2} - \beta} \mathrm{d}\varphi \int_0^{\frac{h_a}{\cos\varphi}} P_1(\sigma, \varphi)\mathrm{d}\varphi + \int_{\frac{\pi}{2} - \beta}^{\varphi_2 + \gamma} \mathrm{d}\varphi \int_0^{\frac{h_b}{\cos(\varphi - \gamma)}} P_2(\sigma, \varphi)\mathrm{d}\varphi +$$

$$\int_{\varphi_2 + \gamma}^{\frac{\pi}{2} + \gamma} \mathrm{d}\varphi \int_0^l P_2(\sigma, \varphi)\mathrm{d}\sigma + \int_{\frac{\pi}{2} + \gamma}^{\pi - \varphi_1} \mathrm{d}\varphi \int_0^l P_3(\sigma, \varphi)\mathrm{d}\sigma +$$

$$\int_{\pi - \varphi_1}^{\frac{3\pi}{2} - \beta} \mathrm{d}\varphi \int_0^{-\frac{h_c}{\cos\varphi}} P_3(\sigma, \varphi)\mathrm{d}\sigma + \int_{\frac{3\pi}{2} - \beta}^{\pi + \gamma + \varphi_2} \mathrm{d}\varphi \int_0^{-\frac{h_b}{\cos(\varphi - \gamma)}} P_3(\sigma, \varphi)\mathrm{d}\sigma +$$

$$\int_{\pi + \gamma + \varphi_2}^{\frac{3\pi}{2}} \mathrm{d}\varphi \int_0^l P_3(\sigma, \varphi)\mathrm{d}\sigma + \int_{\frac{3\pi}{2}}^{2\pi - \varphi_1} \mathrm{d}\varphi \int_0^l P_1(\sigma, \varphi)\mathrm{d}\varphi +$$

$$\int_{2\pi + \varphi_1}^{2\pi} \mathrm{d}\varphi \int_0^{\frac{h_a}{\cos\varphi}} P_1(\sigma, \varphi)\mathrm{d}\sigma$$

$$= \frac{1}{2}ah_a\left(\frac{\pi}{2}-\beta+\varphi_1\right)+\frac{1}{2}bh_b\left(\frac{\pi}{2}-\alpha+\varphi_2\right)+al(1-\sin\varphi_1)+$$

$$bl(1-\sin\varphi_2)-\frac{l^2}{4}-\frac{l^2}{4\sin\alpha}\left[\left(\frac{\pi}{2}-\varphi_2\right)\cos\alpha+\frac{1}{2}\sin(\alpha-2\varphi_2)\right]-$$

$$\frac{l^2}{4\sin\beta}\left[\left(\frac{\pi}{2}-\varphi_1\right)\cos\beta+\frac{1}{2}\sin(\beta-2\varphi_1)\right]-\frac{l^2}{4\sin\gamma}\cdot$$

$$\left[(\pi-2\gamma-\varphi_1-\varphi_2)\cos\gamma-\frac{1}{2}\sin(\gamma+2\varphi_1)+\frac{1}{2}\sin(\gamma+2\varphi_2)\right]$$

5°　$h_c \leqslant l \leqslant b$, 同 (A) 5°.

6°　$b \leqslant l \leqslant a$, 同 (A) 6°.

于是，长为 l 的定长线段在三角形内的运动测度

$$m(l)=\frac{\pi}{2}ab\sin\gamma-I$$

其中 I 为前面已经获得的表达式. 特别对正三角形有

$$m(l)=\begin{cases}\dfrac{\sqrt{3}}{4}\pi a^2-3al+\dfrac{\sqrt{3}}{6}\pi l^2+\dfrac{3}{4}l^2 & (0\leqslant l\leqslant h)\\[2mm]\dfrac{\sqrt{3}}{4}\pi a^2-3al+\dfrac{9a}{2}\sqrt{l^2-h^2}+\dfrac{3}{4}l^2-\\[2mm]\left(\sqrt{3}l^2+\dfrac{3\sqrt{3}}{2}a^2\right)\arccos\dfrac{h}{l} & (h\leqslant l\leqslant a)\end{cases}$$

§3　正六边形

在平面上的半径为 R, 圆心在原点的圆内做一个正六边形, 六个顶点为

$$P_k=\left(R\cos\frac{(k-1)\pi}{3},R\sin\frac{(k-1)\pi}{3}\right)\quad(k=1,2,\cdots,6)$$

由图形的对称性易知

Buffon 投针问题

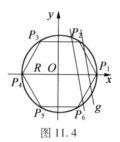

图 11.4

$$\int_0^{2\pi} \mathrm{d}\varphi \int_0^{\gamma(l,\varphi)} P(\sigma,\varphi)\,\mathrm{d}\sigma = 12\int_0^{\frac{\pi}{6}} \mathrm{d}\varphi \int_0^{\gamma(l,\varphi)} P(\sigma,\varphi)\,\mathrm{d}\sigma$$

于是我们仅考虑与 P_1P_6 和 P_1P_2 相交或与 P_3P_2 和 P_1P_6 相交的直线

$$g: x\cos\varphi + y\sin\varphi = P$$

如果 σ 是 g 在六边形内截得的弦长,相应的 P 我们有表达式

$$P_{16} = \frac{2}{\sqrt{3}}\sigma\sin\left(\varphi-\frac{\pi}{6}\right)\sin\left(\varphi+\frac{\pi}{6}\right) +$$

$$R\left[\sin\left(\varphi+\frac{\pi}{6}\right) - \sin\left(\varphi-\frac{\pi}{6}\right)\right] \quad \left(0\leqslant\varphi\leqslant\frac{\pi}{6}\right)$$

$$P_{26} = \frac{2}{\sqrt{3}}\sigma\cos\varphi\sin\left(\varphi+\frac{\pi}{6}\right) +$$

$$R\left[\sin\left(\varphi+\frac{\pi}{6}\right) + \cos\varphi\right] \quad \left(0\leqslant\varphi\leqslant\frac{\pi}{6}\right)$$

此即广义支撑函数. 限弦函数的表达式为

$$\gamma(l,\varphi) = \begin{cases} l & \left(l\leqslant\sqrt{3}R, 0\leqslant\varphi\leqslant\frac{\pi}{6}\right) \\ \dfrac{\sqrt{3}R}{\cos\varphi} & \left(\sqrt{3}R\leqslant l\leqslant 2R, 0\leqslant\varphi\leqslant\arccos\left(\dfrac{\sqrt{3}R}{l}\right)\right) \\ l & \left(\sqrt{3}R\leqslant l\leqslant 2R, \arccos\left(\dfrac{\sqrt{3}R}{l}\right)\leqslant\varphi\leqslant\frac{\pi}{6}\right) \end{cases}$$

198

设 $I = \int_0^{\frac{\pi}{6}} \mathrm{d}\varphi \int_0^{\gamma(l,\varphi)} P(\sigma,\varphi) \mathrm{d}\sigma$，下面我们分三种情况求出 I 的具体表达式.

1° $\quad 0 \leqslant l \leqslant R$

$$I = \int_0^{\frac{\pi}{6}} \mathrm{d}\varphi \int_0^l P_{16}(\sigma,\varphi) = \frac{\sqrt{3}\,\pi l^2}{76} - \frac{l^2}{8} + \frac{Rl}{2}$$

2° $\quad R \leqslant l \leqslant \sqrt{3}\,R$

$$I = \int_0^{\arcsin\left(\frac{\sqrt{3}R}{2l}\right)-\frac{\pi}{6}} \mathrm{d}\varphi \int_0^l P_{16}(\sigma,\varphi)\mathrm{d}\sigma +$$

$$\int_{\arcsin\left(\frac{\sqrt{3}R}{2l}\right)-\frac{\pi}{6}}^{\frac{\pi}{6}} \left(\int_0^{\frac{\sqrt{3}R}{2\sin\left(\varphi+\frac{\pi}{6}\right)}} P_{16}(\sigma,\varphi)\mathrm{d}\sigma + \right.$$

$$\left. \int_{\frac{\sqrt{3}R}{2\sin\left(\varphi+\frac{\pi}{6}\right)}}^{l} P_{26}(\sigma,\varphi)\mathrm{d}\sigma \right)\mathrm{d}\varphi$$

$$= -\frac{\sqrt{3}}{4}\left(\frac{\pi}{3} - \arcsin\frac{\sqrt{3}R}{2l}\right)R^2 -$$

$$\frac{\sqrt{3}}{12}\left(\frac{\pi}{2} - 2\arcsin\frac{\sqrt{3}R}{2l}\right)l^2 + \frac{7}{4}Rl\sqrt{1 - \frac{3R^2}{4l^2}}$$

3° $\quad \sqrt{3}\,R \leqslant l \leqslant 2R$

$$I = \int_0^{\arccos\left(\frac{\sqrt{3}R}{l}\right)} \left(\int_0^{\frac{\sqrt{3}R}{2\sin\left(\varphi+\frac{\pi}{6}\right)}} P_{16}(\sigma,\varphi)\mathrm{d}\sigma + \right.$$

$$\left. \int_{\frac{\sqrt{3}R}{2\sin\left(\varphi+\frac{\pi}{6}\right)}}^{\frac{\sqrt{3}R}{\cos\varphi}} P_{26}(\sigma,\varphi)\mathrm{d}\sigma \right)\mathrm{d}\varphi +$$

$$\int_{\arccos\left(\frac{\sqrt{3}R}{l}\right)}^{\frac{\pi}{6}} \left(\int_0^{\frac{\sqrt{3}R}{2\sin\left(\varphi+\frac{\pi}{6}\right)}} P_{16}(\sigma,\varphi)\mathrm{d}\sigma + \right.$$

$$\left. \int_{\frac{\sqrt{3}R}{2\sin\left(\varphi+\frac{\pi}{6}\right)}}^{l} P_{26}(\sigma,\varphi)\mathrm{d}\sigma \right)\mathrm{d}\varphi$$

$$= -\frac{\sqrt{3}}{24}\pi R^2 - \frac{\sqrt{3}}{72}\pi l^2 + \frac{3}{4}R^2 + \frac{1}{8}l^2 -$$

$$\frac{15}{12}R\sqrt{l^2-3R^2} + \left(\sqrt{3}R^2 + \frac{\sqrt{3}}{12}l^2\right)\arccos\frac{\sqrt{3}R}{l}$$

于是长为 l 的定长线段在六边形内的运动测度为

$$m(l) = \frac{3\sqrt{3}}{2}\pi R^2 - 12I$$

将前面的结果代入后,有

$$m(l) = \begin{cases} \dfrac{3\sqrt{3}}{2}\pi R^2 - 6Rl - \dfrac{\sqrt{3}\pi l^2}{6} + \dfrac{3}{2}l^2 \quad (0 \leqslant l \leqslant R) \\[3mm] \dfrac{5\sqrt{3}}{2}\pi R^2 + \dfrac{\sqrt{3}}{2}\pi l^2 - (3\sqrt{3}R^2 + 2\sqrt{3}l^2)\arcsin\dfrac{\sqrt{3}R}{l} - \\[3mm] \dfrac{9R}{2}\sqrt{4l^2-3R^2} \qquad\qquad (R \leqslant l \leqslant \sqrt{3}R) \\[3mm] 2\sqrt{3}\pi R^2 + \dfrac{\sqrt{3}}{6}\pi l^2 - 9R^2 - \dfrac{3}{2}l^2 + 15R\sqrt{l^2-3R^2} - \\[3mm] (12\sqrt{3}R^2 - \sqrt{3}l^2)\arccos\dfrac{\sqrt{3}R}{l} \quad (\sqrt{3}R \leqslant l \leqslant 2R) \end{cases}$$

§4　在几何概率问题中的应用

平面上两族宽度分别为 D, H 的平行带集形成一些平行四边形格子,且所有的格子是全等的,我们用 K_1 表示此格子之一,其大小如图 11.5 所示.

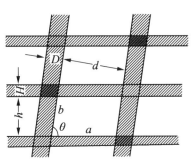

图 11.5

现有随机的凸集 K 在平面上运动,问凸集 K 与带集相碰的概率是多少? 这显然是 Buffon 针对问题的推广形式. 为了回答我们提出的问题,先引出如下定义

设 $W(\varphi)$ 是凸集 K 的宽度函数,定义函数

$$r_w(h,\varphi) = \min\{h, W(\varphi)\}$$

对应于限弦函数,我们不妨把它称作限宽函数. 现在很容易地就得到凸集 K 在上面所述平行四边形格子内的运动测度公式

$$m\{K;KCK_1\} = \frac{2}{\sin\theta}\int_0^\pi (h - r_w(h,\varphi))(d - r_w(d,\varphi+\theta))\mathrm{d}\varphi$$

现在回答我们原来的问题. 我们沿着两族平行带集作一平行四边形 K_n,两组对边的距离为 $n(h+H)H$, $n(d+D)+D$,定含有 n^2 个 K_1,假定 K 仅在 K_n 内运动,并且让 n 足够大,使得

$$m\{K;KCK_n\} = \frac{2}{\sin\theta}\int_0^\pi \big[n(h+H) + H - W(\varphi)\big]\cdot$$
$$\big[n(\mathrm{d}+D) + D - W(\varphi)\big]\mathrm{d}\varphi$$

于是凸集与带集相碰的概率

$$P_n = 1 - \frac{n^2 m\{K;KCK_1\}}{m\{K;KCK_n\}}$$

201

$$= 1 - \frac{n^2 \int_0^\pi (h - r_w(h,\varphi))(d - r_w(d,\varphi+\theta))\,\mathrm{d}\varphi}{\int_0^\pi [n(h+H)+H-W(\varphi)][n(d+D)+D-W(\varphi)]\,\mathrm{d}\varphi}$$

令 $n \to \infty$,便得到我们所要的概率

$$P_\infty = 1 - \frac{m\{K:KCK_1\}\sin\theta}{2\pi(h+H)(d+D)}$$

$$= 1 - \frac{\int_0^\pi (h - r_w(h,\varphi))(d - r(d,\varphi+\theta))\,\mathrm{d}\varphi}{\pi(h+H)(d+D)}$$

下面我们来看几种特殊情形:

1° 由于限宽函数仅涉及凸集的宽度函数,于是对于两个有相同宽度函数的凸集相应的概率相等.

2° 若 $\theta = \dfrac{\pi}{2}$,并让 $d \to \infty$,得

$$P_\infty = 1 - \frac{\int_0^\pi (h - r_w(h,\varphi))\,\mathrm{d}\varphi}{\pi(h+H)}$$

此为仅有一族带集时凸集与带集相碰的概率. 特别当 $r_w(h,\varphi) = W(\varphi)$ 时

$$P_\infty = \frac{\pi H + L}{\pi(h+H)}$$

其中 L 是凸集 K 的周长,此是文献[8]中叙述的结果.

3° 当凸集 K 是长为 l 的有向线段时,有

$$m\{K:KCK_1\} = 2m(l)$$

$$P_\infty = 1 - \frac{m(l)\sin\theta}{\pi(h+H)(d+D)}$$

如果 $H = D = 0$,即带集化为直线,令 $\dfrac{h}{\sin\theta} = b, \dfrac{d}{\sin\theta} = a$,我们有

$$P_\infty = 1 - \frac{m(l)}{\pi ab\sin\theta}$$

当 $0 \leqslant l \leqslant h$ 时，由 §1 我们有

$$m(l) = \pi ab\sin\theta - 2l(a+b) + l^2\left[1 + \left(\frac{\pi}{2} - \theta\right)\cot\theta\right]$$

于是

$$P_\infty = \frac{2l(a+b) - l^2\left[l + \left(\frac{\pi}{2} - \theta\right)\cot\theta\right]}{\pi ab\sin\theta}$$

令 $a \to \infty$，则

$$P_\infty = \frac{2l}{\pi ab\sin\theta} = \frac{2l}{\pi h}$$

这便是最初的 Buffon 投针问题. 当 $h \leqslant l \leqslant b$ 时

$$m(l) = \pi ah - 2ah\arccos\left(\frac{h}{l}\right) - 2al - 2a\sqrt{l^2 - h^2} - 2bl +$$

$$bl\cos\theta\sqrt{l^2 - h^2} - l^2\left[\theta + \arccos\left(\frac{h}{l}\right) - \frac{\pi}{4}\right]\cot\theta$$

当 $b \leqslant l \leqslant d$ 时

$$m(l) = \pi ah - 2ah\arccos\left(\frac{h}{l}\right) - 2al + 2a\sqrt{l^2 - h^2} - h^2$$

将上两式均代入 $P_\infty = 1 - \dfrac{m(l)}{(\pi ab\sin\theta)}$，并令 $a \to \infty$，则

$$P_\infty = \frac{2h\arccos\left(\dfrac{h}{l}\right) + 2l - 2\sqrt{l^2 - h^2}}{\pi h} \quad (l \geqslant h)$$

这是当小针的长度大于平行线间的距离时,小针与平
行线相碰的概率. 此亦是文[8]中叙述的结果,在这里
作为一种特殊情形出现.

如果将长度为 l 的小针投入三角形栅栏,小针与
栅栏相碰的概率

Buffon 投针问题

$$P_\infty = 1 - \frac{2m(l)}{\pi ab\sin\gamma}$$

其中 a, b 为三角形的两邻边长, γ 是其夹角. 当 l 不大于三角形的每一条高时

$$m(l) = \frac{1}{2}\pi ab\sin\gamma - (a+b+c)l + \frac{3}{4}l^2 + \frac{l^2}{4} \cdot$$

$$[(\pi+\alpha)\cot\alpha + (\pi-\beta)\cot\beta + (\pi-\gamma)\cot\gamma]$$

于是

$$P_\infty = \frac{\left\{2(a+b+c)l - \frac{3}{2}l^2 - \frac{l^2}{2}[(\pi+\alpha)\cot\alpha + (\pi-\beta)\cot\beta + (\pi-\gamma)\cot\gamma]\right\}}{(\pi ab\sin\gamma)}$$

对于正三角形栅栏, 我们有

$$P_\infty = \begin{cases} \dfrac{3al - \dfrac{3}{4}l^2 - \dfrac{\pi l^2}{2\sqrt{3}}}{\pi\dfrac{\sqrt{3}}{4}a^2} & (0 \leqslant l \leqslant h) \\[4ex] \dfrac{\left[3al - \dfrac{3}{4}l^2 - \dfrac{\pi l^2}{2\sqrt{3}} - \dfrac{9a}{2}\sqrt{l^2 - h^2} + \left(\sqrt{3}l^2 + \dfrac{3\sqrt{3}}{2}a^2\right)\arccos\dfrac{h}{l}\right]}{\pi\dfrac{\sqrt{3}}{4}a^2} \\[2ex] \hspace{12em} (h \leqslant l \leqslant a) \end{cases}$$

类似的讨论可得到如下结果:将长度为 l 的小针投入边长为 R 的正六边形栅栏,其相碰的概率为

204

$$P_\infty = \begin{cases} \dfrac{1}{3\sqrt{3}\,\pi R^2}\left(12Rl + \dfrac{\pi l^2}{\sqrt{3}} - 3l^2\right) & (0 \leqslant l \leqslant R) \\[3ex] \dfrac{1}{3\sqrt{3}\,\pi R^2}\Big[\,9\sqrt{4l^2 - 3R^2} - 2\sqrt{3}\,\pi R^2 - \\[1ex] \quad \sqrt{3}\,\pi l^2(6\sqrt{3}R^2 + 4\sqrt{3}l^2)\arcsin\dfrac{\sqrt{3}R}{2l}\,\Big] & (R \leqslant l \leqslant \sqrt{3}R) \\[3ex] \dfrac{1}{3\sqrt{3}\,\pi R^2}\Big[\,18R^2 + 3l^2 - \sqrt{3}\,\pi R^2 - \dfrac{\sqrt{3}}{3}\pi l^2 - 30R\sqrt{l^2 - 3R^2} + \\[1ex] \quad (24\sqrt{3}R^2 + 2\sqrt{3}l^2)\arccos\dfrac{\sqrt{3}R}{l}\,\Big] & (\sqrt{3}R \leqslant l \leqslant 2R) \end{cases}$$

Buffon 投针问题解的几何解释及其在球面上的推广①

§1 Buffon 问题解的几何解释

第 12 章

在 E_2 中,设 $K_i(i=1,2,\cdots)$ 为以 O 为中心,id 为半径的圆盘,$C_i=\dfrac{K_i}{K_{i-1}}$,N^* 是长为 $l(\leqslant d)$ 的有向线段,它可在 E_2 内运动,N 表示相应的不定向线段.

引理 12.1

$$m_i=m(N^*;N^*\cap K_i\neq\varnothing)=2\pi F_i+2lL_i$$
$$=2\pi id(\pi id+2l) \qquad (12.1)$$

$$\overline{m}_i=m(N^*;N^*\subset K_i)$$
$$=\frac{\pi}{2}\left\{\pi(2id)^2-2(2id)^2\arcsin\frac{l}{2id}-2l\left[(2id)^2-l^2\right]^{\frac12}\right\} \qquad (12.2)$$

其中 F_i 和 L_i 分别是 K_i 的面积和周长.

① 顾鹤荣. Buffon 投针问题解的几何解释及其在球面上的推广[J]. 华东师范大学学报,1987(2):6-12.

证明　略.

下面的定理 12.1 和定理 12.2 赋予古典 Buffon 问题解 $\dfrac{2l}{\pi d}$ 以新的几何意义.

定理 12.1　设

$$\tilde{p}_{i+1}(l) = p[N \cap \partial K_i \neq \varnothing \mid N \subset K_{i+1}, N \cap C_{i+1} \neq \varnothing]$$

则

$$\lim_{i \to \infty} \tilde{p}_i(l) = \frac{2l}{\pi d} \qquad (12.3)$$

证明　令

$$\tilde{p}_{i+1}^{*}(l) = p[N^{*} \cap \partial K_i \neq \varnothing \mid N^{*} \subset K_{i+2}, N^{*} \cap C_{i+1} \neq \varnothing]$$

利用(12.1)和(12.2)我们可得

$$\tilde{p}_{i+1}(l) = \tilde{p}_{i+1}^{*}(l) = \frac{m_i - \overline{m_i}}{m_{i+1} - m_i}$$

$$= \left[4ld + 4id^2 \arcsin \frac{l}{2id} + l\sqrt{(2d)^2 - \frac{l^2}{i^2}} \right] \div$$

$$\left\{ 4\pi d^2 + \frac{2d^2}{i} - 2\frac{(i+1)^2}{i} d^2 \arcsin \frac{1}{2(i+1)d} + \right.$$

$$2id^2 \arcsin \frac{l}{2id} - l\sqrt{\left[\frac{2(i+1)d}{i} \right]^2 - \left(\frac{l}{i} \right)^2} +$$

$$\left. l\sqrt{(2d)^2 - \left(\frac{l}{i} \right)^2} \right\} \qquad (12.4)$$

将(12.4)两边对 $i \to \infty$ 取极限,并注意

$$\lim_{i \to \infty} i\arcsin \frac{l}{2id} = \frac{l}{2d}$$

则可得到式(12.3),定理证毕.

定理 12.2　设 d 为一固定长度,$K_i(i=1,2,\cdots)$ 是 E_2 内以 O 为中心,id 为半径的圆盘,N 是长为 $l(\leqslant d)$

的线段,将 N 随机地投在平面内,则 N 与这些同心圆

相交的概率为 $\dfrac{2l}{\pi d}$.

证明 令

$$p_{n+1}(i) = p\left[N\cap \bigcup_{i=1}^{n}\partial K_i \mid N\subset K_{n+1}\right]$$

利用引理 12.1. 并适当整理,我们有

$$p_{n+1}(l) = p_{n+1}^*(l) = \frac{\displaystyle\sum_{i=1}^{n}(m_i - \overline{m_i})}{m_{n+1}}$$

$$= \frac{\dfrac{n}{n+1}l + 2d\cdot\dfrac{1}{(n+1)^2}\displaystyle\sum_{i=1}^{n} i^2\arcsin\dfrac{l}{2id} + \dfrac{l}{(n+1)^2}\displaystyle\sum_{i=1}^{n} i\sqrt{1-\left(\dfrac{l}{2id}\right)}}{\pi d - 2d\arcsin\dfrac{l}{2(n+1)d} - \dfrac{l}{n+1}\sqrt{1-\left[\dfrac{l}{2(n+1)d}\right]^2}}$$

$$(12.5)$$

将式(12.5)两边取 $n\to\infty$ 时的极限,并注意到

$$\lim_{n\to\infty}\frac{1}{(n+1)^2}\sum_{i=1}^{n} i^2\arcsin\frac{l}{2id} = \frac{l}{4d}$$

$$\lim_{n\to\infty}\frac{1}{(n+1)^2}\sum_{i=1}^{n} i\sqrt{1-\left(\frac{l}{2id}\right)^2} = \frac{1}{2}$$

我们可以得出

$$\lim_{i\to\infty} p_n(l) = \frac{2l}{\pi d} \qquad (12.6)$$

这正是所需证明的结论,定理证毕.

Buffon 短针问题在 E_n 中的解为 $p = \dfrac{2O_{n-2}l}{(n-1)O_{n-1}d}$,其

中 O_i 表示 i 维球面的面积,当 $n = 3$ 时,$p = \dfrac{l}{2d}$.

现设 K_i 为 E_3 中以 O 为中心,id 为半径的球体,

$C_i = \dfrac{K_i}{K_{i-1}}, N^*, N$ 分别是长为 $l(l \leqslant d)$ 的定向线段和不定向线段.

引理 12.2

$$m_i = m(N^*; N^* \cap K_i \neq \varnothing) = 2\pi^2(4V_i + F_i)$$

$$= \frac{8}{3}\pi^3(id)^2(4id + 3l) \tag{12.7}$$

$$\overline{m_i} = m(N^*; N^* \subset K_i)$$

$$= \frac{2}{3}\pi^3\big[16(id)^3 - 12l(id)^2 + l^3\big] \tag{12.8}$$

其中 V_i 和 F_i 分别是 K_i 的体积和面积.

证明　N^* 与 E_n 中有界凸体 D 相交的测度为

$$\int_{N^* \cap D \neq \varnothing} \mathrm{d}K = O_1 \cdots O_{n-2}\Big[O_{n-1}V + \frac{1}{n-1}O_{n-2}lF\Big] \tag{12.9}$$

其中 V 和 F 分别是 D 的体积和面积,将式(12.9)应用于 $n=3$ 和 $D=K_i$ 则得(12.7). (12.8)和(12.9)的证明均可见(12.1).

采用与定理 12.1 和定理 12.2 类似的方法,并应用引理 12.2,我们不难证明下面的定理 12.3 和定理 12.4.

定理 12.3　设

$$\tilde{p}_{i+1}(l) = p\big[N \cap \partial K_i \neq \varnothing \mid N \subset K_{i+1}, N \cap C_{i+1} \neq \varnothing\big]$$

则

$$\lim_{i \to \infty} \tilde{p}_i(l) = \frac{l}{2d} \tag{12.10}$$

定理 12.4　设 d 为一固定长度,$K_i(i=1,2,\cdots)$ 是 E_3 中以 O 为中心,id 为半径的球体,N 是长为 $l(\leqslant d)$ 的线段,将 N 随机地投入 E_3,则 N 与这些同心球面相交的概率为 $\dfrac{l}{2d}$.

§2 Buffon 短针问题在球面上的推广

在 E_3 中的单位球面 S^2 上,将过北极 O 和南极 O' 的一条半大圆弧 n 等分,过每个分点作垂直于这半大圆的纬线圆 C_i($i=1,2,\cdots,n-1$),这些距离为 $d=\dfrac{\pi}{n}$ 的平行纬线圆将 S^2 分成 n 个球带,如将长为 l($\leqslant d$)的一测地线段(即大圆弧)N 随机地投在球面上,我们希望求得 N 与这些平行纬线圆相交的概率.

引理 12.3 设 K 为 S^2 上以 O 为中心、$\alpha\left(\leqslant\dfrac{\pi}{2}\right)$ 为半顶角的球冠,σ_1 和 σ_2 均是长为 l 的 K 的两条弦,且它们同时垂直于过 O 的一条测地线,则 σ_1 和 σ_2 所截 K 的区域面积为

$$f=2\left[2\arccos\left(\tan\frac{l}{2}\cot\alpha\right)-\left(\pi-2\arcsin\frac{\sin\dfrac{l}{2}}{\sin\alpha}\right)\cos\alpha\right]$$

$$(12.11)$$

证明 如图 12.1,其中 DE 和 GH 是长为 l 的弦 σ_1 和 σ_2,EH 和 DG 均是测地线,$f=2(f'+f'')$,设 $\angle ODE=C$,$\angle DOE=2A$,则由球面三角可得

$$\sin A=\frac{\sin\dfrac{l}{2}}{\sin\alpha},\quad \cos C=\tan\frac{l}{2}\cot\alpha\ (12.12)$$

应用 Gauss – Bonnet 公式于测地 $\triangle ODE$,我们可有

$$f'=2C+2A-\pi\qquad(12.13)$$

其次,利用球冠 K 的面积为 $2\pi(1-\cos\alpha)$,可以得出

210

$$f'' = (\pi - 2A)(1 - \cos \alpha) \qquad (12.14)$$

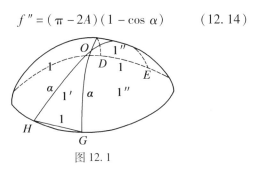

图 12.1

将 (12.13)(12.14) 和 (12.12) 三式代入 $f = 2(f' + f'')$ 即可得到式 (12.11),引理证毕.

引理 12.4　设 K 为 S^2 上以 $\alpha\left(\leqslant \dfrac{\pi}{2}\right)$ 为半顶角的球冠,E 为 S^2 的大圆,N^* 是 S^* 上长为 l 的有向线段,则

$$M = m(N^*; N^* \subset S^2) = 8\pi^2 \qquad (12.15)$$

$$m(N^*; N^* \cap K \neq \varnothing) = 4\pi[\pi(1 - \cos \alpha) + l\sin \alpha] \qquad (12.16)$$

$$m(N^*; N^* \subset K) = 4\pi\left[2C - (\pi - 2A)\cos \alpha - l\left(1 - \frac{\cos \alpha}{\cos \dfrac{l}{2}}\right)\right] \qquad (12.17)$$

$$m_E = m(N^*; N^* \cap E \neq \varnothing) = 8\pi l \qquad (12.18)$$

其中 A 和 C 由式 (12.12) 确定.

证明　应用非欧空间运动学基本公式于 S^2 上的凸集 D,可求得 N^* 与 D 相交的测度为

$$\int_{N^* \cap D \neq \varnothing} \mathrm{d}K = 2\pi F + 2lL \qquad (12.19)$$

其中 F 和 L 分别是 D 的面积和周长. 将 (12.19) 应用于 $D = S^2$ (这时有 $L = 0$) 可得 (12.15),应用于 $D = K$,注意到 $F = 2\pi(1 - \cos \alpha)$ 和 $L = 2\pi\sin \alpha$,于是就有

211

(12.16).

为证明(12.17),我们首先注意 S^2 上的运动学密度为

$$\mathrm{d}K = \mathrm{d}G \wedge \mathrm{d}s \qquad (12.20)$$

其中 $\mathrm{d}G$ 是直线密度,$\mathrm{d}s$ 是距离密度,应用(12.20)于凸集 K 得

$$
\begin{aligned}
m(N^*;N^* \subset K) &= \int_{N^* \subset K} \mathrm{d}K = \int_{\substack{G^* \cap K \ne \varnothing \\ \sigma \ge l}} (\sigma - l)\mathrm{d}G^* \\
&= \int_{\substack{G^* \cap K \ne \varnothing \\ \sigma \ge l}} \sigma \mathrm{d}G^* - l \int_{\substack{G^* \cap K \ne \varnothing \\ \sigma \ge l}} \mathrm{d}G^*
\end{aligned}
$$

$$(12.21)$$

其中 σ 是 K 的弦 $G^* \cap K$ 的长度,G 改成 G^* 是由于考虑的是 N^*. 首先有

$$\int_{\substack{G^* \cap K \ne \varnothing \\ \sigma \ge l}} \sigma \mathrm{d}G^* = 2\pi f = 4\pi \left[2C - (\pi - 2A)\cos \alpha \right]$$

$$(12.22)$$

其中 f, A, C 均如引理 12.3 中所述. 其次有

$$\int_{\substack{G^* \cap K \ne \varnothing \\ \sigma \ge l}} \mathrm{d}G^* = \int_{G^* \cap K(x) \ne \varnothing} \mathrm{d}G^*$$

其中 $K(x)$ 是与 K 中所有长为 l 的弦都相切的球冠,它的半顶角记为 x,则由球面三角可知 x 满足

$$\cos x = \frac{\cos \alpha}{\cos \dfrac{l}{2}}$$

所以

$$\int_{\substack{G^* \cap K \ne \varnothing \\ \sigma \ge l}} \mathrm{d}G^* = 2 \int_{G^* \cap K(x) \ne \varnothing} \mathrm{d}G = 4\pi \left(1 - \frac{\cos \alpha}{\cos \dfrac{l}{2}} \right)$$

$$(12.23)$$

将(12.22)和(12.23)代入(12.21),我们就证明了式

(12.17) 成立.

最后将 (12.16) 和 (12.17) 应用于半球面 $K\left(\dfrac{\pi}{2}\right)$ 可有

$$m_E = m\left(N^*; N^* \cap K\left(\frac{\pi}{2}\right) \neq \varnothing\right) - m\left(N^*; N^* \subset K\left(\frac{\pi}{2}\right)\right) = 8\pi l$$

这样引理全部证毕.

下面我们用 K_i 表示 S^2 上由 C_i 所围的含点 O 的球冠,注意:当 $0 \leqslant i \leqslant \dfrac{n}{2}$ 时 K_i 是 S^2 上的凸集,而 $\dfrac{n}{2} < i \leqslant n-1$ 时 K_i 不是凸集. 必要时,我们还令 $l = \dfrac{\lambda \pi}{n}$,其中 $0 \leqslant \lambda \leqslant 1$,其几何意义是 $\lambda = \dfrac{l}{d}$,即随机线段的长度与纬线圆间隔之比.

定理 12.5　若在单位球面 S^2 上画距离为 $d = \dfrac{\pi}{n}$ 的 $n+1$ 条等距平行纬线圆 $C_i (i = 0, 1, \cdots, n)$(其中 C_0 和 C_n 分别为北极和南极),N 是长为 l 的测地线段,将 N 随机地投到球面上,则 N 与这些平行纬线圆相交的概率为:

(1)若 n 为偶数,则

$$
\begin{aligned}
p_n &= p\left[N \cap \bigcup_{i=1}^{n-1} C_i \neq \varnothing\right] \\
&= \frac{1}{2\pi}\left[nl - l\left(\frac{1}{\cos \dfrac{l}{2} - 1}\right)\left(\cot \frac{\pi}{2n} - 1\right) + \right.\\
&\quad \left. 4\sum_{i=1}^{n_1}\left(\widetilde{C}_i - A_i \cos \frac{i\pi}{n}\right)\right]
\end{aligned}
\tag{12.24}
$$

(2)若 n 为奇数,则

$$p_n = \frac{1}{2\pi}\Big[\,(n-1)l + l\cot\frac{\pi}{2n} - l\,\frac{1 - \sin\dfrac{\pi}{2n}}{\sin\dfrac{\pi}{2n}\cos\dfrac{l}{2}} + $$

$$4\sum_{i=1}^{n_2}\Big(\widetilde{C}_i - A_i\cos\frac{i\pi}{n}\Big)\Big] \qquad (12.24')$$

其中, $n_1 = \dfrac{n}{2} - 1, n_2 = \dfrac{n-1}{2}$, 以及

$$\widetilde{C}_i = \arcsin\Big(\tan\frac{l}{2}\cot\frac{i\pi}{n}\Big)$$

$$A_i = \arcsin\frac{\sin\dfrac{l}{2}}{\sin\dfrac{i\pi}{n}}$$

证明　首先对 $1 \leqslant i \leqslant \dfrac{n}{2}$, 令

$$m_i = m(N^*; N^* \cap K_i \neq \varnothing), \overline{m}_i = m(N^*; N^* \subset K_i)$$

利用引理 12.4 的结果可得

$$m(N^*; N^* \cap C_i \neq \varnothing) = m_i - \overline{m}_i$$

$$= 4\pi\Big[\,l + l\sin\alpha_i + l\,\frac{\cos\alpha_i}{\cos\dfrac{l}{2}} + $$

$$2\Big(\frac{\pi}{2} - \overline{C}_i\Big) - 2A_i\cos\alpha_i\Big]$$

$$(12.25)$$

其中 $\alpha_i = id = \dfrac{i\pi}{n}$, $\overline{C}_i$ 和 A_i 分别是 $\alpha = \alpha_i$ 时, 式(12.12)

中 C 和 A 的相应值.

若 n 为偶数, 则

214

$$p_n = p\left[N \cap \bigcup_{i=1}^{n-1} C_i \neq \varnothing \right] = \frac{\left[m_E + 2\sum_{i=1}^{n_1} (m_i - \overline{m_i}) \right]}{M}$$

将式(12.15),(12.18)和(12.25)代入上式,并注意到

$$\sum_{i=1}^{n_1} \sin \frac{i\pi}{n} = \sum_{i=1}^{n_1} \cos \frac{i\pi}{n} = \frac{1}{2}\left(\cot \frac{\pi}{2n} - 1 \right)$$

$$\widetilde{C_i} = \frac{\pi}{2} - \arccos\left(\tan \frac{l}{2} \cot \frac{i\pi}{n} \right) = \arcsin\left(\tan \frac{l}{2} \cot \frac{i\pi}{n} \right)$$

即可得出式(12.24).

若 n 是奇数,则

$$p_n = 2\sum_{i=1}^{n_2} \frac{(m_i - \overline{m_i})}{M}$$

将式(12.15)和(12.25)代入上式,并注意到

$$\sum_{i=1}^{n_2} \sin \frac{i\pi}{n} = \frac{1}{2}\cot \frac{\pi}{2n}$$

$$\sum_{i=1}^{n_2} \cos \frac{i\pi}{n} = \frac{1 - \sin \frac{\pi}{2n}}{2\sin \frac{\pi}{2n}}$$

我们就可知(12.24′)成立,定理证毕.

定理 12.6　在定理 12.5 的假设下,令 $l = \dfrac{\lambda\pi}{n}(0 \leqslant \lambda \leqslant 1)$,设 $n \to \infty$,$l \to 0$,当 l 无限缩小时总使 λ 保持为常数,则

$$\lim_{n \to \infty} p\left[N \cap \bigcup_{i=1}^{n-1} C_i \neq \varnothing \right] = \frac{\lambda}{2} \qquad (12.26)$$

证明　当 $n \to \infty$ 时我们对式(12.24)两边取极限,首先右边第一项即为 $\dfrac{\lambda}{2}$.其次有

Buffon 投针问题

$$\lim_{n \to \infty}\left[l\left(\frac{1}{\cos\dfrac{l}{2}} - 1\right)\left(\cot\frac{\pi}{2n} - 1\right)\right]$$

$$=\lim_{n \to \infty}\left[\frac{\dfrac{\lambda\pi}{n}}{\sin\dfrac{\pi}{2n}}\left(\frac{1}{\cos\dfrac{\lambda\pi}{2n}} - 1\right)\left(\cos\frac{\pi}{2n} - \sin\frac{\pi}{2n}\right)\right]=0$$

最后我们证明

$$Z = \lim_{n \to \infty} 4 \sum_{i=1}^{n_1}\left[\arcsin\left(\tan\frac{\lambda\pi}{2n}\cot\frac{i\pi}{n}\right) - \left(\arcsin\frac{\sin\dfrac{\lambda\pi}{2n}}{\sin\dfrac{i\pi}{n}}\right)\cos\frac{i\pi}{n}\right]=0 \qquad (12.27)$$

为此我们注意,若令

$$s_i = 4\left[\arcsin\left(\tan\frac{\lambda\pi}{2n}\cot\frac{i\pi}{n}\right) - \left(\arcsin\frac{\sin\dfrac{\lambda\pi}{2n}}{\sin\dfrac{i\pi}{n}}\right)\cos\frac{i\pi}{n}\right]$$

则容易看出 s_i 是以 $\alpha_i = \dfrac{i\pi}{n}\left(1 \leqslant i \leqslant \dfrac{n}{2}\right)$ 为半顶角的球冠

内以 l 为弦长的小弓形面积的 2 倍,因而对 $1 \leqslant i \leqslant \dfrac{n}{2}$

有 $s_1 > s_2 > \cdots > s_{n_1} \geqslant 0$,于是可得

$$0 \leqslant Z \leqslant \lim_{n \to \infty}\left\{2n\left[\arcsin\frac{\tan\dfrac{\lambda\pi}{2n}}{\tan\dfrac{\pi}{n}} - \left(\arcsin\frac{\sin\dfrac{\lambda\pi}{2n}}{\sin\dfrac{\pi}{n}}\right)\cos\frac{\pi}{n}\right]\right\}$$

不难证明上式右边的极限为 0,于是式(12.27)成立,类似的证明可对(12.24′)两边进行,定理证毕.

最后我们考虑这样的问题:在布有等距离 $d = \dfrac{\pi}{n}$

216

的纬线圆 $C_i(i=1,2,\cdots,n-1)$ 的单位球面 S^2 上,随机地投入半顶角为 $\gamma(2\gamma \leqslant d)$ 的球冠 D,求 D 与这些纬线圆相交的概率,对此我们有如下的结果:

定理 12.7

$(1)p_n=p[D\cap \bigcup\limits_{i=1}^{n-1}C_i \neq \varnothing]=\sin \gamma \cot \dfrac{\pi}{2n}$　(12.28)

(2) 令 $\gamma=\dfrac{\lambda\pi}{2n}(0\leqslant \lambda \leqslant 1,\lambda$ 的几何意义是 D 的直径与间距 d 的比),若 $n\to \infty$,$\gamma\to 0$ 而使 λ 保持为常数,则

$$\lim_{n\to \infty}p_n=\lambda \qquad (12.29)$$

证明　设 D_0 和 D_1 分别为 S^2 上的固定域和运动域,则运动学基本公式为

$$\int_{D_0\cap D_1 \neq \varnothing}\chi(D_0\cap D_1)dK_1 = 2\pi(F_1\chi_0+F_0\chi_1)-$$

$$F_0F_1+L_0L_1 \qquad (12.30)$$

其中 χ_0,χ_1 和 $\chi(D_0\cap D_1)$ 分别是 D_0,D_1 和 $D_0\cap D_1$ 的 Euler 示性数,F_0,F_1 和 L_0,L_1 分别是 D_0,D_1 的面积和周长. 应用(12.30)于 $D_0=S^2,D_1=D$ 得

$$M=m(D;D\supset S^2)=8\pi^2 \qquad (12.31)$$

再应用(12.30)于 $D_0=K(\alpha),D_1=D$,其中 $K(\alpha)$ 是以 $\alpha\left(\leqslant \dfrac{\pi}{2}\right)$ 为半顶角的球冠,于是可得

$$m(D;D\cap K(\alpha)\neq \varnothing)=4\pi^2[1-\cos(\alpha+\gamma)]$$

$$(12.32)$$

其次我们还有

$$m(D;D\subset K(\alpha))=m(D;D\cap K(\alpha-2\gamma)\neq \varnothing)$$

$$=4\pi^2[1-\cos(\alpha-\gamma)] \qquad (12.33)$$

对 $0 \leqslant i \leqslant \dfrac{n}{2}$，令

$$m_i = m(D; D \cap K_i \neq \varnothing), \overline{m}_i = m(D; D \subset K_i)$$

则有

$$m_i - \overline{m}_i = 8\pi^2 \sin\gamma\sin\dfrac{i\pi}{n}$$

用类似于定理 12.5 中的方法，对 n 为奇数和偶数分别讨论，我们可得出对所有 $n(=2,3,\cdots)$ 均有

$$m\left(D; D \cap \bigcup_{i=1}^{n-1} C_i \neq \varnothing\right) = 8\pi^2 \sin\gamma\cot\dfrac{\pi}{2n}$$

$$(12.34)$$

将(12.31)和(12.34)代入

$$p_n = \dfrac{m\left(D; D \cap \bigcup\limits_{i=1}^{n-1} C_i \neq \varnothing\right)}{M}$$

即可得到所需证明的式(12.28).

最后对式(12.28)两边取极限，我们可有

$$\lim_{n\to\infty} p_n = \lim_{n\to\infty}\left(\sin\gamma\cot\dfrac{\pi}{2n}\right) = \lim_{n\to\infty}\left(\sin\dfrac{\lambda\pi}{2n}\cot\dfrac{\pi}{2n}\right) = \lambda$$

定理证毕.

Buffon 长针问题①

§1 引 言

经典的 Buffon 问题的解给出了一长为 l 的针 N 随机地投在被间距为 d 的平行直线簇分割后的平面上 N 与平行直线簇相交的概率([8],P71;[2],P2),这时要求 $l \leqslant d$,当 $l > d$ 时就有可能有多个交点,交点的分布也得到了解([8],P77;[16],P12;[17],P615),P. Diaconis 对平面 Buffon 长针问题做了研究[17] 得到了交点分布的极限密度.更普遍地,考虑在针 N 与凸集 K 相交的条件下,N 落在 K 内的概率,任德麟[18],[19] 独到地引进了凸集的广义支持函数和限弦函数,解决了这个问题的可计算性,给出了一个比较初等的表示公式.如果考虑 n 维欧氏空间,用平行超平面簇来代替平行直线簇,L. A. Sontaló 在《积分几何和几何概率》

① 黄荣培. BUFFON 长针问题[J]. 华东师范大学学报,1987(4):9 – 13.

第 13 章

中给出了短针问题的解([8],P250). 本章的目的是想探讨一下 n 维欧氏空间中长针问题的解和它的极限分布. 本章得到的结果是定理 13.1 的分布表达式, 定理 13.2 的矩估计和定理 13.3 的极限密度.

§2　Buffon 长针问题的分布表达式

一长为 l 的针 N 随机地投在 n 维欧氏空间 E_n 中, E_n 被一簇间距为 d 的平行超平面所截, 假设 $l > d$, 这时针 N 与超平面簇有可能有多个交点, 我们将得到针 N 与平行超平面簇恰好有 k 个交点的概率 $p(k)$. 为了形式上的方便, 我们不妨设 $d = 1$, 不然的话用 $\dfrac{l}{d}$ 来代替 l, 对于这种情况, 我们有下面的定理

定理 13.1　相交的交点数可以取在范围 $0 \sim [l] + 1 = M$ 内, $[l]$ 表示 l 的整数部分, 设角 θ_k 定义为: $l\cos\theta_k = k, k = 0, \cdots, M-1$, 令 $\theta_M = 0$, 对 $l > 1$, 我们有

$$p(0) = \frac{2O_{n-2}}{O_{n-1}} \left[\int_{\theta_1}^{\frac{\pi}{2}} \sin^{n-2}\theta \mathrm{d}\theta + \frac{l}{n-1}(\sin^{n-1}\theta_1 - 1) \right]$$

$$p(k) = \frac{2O_{n-2}}{O_{n-1}} \left(A_k + \frac{l}{n-1}B_k \right) \quad (1 \leqslant k \leqslant M-1)$$

$$p(M) = \frac{2O_{n-2}}{O_{n-1}} \left[-(M-1)\int_0^{\theta_{M-1}} \sin^{n-2}\theta \mathrm{d}\theta + \frac{l}{n-1}\sin^{n-1}\theta_{M-1} \right]$$

其中

$$A_k = (k+1)\int_{\theta_{k+1}}^{\theta_k} \sin^{n-2}\theta \mathrm{d}\theta - (k-1)\int_{\theta_k}^{\theta_{k-1}} \sin^{n-2}\theta \mathrm{d}\theta$$

$$B_k = \sin^{n-1}\theta_{k+1} - 2\sin^{n-1}\theta_k + \sin^{n-1}\theta_{k-1}$$

$$O_{n-1} = \frac{2\pi^{\frac{n}{2}}}{\Gamma\left(\dfrac{n}{2}\right)}$$ 为 $n-1$ 维单位球面的面积.

为了证明这个定理,我们需要下面的引理:

引理　针 N 随机地投入 n 维欧氏空间 E_n,N 的方向是均匀分布在球面上,设 A 为 E_n 中的任一直线,以 A 为参考方向,设 N 与 A 的交角为 $\theta\left(0 \leqslant \theta \leqslant \dfrac{\pi}{2}\right)$,则 θ 服从概率密度为 $f(\theta)$ 的分布. 其中

$$f(\theta) = \frac{2O_{n-2}}{O_{n-1}} \sin^{n-2}\theta \quad \left(0 \leqslant \theta \leqslant \frac{\pi}{2}\right)$$

证明　设针 N 的两端点为 B_1,B_2,参照 B_1,B_2 落在半径为 l 的球面上,设 B_2 落在对应于 θ 的球面上点的附近,则 B_2 落在以 $\mathrm{d}s = l\mathrm{d}\theta$ 为宽度的球带上的概率为球带的表面积除以半个球的表面积

$$f(\theta)\mathrm{d}\theta = \frac{2O_{n-2}(l\sin\theta)^{n-2}\mathrm{d}s}{O_{n-1}l^{n-1}} = \frac{2O_{n-2}}{O_{n-1}}\sin^{n-2}\theta\mathrm{d}\theta$$

因此 $f(\theta) = \dfrac{2O_{n-2}}{O_{n-1}}\sin^{n-2}\theta\left(0 \leqslant \theta \leqslant \dfrac{\pi}{2}\right)$.

我们接下来证明定理 13.1:

定理 13.1 的证明　分三种情况:

(1) 对 $1 \leqslant k \leqslant M-1$;要恰好有 k 个交点,N 与超平面法线的交角 θ 只可能取在 (θ_{k+1}, θ_k) 和 (θ_k, θ_{k-1}) 内,其中在 (θ_{k+1}, θ_k) 中相交的条件概率为 $k+1-l\cos\theta$,在 (θ_k, θ_{k-1}) 中相交的条件概率为 $l\cos\theta-(k-1)$,因此总概率为

$$\begin{aligned}p(k) = &\int_{\theta_k}^{\theta_{k-1}} (l\cos\theta - (k-1))f(\theta)\mathrm{d}\theta + \\ &\int_{\theta_{k+1}}^{\theta_k} (k+1 - l\cos\theta)f(\theta)\mathrm{d}\theta\end{aligned}$$

221

Buffon 投针问题

$$
= \frac{2O_{n-2}}{O_{n-1}} \Big[l \int_{\theta_k}^{\theta_{k-1}} \sin^{n-2}\theta \mathrm{d}\sin\theta -
$$

$$
l \int_{\theta_{k+1}}^{\theta_k} \sin^{n-2}\theta \mathrm{d}\sin\theta - (k-1) \cdot
$$

$$
\int_{\theta_k}^{\theta_{k-1}} \sin^{n-2}\theta \mathrm{d}\theta + (k+1) \int_{\theta_{k+1}}^{\theta_k} \sin^{n-2}\theta \mathrm{d}\theta \Big]
$$

$$
= \frac{2O_{n-2}}{O_{n-1}} \Big[(k+1) \int_{\theta_{k+1}}^{\theta_k} \sin^{n-2}\theta \mathrm{d}\theta - (k-1) \cdot
$$

$$
\int_{\theta_k}^{\theta_{k-1}} \sin^{n-2}\theta \mathrm{d}\theta + \frac{1}{n-1} (\sin^{n-1}\theta_{k+1} -
$$

$$
2\sin^{n-1}\theta_k + \sin^{n-1}\theta_{k-1}) \Big]
$$

即

$$
p(k) = \frac{2O_{n-2}}{O_{n-1}} \Big(A_k + \frac{l}{n-1} B_k \Big)
$$

（2）当 $k=0$ 时，设 N 的中点离最近的超平面的距离为 x，要使 N 与超平面不相交，必须有

$$
x > \frac{1}{2} l \cos\theta
$$

$$
p(0) = \frac{\int_{\theta_1}^{\frac{\pi}{2}} \int_{\frac{1}{2}l\cos\theta}^{\frac{1}{2}} f(\theta) \mathrm{d}\theta \mathrm{d}x}{\int_0^{\frac{\pi}{2}} \int_0^{\frac{1}{2}} f(\theta) \mathrm{d}\theta \mathrm{d}x} = \int_{\theta_1}^{\frac{\pi}{2}} (1 - l\cos\theta) f(\theta) \mathrm{d}\theta
$$

$$
= \frac{2O_{n-2}}{O_{n-1}} \Big[\int_{\theta_2}^{\frac{\pi}{2}} \sin^{n-2}\theta \mathrm{d}\theta + \frac{l}{n-1} (\sin^{n-1}\theta_1 - 1) \Big]
$$

（3）当 $k=M$ 时，要相交有 M 个交点，θ 只能落在 (O, θ_{M-1}) 内，而且恰好有 M 个交点的条件概率为 $l\cos\theta - (M-1)$

$$
p(M) = \int_0^{\theta_{M-1}} \big[l\cos\theta - (M-1) \big] f(\theta) \mathrm{d}\theta
$$

222

$$= \frac{2O_{n-2}}{O_{n-1}}\Big[\frac{l}{n-1}\sin^{n-1}\theta_{M-1} - (M-1)\int_0^{\theta_{M-1}}\sin^{n-2}\theta \mathrm{d}\theta\Big]$$

我们可以看出当 $n=2$ 时就是在平面上已得到的 Buffon 长针问题的解（[8]，P77）. 对于短针问题只要令 $\theta_1 = 0$，则

$$p(0) = \frac{2O_{n-2}}{O_{n-1}}\Big[\int_0^{\frac{\pi}{2}}\sin^{n-2}\theta \mathrm{d}\theta - \frac{l}{n-1}\Big] = 1 - \frac{2l}{n-1}\cdot\frac{O_{n-2}}{O_{n-1}}$$

因此

$$p(1) = \frac{2l}{n-1}\cdot\frac{O_{n-2}}{O_{n-1}}$$

根据积分几何的一般理论，n 维欧氏空间 E_n 中的超平面 L_1 的密度为（[8]，P204）

$$\mathrm{d}L_1 = \mathrm{d}\rho \wedge \mathrm{d}u_{n-1}$$

这里 ρ 表示 E_n 中取定的原点到 L_1 的距离，$\mathrm{d}u_{n-1}$ 表示 $n-1$ 维球面的面积元，$\mathrm{d}L_1$ 是在 E_n 中的欧氏运动群作用下不变的. 我们的引理和定理实际上是关于 $\mathrm{d}u_{n-1}$ 和 $\mathrm{d}\rho$ 的积分，因此，我们得到的结果是 E_n 中的欧氏运动群作用下不变的.

§3　极限分布

我们只要令 $\theta_{-1} = \frac{\pi}{2}$，$\theta_{M+1} = 0$，就可以得到 $p(k)$ $(k=0,\cdots,M)$ 的一个统一表达式

$$p(k) = \frac{2O_{n-2}}{O_{n-1}}\Big(A_k + \frac{l}{n-1}B_k\Big)$$

这里 A_k，B_k 就是定理 13.1 中所定义的. 以后我们记 $f(x) = O(g(x))$ 当 $x \to x_0$ 是指 $|f(x)| \leqslant Kg(x)$ 对某一

常数 $K > 0$ 及 x_0 的一个邻域.

设 $\{b_k\}$ $(k = 0, \cdots, M)$，为一列实数，令 $b_{-1} = 0$，则

$$\sum_{k=0}^{M} b_k B_k = b_1 - b_0 + \sum_{k=1}^{M-1} \Delta^2 (b_{k-1}) \sin^{n-1}\theta_k$$

其中 $\Delta(b_k) = b_{k+1} - b_k$ 为差分运算

$$\sum_{k=0}^{M} k^m B_k = 1 + \sum_{k=1}^{M-1} \Delta^2 [(k-1)] \sin^{n-1}\theta_k$$

$$= 1 + \sum_{k=1}^{M-1} [m(m-1)k^{m-2} + O(k^{m-4})] \sin^{n-1}\theta_k$$

当 $s \to \infty$，$M \to \infty$

$$\sum_{k=0}^{M} k^m A_k = \sum_{k=1}^{M-1} [k^m(k+1) - (k+1)^m k] \int_{\theta_{k+1}}^{\theta_k} \sin^{n-2}\theta \mathrm{d}\theta$$

$$= -\sum_{k=1}^{M-1} [(m-1)k^m + O(k^{m-1})] \int_{\theta_{k+1}}^{\theta_k} \sin^{n-2}\theta \mathrm{d}\theta$$

由积分第二中值定理得

$$\int_{\theta_{k+1}}^{\theta_k} \sin^{n-2}\theta \mathrm{d}\theta = \left[\sin^{n-3}\theta_k + O\left(\frac{1}{l}\right) \right] \frac{1}{l}$$

定理 13.2 $\mu_m = \sum\limits_{k=0}^{M} k^m p(k) = c_m l^m + O(l^{m-1})$，对 $l \to \infty$，其中 $C_m = \dfrac{O_{n-2}}{O_{n-1}} \beta\left(\dfrac{m+1}{2}, \dfrac{n-1}{2}\right)$，$\beta(\cdot, \cdot)$ 为 β 函数 $\beta(p, q) = \displaystyle\int_0^1 x^{p-1}(1-x)^{q-1}\mathrm{d}x$，且 $\beta(p, q) = \dfrac{\Gamma(p)\Gamma(q)}{\Gamma(p+q)}$.

证明 在本定理的证明中先不计 $\dfrac{2O_{n-2}}{O_{n-1}}$ 这个因子.

$m = 1$ 时，$\mu_m = \dfrac{l}{n-1}$，定理成立.

$m = 2, 3$ 时的情况和 $m > 3$ 时同样处理.

现在只一般地考虑 $m > 3$ 的情况

$$\mu_m = \frac{l}{n-1} + \frac{l}{n-1} \sum_{k=1}^{M-1} \left[m(m-1)k^{m-2} + O(k^{m-4}) \right] \sin^{n-1}\theta_k -$$

$$\sum_{k=1}^{M-1} \left[(m-1)k^m + O(k^{m-1}) \right] \left[\sin^{n-3}\theta_k + O\left(\frac{1}{l}\right) \right] \frac{1}{l}$$

$$(\text{当 } l \to \infty, m \to \infty)$$

$$= \sum_{k=1}^{M-1} \left[\frac{l}{n-1} m(m-1)k^{m-2} \sin^{n-1}\theta_k - \right.$$

$$\left. (m-1)k^m \sin^{n-3}\theta_k \frac{1}{l} \right] +$$

$$\sum_{k=1}^{M-1} \left[\frac{l}{n-1} \sin^{n-1}\theta_k O(k^{m-4}) - \frac{m-1}{l}k^m O\left(\frac{1}{l}\right) - \right.$$

$$\left. \frac{1}{l}\sin^{n-3}\theta_k O(k^{m-1}) - \frac{1}{l}O(k^{m-1})O\left(\frac{1}{l}\right) \right]$$

$$\sum_{k=1}^{M-1} \left[\frac{l}{n-1} m(m-1)k^{m-2}\sin^{n-1}\theta_k - (m-1)k^m \sin^{n-3}\theta_k \frac{1}{l} \right]$$

$$= \sum_{k=1}^{M-1} \left[\frac{m(m-1)}{n-1} \left(\frac{k}{l}\right)^{m-2} \left(1 - \left(\frac{k}{l}\right)^2\right)^{\frac{n-1}{2}} - \right.$$

$$\left. (m-1)\left(\frac{k}{l}\right)^m \left(1 - \left(\frac{k}{l}\right)^2\right)^{\frac{n-3}{2}} \right] l^{m-1}$$

$$= \sum_{k=1}^{M-1} f\left(\frac{k}{l}\right) l^{m-1}$$

其中

$$f(x) = \frac{m(m-1)}{n-1} x^{m-2}(1-x^2)^{\frac{n-1}{2}} - (m-1)x^m(1-x^2)^{\frac{n-3}{2}}$$

对二次可微函数 g，由 Euler – Maclaurine 公式（[17]，P616）

$$\sum_{k=1}^{M-1} g(k) = \int_0^{M-1} g(z)\,\mathrm{d}t + \frac{1}{2}\left[g(M-1) + g(0) \right] +$$

225

Buffon 投针问题

$$\frac{1}{12}\big[\,g'(M-1)-g'(0)\,\big]-$$

$$\int_0^{M-1}p_2(x)g''(x)\,\mathrm{d}x$$

其中 $p(x)$ 为在 $0\leqslant x\leqslant 1$ 上取 $\dfrac{x^2}{2}-\dfrac{x}{2}+\dfrac{1}{12}$ 的周期为 1

的周期函数, 取 $g(t)=f\left(\dfrac{t}{l}\right),g'(t)=\dfrac{1}{l}f'\left(\dfrac{t}{l}\right),$

$g''(t)=\dfrac{1}{l^2}f''\left(\dfrac{t}{l}\right),$因此

$$\sum_{k=1}^{M-1}f\left(\frac{k}{l}\right)=\int_0^{M-2}f\left(\frac{t}{l}\right)\mathrm{d}t+\frac{1}{2}\Big[f\left(\frac{M-2}{l}\right)+f(0)\Big]+$$

$$\frac{1}{12l}\Big[f'\left(\frac{M-2}{l}\right)-f'(0)\Big]-$$

$$\frac{1}{l^2}\int_0^{M-2}p_2(x)f''\left(\frac{x}{l}\right)\mathrm{d}x+f\left(\frac{M-1}{l}\right)$$

$$=l\int_0^1 f(t)\,\mathrm{d}t-l\int_{1-\theta}^1 f(t)\,\mathrm{d}t+O(1)$$

这里 $\theta=O(l^{-1})$,当 $l\to\infty$,$f(t)=O(1)$ 是有界量, 当 $t\to1\,(n\geqslant3)$.

$$\sum_{k=1}^{M-1}f\left(\frac{k}{l}\right)=l\int_0^1 f(t)\,\mathrm{d}t+O(1)$$

$$\int_0^1 f(t)\,\mathrm{d}t=\frac{m(m-1)}{n-1}\int_0^1 x^{m-2}(1-x^2)^{\frac{n-1}{2}}\mathrm{d}x-(m-1)\cdot$$

$$\int_0^1 x^m(1-x^2)^{\frac{n-3}{2}}\mathrm{d}x$$

$$=\frac{m(m-1)}{n-1}\frac{1}{2}\beta\left(\frac{m-1}{2},\frac{n+1}{2}\right)-$$

$$\frac{m-1}{2}\beta\left(\frac{m+1}{2},\frac{n-1}{2}\right)$$

$$= \frac{1}{2}\beta\left(\frac{m+1}{2}, \frac{n-1}{2}\right)$$

在 μ_m 中的后一项是 $O(l^{m-1})$ 的,这样就可以直接得到定理的结论.

我们现在定义一个随机变量 I 为长为 l 的针 N 随机地投在间距为单位长的平行超平面簇分割的空间中 N 与平行超平面簇相交的交点数,应用定理 13.2,我们可以得到下述定理.

定理 13.3　当 $l \to \infty$ 时,随机变量 $\left(\dfrac{I}{l}\right)$ 的分布弱收敛于以下述函数 $f(x)$ 为密度函数的分布

$$f(x) = \begin{cases} \dfrac{2O_{n-2}}{O_{n-1}}(1-x^2)^{\frac{n-3}{2}} & (0 \leqslant x \leqslant 1) \\ 0 & (\text{其他}) \end{cases}$$

证明　当 $l \to \infty$ 时,$\dfrac{I}{l}$ 的 m 阶矩收敛于定理 13.2 中得到的常数 C_m,而密度函数 $f(x)$ 决定的分布的 m 阶矩为

$$\int_{-\infty}^{+\infty} x^m f(x)\,\mathrm{d}x = \frac{2O_{n-2}}{O_{n-1}}\int_0^1 x^m(1-x^2)^{\frac{n-3}{2}}\mathrm{d}x$$

$$= \frac{O_{n-2}}{O_{n-1}}\beta\left(\frac{m+1}{2}, \frac{n-1}{2}\right) = C_m$$

我们所考虑的分布都是可以限制在 $[0,1]$ 区间上的,因此,$\left(\dfrac{I}{l}\right)$ 的分布弱收敛于 $f(x)$ 给出的分布([20],§7.3,定理3).

这样我们对比较长的针 N 计算交点数分布就可以用定理 13.3 的结论来近似估计.

在球的内部两点之间距离的概率

第 14 章

这一章是用概率论的语言来叙述的. 但是, 关于概率论的技巧可完全忽略, 问题就是计算重积分. 在此只需要作出下述的对应:

$$\left.\begin{array}{l}\text{点 } A \text{ 属于集合 } E \text{ 的概}\\\text{率}, E \text{ 是球 } S \text{ 内由某种}\\\text{性质所定义的一个点集}\end{array}\right\} \leftrightarrow \left\{\begin{array}{l}\text{集合 } E \text{ 的体积}\\(\text{勒贝格测度}) \text{ 与}\\\text{球 } S \text{ 的体积之比}\end{array}\right.$$

$$\text{基本概率} \leftrightarrow \frac{\mathrm{d}x\mathrm{d}y\mathrm{d}z}{V}$$

$$\left.\begin{array}{l}\text{一对互相独立的点 } A \text{ 与 } B\\\text{的基本概率}(\text{点 } A \text{ 与点 } B\\\text{的基本概率的乘积})\end{array}\right\} \leftrightarrow \frac{\mathrm{d}x\mathrm{d}y\mathrm{d}z\mathrm{d}x'\mathrm{d}y'\mathrm{d}z'}{V^2}$$

最后, 我们记得, 如果 $p(a)$ 是一个比 a 小的特定的随机变量 U 的概率, 则相应的密度(如果它存在)是导数 $p'(a)$. 微分 $p'(a)\mathrm{d}a$ 是

$$a \le U < a + \mathrm{d}a$$

的概率.

若 U 是正的, 则有

$$p(a) = \int_{-\infty}^{a} p'(s)\mathrm{d}s$$

这里,$p(a)$ 与 $p'(a)$ 作为"乘积测度"出现. 所求的概率 $p(a)$ 是 6 维空间中某个集合的测度.

问题　在半径为 R 的球 S 的内部随机地选取两点 A 与 B,求 A 与 B 之间的距离小于给定的数 a 的概率.

解答　我们预先选定一个基本概率. 最简单的假设为 A 与 B 在球内的概率是均匀分布的,而且它们的概率是独立的. 若球的体积是 $V = \dfrac{4\pi R^3}{3}$,则点对 (A, B) 的基本概率是

$$\frac{\mathrm{d}x\mathrm{d}y\mathrm{d}z\mathrm{d}x'\mathrm{d}y'\mathrm{d}z'}{V^2}$$

我们需要在由

$$x^2 + y^2 + z^2 < R^2, x'^2 + y'^2 + z'^2 < R^2$$
$$(x - x')^2 + (y - y')^2 + (z - z')^2 < a^2$$

所确定的 6 维区域内积分这个表达式.

当 $a \geqslant 2R$ 时,自然可得到概率 p 等于 1. 现在假定 $a < 2R$. 固定 A,我们在球 S 与以 A 为圆心,以 a 为半径的球(在 S 内)的公共部分上计算积分(图 14.1)

$$\varOmega = \iiint \mathrm{d}x'\mathrm{d}y'\mathrm{d}z'$$

图 14.1

这时我们有

$$p(A) = \frac{1}{V^2}\iiint \Omega \mathrm{d}x\mathrm{d}y\mathrm{d}z$$

这个积分是在球 S 上取的.

这个方法需要相当长的计算. 更快的方法是: 首先计算概率密度 $p'(a)$, 也就是计算距离 l 落在 a 与 $a +$ $\mathrm{d}a$ 之间的概率.

固定 A, 我们计算以 A 为圆心, 分别以 a 和 $a + \mathrm{d}a$ 为半径的两个同心球之间的落在球 S 内的那部分体积 (图 14.2).

设 $OA = \rho$. 若 $\rho + a < R$, 则以 A 为圆心, 以 a 为半径的球全都落在 S 的内部, 所以所求的体积为 $4\pi a^2 \mathrm{d}a$. 若 $\rho + a > R$, 则这个体积等于 $\mathrm{d}a$ 与在 S 内部的、以 a 为半径的球冠面积的乘积 (图 14.3). 设 h 表示这个球冠的高. 球冠的面积为 $2\pi a h$, 这里

$$h = OP - OA + a = \frac{\rho^2 + R^2 - a^2}{2\rho} + a - \rho = \frac{R^2 - (a-\rho)^2}{2\rho}$$

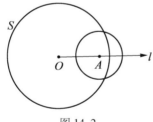

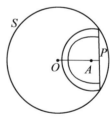

图 14.2   图 14.3

综上所述

$$V^2 p'(a) = \iiint\limits_{\rho < R-a} 4\pi a^2 \mathrm{d}x\mathrm{d}y\mathrm{d}z +$$

$$\iiint\limits_{R-a < \rho < R} 2\pi a \frac{R^2(a-\rho)^2}{2\rho}\mathrm{d}x\mathrm{d}y\mathrm{d}z$$

我们把它化为球坐标, 得

$$\frac{V^2}{4\pi^2 a}p'(a) = 4a\int_0^{R-a}\rho^2\mathrm{d}\rho + \int_{R-a}^{R}\left[R^2-(a-\rho)^2\right]\rho\mathrm{d}\rho$$

计算这个积分,我们得到

$$\frac{V^2}{4\pi^2}p'(a) = \frac{a^5}{12}-a^3R^2+\frac{4}{3}a^2R^3 = \frac{a^2}{12}(2R-a)^2(4R+a)$$

已知 $p(0)=0$,积分上面的方程,我们得到

$$\frac{V^2}{4\pi^2}p(a) = \frac{6a^2}{72}-\frac{a^4R^2}{4}+\frac{4}{9}a^3R^3$$

$$p(a) = \frac{1}{32}\left(\frac{a}{R}\right)^6 - \frac{9}{16}\left(\frac{a}{R}\right)^4 + \left(\frac{a}{R}\right)^3$$

当 $a=0$ 时,概率 $p(a)$ 为 0;当 $a=2R$ 时, $p(a)$ 等于 1;当 $a=0, a=2R$ 时,概率密度 $p'(a)$ 为 0(图 14.4).

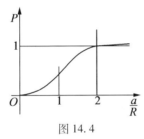

图 14.4

231

一道莫斯科竞赛试题
与 Favard 公式

题目 米莎在意念中向给定的单位圆里放入一个凸多边形,使得单位圆的圆心在多边形内部,科莉亚试图猜出多边形的周长. 每一步,科莉亚指给米莎一条直线,米莎则告诉她该直线是否与多边形相交. 试问,科莉亚有无办法大致地猜出多边形的周长:

a)经过 3 步,误差不超过 0.3;

b)经过 2 007 步,误差不超过 0.003?

答案:a)不行;b)可以.

a)**解法 1** 假设科莉亚指出了 3 条直线 l_1, l_2, l_3. 不失一般性,我们可认为所指出的直线各不相同,且都与圆至少有一个公共点. 我们来证明,可以找到两个满足题中条件的多边形,它们都与所给 3 条直线相交,而它们的周长至少相差 0.6.

直线 l_1 将圆周所分成的两段弧的中点分别记作 A 和 B(则 AB 就是该圆的直

径). 再设 C 和 D 分别是直线 l_2, l_3 与圆交出的不同于点 A 和 B 的交点. 以 A, B, C 和 D 为顶点的四边形满足题中条件, 且与 3 条直线 l_1, l_2, l_3 都相交, 它的周长 P_1 不超过线段 AC, CB, AD 和 DB 的长度之和, 因此也不超过圆内接正方形的周长, 意即 $P_1 \leqslant 4\sqrt{2} < 4 \times 1.42 = 5.68$. 通过在所给的圆周上增加多边形的顶点, 可使多边形的周长 P_2 接近于 2π, 亦即 $2\pi > 2 \times 3.14 = 6.28$.

由于科莉亚不能"区分"两个所述的多边形, 从而她不能保证误差不超过 $0.3 < \dfrac{P_2 - P_1}{2}$.

解法 2 假设科莉亚成功地想了一个 3 步之内使得误差不超过 0.3 的猜测周长的办法. 对于每一步中科莉亚所指出的直线, 米莎都将告诉她该直线是否与多边形相交. 根据假设, 对于所有可能的 8 种回答中的每一种, 科莉亚都有办法给出周长的误差不超过 0.3 的估计值. 因此, 周长的实际值属于 8 个区间之一, 它们的长度之和不超过 $8 \times 0.6 = 4.8$. 另一方面, 根据题中条件, 多边形的周长可取区间 $(0, 2\pi)$ 中的任何值, 其长度为 $2\pi > 4.8$. 因此, 存在这样的多边形, 使得科莉亚不能按照所要求的误差范围给出它的周长的估计值. 此为矛盾.

b) 以给定的单位圆的圆心 O 为原点建立直角坐标系 xOy. 设 q 为正整数. 对于任何 $k = 0, 1, 2, \cdots, q-1$, 以 Ox_k 表示将数轴 Ox 绕原点 O 逆时针旋转角度 $\varphi_k = \dfrac{k\pi}{q}$ 所得的轴, 而 $Ox_0 = Ox$.

对于任何正整数 p, 在每个 $k = 0, 1, 2, \cdots, q-1$ 之下, 我们都能对所猜测的多边形在轴 Ox_k 上的正交投

影 $[a_k, b_k]$ $(a_k \leqslant 0 \leqslant b_k)$ 的长度 d_k 给出一个精确度为 $\dfrac{1}{2^p}$ 的估计值 $\hat{d}_k$. 为此, 我们依次指出轴 Ox_k 的 p 条垂线 $l_{k,m}$, 它们的垂足在轴 Ox_k 上的坐标记为 $\dfrac{r_m}{2^m}$ ($m=1$, $2, \cdots, p$), 其中, $r_1 = 1$, 而

$$r_{m+1} = \begin{cases} 2r_m + 1, & \text{若垂线 } l_{k,m} \text{ 与多边形相交} \\ 2r_m - 1, & \text{若垂线 } l_{k,m} \text{ 不与多边形相交} \end{cases}$$

于是, $\dfrac{r_{p+1}}{2^{p+1}}$ 的值与 b_k 的值相差不超过 $\dfrac{1}{2^{p+1}}$. 经过类似的 p 次尝试, 亦能给出 a_k 的相同精确度的估计值.

我们来证明, 只要正确选择 p 和 q, 则 $2\sin\dfrac{\pi}{2q} \cdot \displaystyle\sum_{k=0}^{q-1} \hat{d}_k$ 就是所猜测的多边形周长 P 的具有所要求的精度的估计值. 设 n 为该多边形的边数, 将其各边分别记为 Δ_j ($j=1,2,\cdots,n$), 将边的长度记为 $|\Delta_j|$, 并将其在轴 Ox_k 上的正交投影的长度记为 $D_{j,k}$. 区间 (a_k, b_k) 中的每个点都是所猜测的多边形周界上的刚好两个点的正交投影. 这意味着 $\displaystyle\sum_{j=1}^{n} D_{j,k} = 2d_k$. 令

$$\Lambda_j = \sum_{k=0}^{q-1} D_{j,k} = \sum_{k=0}^{q-1} |\Delta_j| \cdot \cos \upsilon_{k,j}$$
$$= |\Delta_j| \sum_{k=0}^{q-1} \cos(\psi_j + \varphi_k)$$

其中 $\upsilon_{k,j} \in \left[-\dfrac{\pi}{2}, \dfrac{\pi}{2} \right]$ 是边 Δ_j 与轴 Ox_k 之间的夹角, $k=1,2,\cdots,q-1$; 其中的正负号按如下方式确定: 如果两者间的锐角在由边 Δ_i 朝着与轴 Ox_k 平行的方向旋转时为逆时针方向, 则为正号, 否则为负号, 而 $\psi_j \in$

$\left[-\dfrac{\pi}{2},\ -\dfrac{\pi}{2}+\dfrac{\pi}{q}\right)$ 为这些值中的最小者. 我们有

$$2\Lambda_j\sin\dfrac{\pi}{2q}=|\Delta_j|\sum_{k=0}^{q-1}2\sin\dfrac{\pi}{2q}\cos(\psi_j+\varphi_k)$$

$$=|\Delta_j|\sum_{k=0}^{q-1}\left[\sin\left(\psi_j+\varphi_k+\dfrac{\pi}{2q}\right)-\sin\left(\psi_j+\varphi_k-\dfrac{\pi}{2q}\right)\right]$$

$$=|\Delta_j|\left[\sin\left(\psi_j+\dfrac{(2q-1)\pi}{2q}\right)-\sin\left(\psi_j-\dfrac{\pi}{2q}\right)\right]$$

$$=2|\Delta_j|\cdot\sin\left(\psi_j+\dfrac{(2q-1)\pi}{2q}\right)$$

由于 $\psi_j\in\left[-\dfrac{\pi}{2},\ -\dfrac{\pi}{2}+\dfrac{\pi}{q}\right)$，故知 $\left|1-q-\dfrac{2q\psi_j}{\pi}\right|\leqslant 1$ 和

$$\left|\,|\Delta_j|-\Lambda_j\sin\dfrac{\pi}{2q}\right|=|\Delta_j|\left|1-\sin\left(\psi_j+\dfrac{(2q-1)\pi}{2q}\right)\right|$$

$$=|\Delta_j|\cdot\left[\cos\left(\dfrac{\psi_j}{2}+\dfrac{(2q-1)\pi}{4q}\right)-\right.$$

$$\left.\sin\left(\dfrac{\psi_j}{2}+\dfrac{(2q-1)\pi}{4q}\right)\right]^2$$

$$=2|\Delta_j|\cdot\sin^2\left[\dfrac{\pi}{4}-\left(\dfrac{\psi_j}{2}+\dfrac{(2q-1)\pi}{4q}\right)\right]$$

$$=2|\Delta_j|\cdot\sin^2\left[\dfrac{(1-q)\pi}{4q}-\dfrac{\psi_j}{2}\right]$$

$$\leqslant 2|\Delta_j|\cdot\left[\dfrac{(1-q)\pi}{4q}-\dfrac{\psi_j}{2}\right]^2$$

$$=2|\Delta_j|\cdot\dfrac{\pi^2}{16q^2}\left[1-q-\dfrac{2q\psi_j}{\pi}\right]^2$$

$$\leqslant\dfrac{\pi^2|\Delta_j|}{8q^2}$$

由此和不等式 $P<2\pi$，得知

Buffon 投针问题

$$\left| P - \sin\frac{\pi}{2q} \sum_{j=1}^{n} \Lambda_j \right| = \left| \sum_{j=1}^{n} \left(|\Delta_j| - \Lambda_j \sin\frac{\pi}{2q} \right) \right|$$

$$\leq \sum_{j=1}^{n} \frac{\pi^2 |\Delta_j|}{8q^2} = \frac{\pi^2 P}{8q^2} < \frac{\pi^3}{4q^2}$$

此即表明

$$\left| P - 2\sin\frac{\pi}{2q} \sum_{k=0}^{q-1} d_k \right| = \left| P - 2\sin\frac{\pi}{2q} \sum_{k=0}^{q-1} \sum_{j=1}^{n} D_{j,k} \right|$$

$$= \left| P - 2\sin\frac{\pi}{2q} \sum_{j=1}^{n} \sum_{k=0}^{q-1} D_{j,k} \right|$$

$$= \left| P - 2\sin\frac{\pi}{2q} \sum_{j=1}^{n} \Lambda_j \right| < \frac{\pi^3}{4q^2}$$

因此

$$\left| P - 2\sin\frac{\pi}{2q} \sum_{k=0}^{q-1} \hat{d}_k \right| \leq \left| P - 2\sin\frac{\pi}{2q} \sum_{k=0}^{q-1} d_k \right| +$$

$$2\sin\frac{\pi}{2q} \sum_{k=0}^{q-1} |d_k - \hat{d}_k|$$

$$\leq \frac{\pi^3}{4q^2} + \frac{\pi}{q} \cdot \frac{q}{2^p} = \frac{\pi^3}{4q^2} + \frac{\pi}{2^p}$$

令 $p = 11$ 和 $q = 30$, 得到

$$\left| P - 2\sin\frac{\pi}{2q} \sum_{k=0}^{89} \hat{d}_k \right| < \frac{\pi^3}{32\,000} + \frac{\pi}{2\,000} < 0.003$$

(注意, $\pi < \sqrt{10} < 3.2$). 在此, 为确定 $\hat{d}_k$ 的值, 我们进行了 $2pq = 1\,980 < 2\,007$ 次尝试.

　　解答中所用到的方法, 即利用凸多边形在多个不同方向上的正交投影的长度来近似多边形的周长的方法, 把我们引导到了现代分析中的重要公式. 事实上, 利用 Favard 公式

$$P = \int_0^\pi l(\varphi)\,\mathrm{d}\varphi$$

可以求出任一凸图形的周长的确切值,其中被积变量 φ 是直线与 Ox 轴形成的夹角,而被积函数 $l(\varphi)$ 则是凸图形在该直线上的正交投影的长度.

　　例如,可以利用 Favard 公式得到这样一个有趣的结论:在任何直线上的正交投影的长度皆为常数 d 的任一凸图形(这种图形称为宽度为常数的图形)的周长都等于以 d 为直径的圆的周长.

平行四边形的弦长分布[①]

附录

1. 引言及基本定义

弦长分布函数在许多研究领域都有广泛的应用,如在化学领域,徐耀等应用弦长分布函数来研究中孔分子筛的精细结构[21];在建筑领域,依据弦长分布函数,提出了水泥基复合材料邻近集料间浆体厚度分布的定量估计方法[22];在反应堆物理学中弦长分布函数也是一个很重要的工具. 关于弦长分布函数,在 20 世纪 80 年代 Stoyan,Serra 和 Cabo 等开始了相关研究,在这方面,Gille 也做了大量卓有成效的研究. 1988 年 Gille 得到了矩形的弦长分布函数[23];2009 年 Gille 的学生 Ohanyan 计算出了正多边形域的弦长分布函数[24];2011 年李德宜等从积分几何的角度出发也得到了矩形域的弦长分布函数[25]. 本文将给出平行四边形域弦长分布函数的解析式.

① 任帅,李德宜,胡令雄. 平行四边形的弦长分布[J]. 数学杂志,2013,33(4):737 – 742.

设 K 为平面上具有非空内部的紧凸集. G 为直线. 用 $\lambda_i(E)$ 表示点集 E 的 i 维测度. σ 为 G 与 K 相交时截得的弦长.

当 G 仅与 ∂K 相交时(包括 $G \cap \partial K$ 为线段),约定 $\sigma = 0$. $G = G(p, \varphi)$ 为平面中的直线,其广义法式方程[2]为 $x\cos\varphi + y\sin\varphi - p = 0$,$(p, \varphi)$ 为直线 G 的广义法式坐标.

定义1 设 K 为平面上具有非空内部的紧凸集,直线 G 的广义法式坐标为 (p, φ). 对任意给定的 $\sigma \geqslant 0$,称 $p(\sigma, \varphi) = \sup\limits_{G}\{p : G \cap \text{int } K = \sigma\}$ 为凸域 K 的广义支持函数[2,3].

定义2 以 $\sigma_M(\varphi)$ 表示垂直于 φ 方向的直线 G 与凸域 K 相交截得的弦长最大值,即

$$\sigma_M(\varphi) = \sup\limits_{G}\{\sigma : \sigma = \lambda_i[G(p, \varphi) \cap \text{int } K]\}$$

对任意给定的 $l(l \geqslant 0)$ 及 $\varphi(0 \leqslant \varphi \leqslant 2\pi)$,令 $r(l, \varphi) = \min\{l, \sigma_M(\varphi)\}$,称二元函数 $r(l, \varphi)$ 为凸域 K 的限弦函数[6,7].

2. 凸体的弦长分布函数

定义3 K 为平面凸体,G 为与 K 相交的随机直线,截得的弦长为 σ,弦长分布函数[1] $F(y)$ 定义为

$$F(y) = \frac{\displaystyle\int_{\substack{G \cap K \neq \varphi \\ (\sigma \leqslant y)}} \mathrm{d}G}{\displaystyle\int_{G \cap K \neq \varphi} \mathrm{d}G}$$

引理1 设 K 为周长等于 L 的凸体,G 为随机直线,则有 $\displaystyle\int_{G \cap K \neq \varphi} \mathrm{d}G = L$

根据定义3和引理1可以得到下述结论:

引理 2 设 K 为周长等于 L 的平面凸体,它的限弦函数和广义支持函数分别为 $r(L,\varphi)$ 和 $p(\sigma,\varphi)$,若 K 的边界没有平行边,则有 $F(y) = \dfrac{1}{L} \displaystyle\int_{\substack{G \cap K \neq \varphi \\ (\sigma \leq y)}} \mathrm{d}G$.

3. 平行四边形的弦长分布函数

对于没有平行边的凸体,由引理 1 即可求得它的弦长分布函数,而对于含有平行边的凸体则需要单独计算法向量为 φ 且能取得最大弦长的所有弦.

设平面上一平行四边形的两邻边长分别是 a,b,其夹角为 θ,不妨设 $a > b, 0 \leq \theta \leq \dfrac{\pi}{2}$. 为了便于后面计算中积分上下限的确定,不妨假设 $0 \leq h_1 \leq b \leq h_2 \leq a \leq d_1 \leq d_2$,其中 h_1, h_2 为两边的高,d_1, d_2 为两对角线. 如图 1 建立坐标系,由对称性,可以仅考虑 $-\dfrac{\pi}{2} \leq \varphi \leq \dfrac{\pi}{2}$ 的情形.

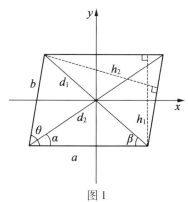

图 1

平行四边形的限弦函数为

$$
r(l,\varphi)
$$

$$
=\begin{cases}
l,0\leqslant l\leqslant h_1,-\dfrac{\pi}{2}\leqslant\varphi\leqslant\dfrac{\pi}{2}\\[2mm]
l,0\leqslant h_1\leqslant b,-\dfrac{\pi}{2}\leqslant-\arccos(h_1/l),-\arccos(h_1/l)\leqslant\varphi\leqslant\dfrac{\pi}{2}\\[2mm]
h_1/\cos\varphi,0\leqslant h_1\leqslant b,-\arccos(h_1/l)\leqslant\varphi\leqslant\arccos(h_1/l)\\[2mm]
l,b\leqslant l\leqslant h_2,-\dfrac{\pi}{2}\leqslant\varphi\leqslant-\arccos(h_1/l),\\[2mm]
\qquad -\arccos(h_1/l)\leqslant\varphi\leqslant\dfrac{\pi}{2}\\[2mm]
h_1/\cos\varphi,b\leqslant l\leqslant h_2,-\arccos(h_1/l)\leqslant\varphi\leqslant\arccos(h_1/l)\\[2mm]
l,h_2\leqslant l\leqslant a,-\dfrac{\pi}{2}\leqslant\varphi\leqslant-\arccos(h_1/l),\\[2mm]
\qquad -\arccos(h_1/l)\leqslant\varphi\leqslant\theta-\arccos(h_2/l),\\[2mm]
\qquad \theta+\arccos(h_2/l)\leqslant\varphi\leqslant\dfrac{\pi}{2}\\[2mm]
h_1/\cos\varphi,h_2\leqslant l\leqslant a,-\arccos(h_1/l)\leqslant\varphi\leqslant\arccos(h_1/l)\\[2mm]
h_1/\cos(\varphi-\theta),h_2\leqslant l\leqslant a,\theta-\arccos(h_2/l)\leqslant\varphi\leqslant\theta+\arccos(h_2/l)\\[2mm]
l,a\leqslant l\leqslant d_1,\arccos(h_2/l)+\theta-\pi\leqslant\varphi\leqslant-\arccos(h_1/l),\\[2mm]
\qquad \arccos(h_1/l)\leqslant\varphi\leqslant\theta-\arccos(h_2/l)\\[2mm]
-h_2/\cos(\varphi-\theta),a\leqslant l\leqslant d_1,-\dfrac{\pi}{2}\leqslant\varphi\leqslant\arccos(h_2/l)+\theta-\pi\\[2mm]
h_1/\cos\varphi,a\leqslant l\leqslant d_1,-\arccos(h_1/l)\leqslant\varphi\leqslant\arccos(h_1/l)\\[2mm]
h_2/\cos(\varphi-\theta),a\leqslant l\leqslant d_1,\theta-\arccos(h_2/l)\leqslant\varphi\leqslant\dfrac{\pi}{2}\\[2mm]
l,d_1\leqslant d_2,\arccos(h_2/l)+\theta-\pi\leqslant\varphi\leqslant-\arccos(h_1/l)\\[2mm]
-h_2/\cos(\varphi-\theta),d_1\leqslant d_2,-\dfrac{\pi}{2}\leqslant\varphi\leqslant\arccos(h_2/l)+\theta-\pi\\[2mm]
h_1/\cos\varphi,d_1\leqslant d_2,-\arccos(h_1/l)\leqslant\varphi\leqslant\dfrac{\pi}{2}-\beta\\[2mm]
h_2/\cos(\varphi-\theta),d_1\leqslant d_2,\dfrac{\pi}{2}-\beta\leqslant\varphi\leqslant\dfrac{\pi}{2}
\end{cases}
$$

平行四边形的最大弦长函数为

$$\sigma_M(\varphi) = \begin{cases} \dfrac{h_2}{\cos(\varphi - \theta)}, & -\dfrac{\pi}{2} \leqslant \varphi \leqslant -\dfrac{\pi}{2} + \alpha \\[3mm] \dfrac{h_1}{\cos\varphi}, & -\dfrac{\pi}{2} + \alpha \leqslant \varphi \leqslant \dfrac{\pi}{2} - \beta \\[3mm] \dfrac{h_2}{\cos(\varphi - \theta)}, & \dfrac{\pi}{2} - \beta \leqslant \varphi \leqslant \dfrac{\pi}{2} \end{cases}$$

平行四边形的广义支持函数[11]为

$$P(\sigma,\varphi)$$

$$= \begin{cases} -\dfrac{b}{2}\cos(\theta - \varphi) + \dfrac{a}{2}\cos\varphi + \sigma\,\dfrac{\cos\varphi\cos(\theta - \varphi)}{\sin\theta} = p_1 \\[3mm] \qquad -\dfrac{\pi}{2} \leqslant \varphi \leqslant -\dfrac{\pi}{2} + \theta \\[3mm] \dfrac{b}{2}\cos(\theta - \varphi) + \dfrac{a}{2}\cos\varphi - \sigma\,\dfrac{\cos\varphi\cos(\theta - \varphi)}{\sin\theta} = p_2 \\[3mm] \qquad -\dfrac{\pi}{2} + \theta \leqslant \varphi \leqslant \dfrac{\pi}{2} \end{cases}$$

求平行四边形的弦长分布函数主要是求出积分 $\displaystyle\int_{G\cap K\neq\varphi,(\sigma\leqslant y)}\mathrm{d}G$ ，其分区间计算如下：

设 $\varphi_1 = \arccos\dfrac{h_1}{y}$，$\varphi_2 = \arccos\dfrac{h_2}{y}$. 当 $0 \leqslant y \leqslant h_1$ 时，有

$$\begin{aligned} I_1 &= \int_{-\frac{\pi}{2}}^{\frac{\pi}{2}} \mathrm{d}\varphi \int_y^0 \frac{\partial p}{\partial\sigma}\mathrm{d}\sigma \\ &= \int_{-\frac{\pi}{2}}^{-\frac{\pi}{2}+\theta} \mathrm{d}\varphi \int_y^0 \frac{\partial p_1}{\partial\sigma}\mathrm{d}\sigma + \int_{-\frac{\pi}{2}+\theta}^{\frac{\pi}{2}} \mathrm{d}\varphi \int_y^0 \frac{\partial p_2}{\partial\sigma}\mathrm{d}\sigma \\ &= \frac{y}{\sin\theta}\left(\frac{\pi}{2}\cos\theta + \sin\theta - \theta\cos\theta\right) \end{aligned}$$

当 $h_1 \leqslant y \leqslant b$ 时，有

$$I_2 = \int_{-\frac{\pi}{2}}^{-\frac{\pi}{2}+\theta} \mathrm{d}\varphi \int_{y}^{0} \frac{\partial p_1}{\partial \sigma} \mathrm{d}\sigma + \int_{-\frac{\pi}{2}+\theta}^{-\varphi_1} \mathrm{d}\varphi \int_{y}^{0} \frac{\partial p_2}{\partial \sigma} \mathrm{d}\sigma +$$

$$\int_{\varphi_1}^{\frac{\pi}{2}} \mathrm{d}\varphi \int_{y}^{0} \frac{\partial p_2}{\partial \sigma} \mathrm{d}\sigma + \int_{-\varphi_1}^{\varphi_1} \mathrm{d}\varphi \int_{\frac{h_1}{\cos \varphi}}^{0} \frac{\partial p_2}{\partial \sigma} \mathrm{d}\sigma +$$

$$\int_{-\varphi_1}^{\varphi_1} p_2\left(\frac{h_1}{\cos \varphi}, \varphi\right) \mathrm{d}\sigma$$

$$= \frac{y}{\sin \varphi}\Big(\sin \theta - \theta\cos \theta - \varphi_1\cos \theta + \frac{\pi}{2}\cos \theta -$$

$$\frac{\sin 2\varphi_1}{2}\cos \theta + a\sin \varphi_1\Big)$$

当 $b \leqslant y \leqslant h_2$ 时，有

$$I_3 = \int_{-\frac{\pi}{2}}^{-\varphi_1} \mathrm{d}\varphi \int_{y}^{0} \frac{\partial p_1}{\partial \sigma} \mathrm{d}\sigma + \int_{\varphi_1}^{\frac{\pi}{2}} \mathrm{d}\varphi \int_{y}^{0} \frac{\partial p_2}{\partial \sigma} \mathrm{d}\sigma +$$

$$\int_{-\varphi_1}^{-\frac{\pi}{2}+\theta} \mathrm{d}\varphi \int_{\frac{h_1}{\cos \varphi}}^{0} \frac{\partial p_1}{\partial \sigma} \mathrm{d}\sigma + \int_{-\frac{\pi}{2}+\theta}^{\varphi_1} \mathrm{d}\varphi \int_{\frac{h_1}{\cos \varphi}}^{0} \frac{\partial p_2}{\partial \sigma} \mathrm{d}\sigma +$$

$$\int_{-\varphi_1}^{-\frac{\pi}{2}+\theta} p_1\left(\frac{h_1}{\cos \varphi}, \varphi\right) \mathrm{d}\varphi + \int_{-\frac{\pi}{2}+\theta}^{\varphi_1} p_2\left(\frac{h_1}{\cos \varphi}, \varphi\right) \mathrm{d}\varphi$$

$$= \frac{y}{\sin \theta}\Big(\frac{\sin \theta}{2}\cos 2\varphi_1 + \frac{\sin \theta}{2}\Big) +$$

$$b(1 - \sin \theta\cos \varphi_1) + a\sin \varphi_1$$

当 $h_2 \leqslant y \leqslant 1$ 时，有

$$I_4 = \int_{-\frac{\pi}{2}}^{-\varphi_1} \mathrm{d}\varphi \int_{y}^{0} \frac{\partial p_1}{\partial \sigma} \mathrm{d}\sigma + \int_{\varphi_1}^{\theta-\varphi_1} \mathrm{d}\varphi \int_{y}^{0} \frac{\partial p_2}{\partial \sigma} \mathrm{d}\sigma + \int_{\theta+\varphi_2}^{\frac{\pi}{2}} \mathrm{d}\varphi \int_{y}^{0} \frac{\partial p_2}{\partial \sigma} \mathrm{d}\sigma +$$

$$\int_{-\varphi_1}^{-\frac{\pi}{2}+\theta} \mathrm{d}\varphi \int_{\frac{h_1}{\cos \varphi}}^{0} \frac{\partial p_1}{\partial \sigma} \mathrm{d}\sigma + \int_{-\frac{\pi}{2}+\theta}^{\varphi_1} \mathrm{d}\varphi \int_{\frac{h_1}{\cos \varphi}}^{0} \frac{\partial p_2}{\partial \sigma} \mathrm{d}\sigma +$$

$$\int_{\theta-\varphi_2}^{\theta+\varphi_2} \mathrm{d}\varphi \int_{\frac{h_1}{\cos \varphi}}^{0} \frac{\partial p_2}{\partial \sigma} \mathrm{d}\sigma + \int_{-\varphi_1}^{-\frac{\pi}{2}+\theta} p_1\left(\frac{h_1}{\cos \varphi}, \varphi\right) \mathrm{d}\varphi +$$

$$\int_{-\frac{\pi}{2}+\theta}^{\varphi_1} p_2\left(\frac{h_1}{\cos \varphi}, \varphi\right) \mathrm{d}\varphi + \int_{\theta-\varphi_2}^{\theta+\varphi_2} p_2\left(\frac{h_1}{\cos \varphi}, \varphi\right) \mathrm{d}\varphi +$$

$$\int_{-\varphi_1}^{-\frac{\pi}{2}+\theta} p_1\left(\frac{h_1}{\cos \varphi}, \varphi\right) \mathrm{d}\varphi + \int_{-\frac{\pi}{2}+\theta}^{\varphi_1} p_2\left(\frac{h_1}{\cos \varphi}, \varphi\right) \mathrm{d}\varphi +$$

$$= \frac{y}{\sin\theta}\left(\frac{\sin\theta\cos 2\varphi_1}{2} - \frac{\sin 2\varphi_2\cos 2\theta}{2} - \varphi_2\cos\theta + \frac{\sin\theta}{2}\right)$$

$$b(1 + \sin\varphi_2 - \sin\theta\cos\varphi_1) + a(\sin\varphi_1 + \sin\varphi_2\cos\theta)$$

当 $a \leqslant y \leqslant d_1$ 时，有

$$\begin{aligned}
I_5 =& \int_{\varphi_2+\theta-\pi}^{-\varphi_1}\mathrm{d}\varphi\int_y^0\frac{\partial p_1}{\partial\sigma}\mathrm{d}\sigma + \int_{\varphi_1}^{\theta-\varphi_2}\mathrm{d}\varphi\int_y^0\frac{\partial p_2}{\partial\sigma}\mathrm{d}\sigma + \\
& \int_{-\frac{\pi}{2}}^{\varphi_2+\theta-\pi}\mathrm{d}\varphi\int_{\frac{-h_2}{\cos(\varphi-\theta)}}^0\frac{\partial p_1}{\partial\sigma}\mathrm{d}\sigma + \int_{-\varphi_1}^{-\frac{\pi}{2}+\theta}\mathrm{d}\varphi\int_{\frac{h_1}{\cos\varphi}}^0\frac{\partial p_1}{\partial\sigma}\mathrm{d}\sigma + \\
& \int_{-\frac{\pi}{2}+\theta}^{\varphi_1}\mathrm{d}\varphi\int_{\frac{h_1}{\cos\varphi}}^0\frac{\partial p_2}{\partial\sigma}\mathrm{d}\sigma + \int_{\theta-\varphi_2}^{\frac{\pi}{2}}\mathrm{d}\varphi\int_{\frac{h_2}{\cos(\varphi-\theta)}}^0\frac{\partial p_2}{\partial\sigma}\mathrm{d}\sigma + \\
& \int_{-\frac{\pi}{2}}^{\varphi_2+\theta-\pi}p_1\left(\frac{-h_2}{\cos(\varphi-\theta)},\varphi\right)\mathrm{d}\varphi + \\
& \int_{-\varphi_1}^{-\frac{\pi}{2}+\theta}p_1\left(\frac{h_1}{\cos\varphi},\varphi\right)\mathrm{d}\varphi + \int_{-\frac{\pi}{2}+\theta}^{\varphi_1}p_2\left(\frac{h_1}{\cos\varphi},\varphi\right)\mathrm{d}\varphi + \\
& \int_{\theta-\varphi_2}^{\frac{\pi}{2}}p_2\left(\frac{h_2}{\cos(\varphi-\theta)},\varphi\right)\mathrm{d}\varphi \\
=& \frac{y}{\sin\theta}\left(\frac{\sin\theta\cos 2\varphi_2}{2} - \frac{\sin\theta\cos 2\varphi_1}{2} - \frac{2\theta-\pi}{2}\cos\theta\right) + \\
& b(\sin\varphi_2 + 1 - \sin\theta\cos\varphi_1) + \\
& a(\sin\varphi_1 + 1 - \sin\theta\cos\varphi_2)
\end{aligned}$$

当 $d_1 \leqslant y \leqslant d_2$ 时，有

$$\begin{aligned}
I_6 =& \int_{\varphi_2+\theta-\pi}^{-\varphi_1}\mathrm{d}\varphi\int_y^0\frac{\partial p_1}{\partial\sigma}\mathrm{d}\sigma + \int_{-\frac{\pi}{2}}^{\varphi_2+\theta-\pi}\mathrm{d}\varphi\int_{\frac{-h_2}{\cos(\varphi-\theta)}}^0\frac{\partial p_1}{\partial\sigma}\mathrm{d}\sigma + \\
& \int_{\varphi_1}^{\frac{\pi}{2}+\theta}\mathrm{d}\varphi\int_{\frac{h_1}{\cos\varphi}}^0\frac{\partial p_1}{\partial\sigma}\mathrm{d}\sigma + \int_{-\frac{\pi}{2}+\theta}^{\frac{\pi}{2}-\beta}\mathrm{d}\varphi\int_{\frac{h_1}{\cos(\varphi-\theta)}}^0\frac{\partial p_2}{\partial\sigma}\mathrm{d}\sigma + \\
& \int_{\frac{\pi}{2}-\beta}^{\frac{\pi}{2}}\mathrm{d}\varphi\int_{\frac{h_2}{\cos(\varphi-\theta)}}^0\frac{\partial p_2}{\partial\sigma}\mathrm{d}\sigma + \\
& \int_{-\frac{\pi}{2}}^{\varphi_2+\theta-\pi}p_1\left(\frac{-h_2}{\cos(\varphi-\theta)},\varphi\right)\mathrm{d}\varphi + \int_{-\varphi_1}^{-\frac{\pi}{2}+\theta}p_1\left(\frac{h_1}{\cos\varphi},\varphi\right)\mathrm{d}\varphi + \\
& \int_{-\frac{\pi}{2}+\theta}^{\frac{\pi}{2}-\beta}p_2\left(\frac{h_1}{\cos\varphi},\varphi\right)\mathrm{d}\varphi + \int_{\frac{\pi}{2}-\beta}^{\frac{\pi}{2}}p_2\left(\frac{h_2}{\cos(\varphi-\theta)},\varphi\right)\mathrm{d}\varphi
\end{aligned}$$

244

$$= \frac{y}{\sin\theta}\left(\frac{\sin(\theta+2\varphi_1)}{4} - \frac{\varphi_1+\varphi_2+\theta-\pi}{2}\cos\theta - \frac{\sin(\theta+2\varphi_1)}{4}\right) +$$

$$\frac{b}{2}(2+\sin\varphi_2-\sin(\varphi_1+\theta)) + \frac{a}{2}(2+\sin\varphi_1-\sin(\varphi_2+\theta)).$$

这样我们就得到平行四边形的弦长分布函数是

$$F(y) = \begin{cases} 0, y\leqslant 0 \\[2mm] \dfrac{I_1}{a+b}, 0\leqslant y\leqslant h_1 \\[2mm] \dfrac{I_2}{a+b}, h_1\leqslant y\leqslant b \\[2mm] \dfrac{I_3}{a+b}, b\leqslant y\leqslant h_2 \\[2mm] \dfrac{I_4}{a+b}, h_2\leqslant y\leqslant a \\[2mm] \dfrac{I_5}{a+b}, a\leqslant y\leqslant d_1 \\[2mm] \dfrac{I_6}{a+b}, d_1\leqslant y\leqslant d_2 \\[2mm] 1, d_2\leqslant y \end{cases}$$

4. 结论

定理 1　设平面上任一平行四边形的两邻边长分别为 a,b 且 $a\geqslant b$，其夹角 $\theta\in\left[0,\dfrac{\pi}{2}\right]$，我们可以把这样的平行四边形分为如下五类

A. $0\leqslant h_1\leqslant b\leqslant h_2\leqslant a\leqslant d_1\leqslant d_2$

B. $0\leqslant h_1\leqslant b\leqslant h_2\leqslant d_1\leqslant a\leqslant d_2$

C. $0\leqslant h_1\leqslant h_2\leqslant b\leqslant a\leqslant d_1\leqslant d_2$

D. $0\leqslant h_1\leqslant h_2\leqslant b\leqslant d_1\leqslant a\leqslant d_2$

E. $0\leqslant h_1\leqslant h_2\leqslant d_1\leqslant b\leqslant a\leqslant d_2$

就 A 类而言它的弦长分布函数为

$$F(y) = \begin{cases} 0, y \leq 0 \\ \dfrac{I_1}{a+b}, 0 \leq y \leq h_1 \\ \dfrac{I_2}{a+b}, h_1 \leq y \leq b \\ \dfrac{I_3}{a+b}, b \leq y \leq h_2 \\ \dfrac{I_4}{a+b}, h_2 \leq y \leq a \\ \dfrac{I_5}{a+b}, a \leq y \leq d_1 \\ \dfrac{I_6}{a+b}, d_1 \leq y \leq d_2 \\ 1, d_2 \leq y \end{cases}$$

其他类型的平行四边形也可照此方法得出其弦长分布函数.

推论[25]　边长为 a 和 $b(b<a)$ 的矩形的弦长分布函数 $F(y)$ 为

$$F(y) = \begin{cases} 0, y \leq 0, \\ \dfrac{y}{a+b}, 0 \leq y \leq b \\ \dfrac{b}{a+b} + \dfrac{a\sqrt{y^2-b^2}}{(a+b)y}, b \leq y \leq a \\ 1 - \dfrac{y}{a+b} + \dfrac{a\sqrt{y^2-b^2}+b\sqrt{y^2-a^2}}{(a+b)y}, a \leq y \leq \sqrt{a^2+b^2} \\ 1, d_1 \leq y \leq \sqrt{a^2+b^2} \end{cases}$$

参考文献

［1］ Santaló L A. 积分几何与几何概率［M］. 吴大任,译. 天津:南开大学出版社,1991.

［2］ 任德麟. 积分几何学引论［M］. 上海:上海科学技术出版社,1988.

［3］ Ren Delin. Topics in integral geometry［M］. Singapore：World Scientific, 1994.

［4］ Ren Delin. The generalized support function and its application［C］. New York：Grodon and breach science publish, 1982:1367 – 1378.

［5］ Bates A E,Pillow M E. Mean free path of sound in auditorium［J］. Proc. Phys. Soc. ,1957,59:535 – 541.

［6］ Kendall M G, Moran P A P. Geometrical Probitility ［M］. London：Griffin, 1963.

［7］ Kingman J F C. Mean free paths in a convex reflecting region［J］. Appl. Probability, 1965, 2: 162 –268.

［8］ Santaló L A. Integral geometry and geometric probabitlty［M］. Massachusetts ：Addison Wesley Publishing Company, 1976.

［9］ Ren Delin. The generalized support function and its applications ［C］. New York：Grodon and breach science publish, 1982：1367 – 1378.

［10］ 程鹏,李寿贵,许金华. 凸域内两点间的平均距

离[J].数学杂志,2008,28(1):57 – 60.

[11] 赵静,李德宜,王现美.凸域内弦的平均长度
[J].数学杂志,2007,27(3):291 – 294.

[12] James Mccarry, Firooz Khosraviyani. The Buffon
needle problem extended [J]. Texas Xollege
Mathematics Journal, 2005(2):10 – 14.

[13] 黎荣泽,张高勇.某些凸多边形内定长线段运
动测度公式及其在几何概率中的应用[J].武
汉钢铁学院学报,1984(1):106 – 128.

[14] Xie Fengfan, Li Deyi, Ren Delin. The kinematic
measure of line segment of fixed length intersec-
ting with fixed line segment and its application
[J]. J. of Math. (PRC). 2006 (26):142 –
146.

[15] Giuseppe Caristi, Massimiliano Ferrara. On Buf-
fon´s Problem for a Lattice and its Deformations
[J]. Beiträge zur Algebra und Geometrie, 2004,
1:13 – 20.

[16] Solomon H. Geometric Probability [M], Phila-
delphia:SIAM ,1978:1 ~ 13.

[17] Diaconis P. Buffon´s Probem with a Long Needle
[J]. J. Appl. Probability, 1976;13:614 ~ 618.

[18] Ren Delin. The Generalized Support Function
and its Applications[M]//Proceedings of the
1980 Beijing Symposium on Differential Geome-
try and Differential Equations. Beijing:Science
Press, 1982 :1367 ~ 1378.

[19] Ren Delin. A Formula of the Kinematic Measure

in Noneuclidean Space and Some Problems on the Geometric Probabilities [J], Acta Mathematica Scientia, 1983,4(1):71~80.

[20] Feller W. An Introduction to Probability Theory and its Applications [M], Vol 2, 2nd ed. New York: Wiley, 1971.

[21] 徐耀,吴东,孙予罕,李志宏,吴中华. 应用弦长度分布函数研究中孔分子筛的精细结构[J]. 化学学报,2007,65(16):1 533-1 538.

[22] 陈惠苏,孙伟. 水泥基复合材料浆体厚度分布的定量表达[J]. 硅酸盐学报,2007,12(3):207-217.

[23] Gille W. The chord length distribution of parallelpipeds with their limiting cases [J]. Exp. Techn. Phys,1988,36:197-208.

[24] Ohanyan V K, Aharonyan N G. Tomography of bounded convex domains[J]. International Journal of Mathematical Science Education, 2009,2(1):1-12.

[25] 李德宜,杨佩佩,李婷. 矩形的弦长分布[J].武汉科技大学学报,2011,34(5):381-383.

编辑手记

朝永振一郎是继汤川秀树之后第二位获得诺贝尔奖的日本人. 他曾在日本京都市青少年科学中心收藏的彩纸上, 写下了下面的话:

以为某种现象不可思议, 这是科学之芽;

仔细观察确认后不断思考, 这是科学之茎;

坚持到最后并解开谜题, 这是科学之花.

本书是借助于一道自主招生试题来介绍积分几何中的一个专题 Buffon 投针问题.

这个问题从开始令人不可思议的试验结果, 到众多数学家的深入研究, 再到现在

已经相对完整的理论体系,正好验证了朝永振一郎对科学的描述

Buffon(Buffon,Georges Louis Leclerc,1707 年 9 月 7 日—1788 年 4 月 16 日)法国自然科学家.生于蒙巴尔(Montbard),卒于巴黎.早年在第戎(Dijon)耶稣会学院学习,之后到意大利和英国游历,25 岁回到家乡,开始研究自然科学.起初专攻数学和物理,后来成为植物学家.1733 年被选为法国科学院院士.1739 年任巴黎植物园园长.1771 年接受法王路易斯十四的爵封.Buffon 的主要数学贡献在概率论方面.他于 1777 年出版了《能辩是非的算术试验》(Essaid' arithmatique morale)一书,其中主要研究几何概率,提出并解决了下列概率计算问题:把一个小薄圆片投入被分为若干个小正方形的矩形域中,问使小圆片完全落入某一个小正方形内部的概率是多少? 他还解决了这种类型的更难的问题,其中包括投掷正方形薄片或针形物时的概率,这些概率问题都被称为"Buffon 问题".特别是"Buffon 投针问题"的结果可以用来计算 π 的近似值.这是近代蒙特卡罗(Monte Carlo)法的古典例子.Buffon 还以研究自然博物史闻名于世.这方面最重要的著作是《自然史》(Hiatoire natvrell),计 44 卷.这是他几十年心血的结晶,书中插有许多精美的植物图.这部著作从 1749 年到 1804 年陆续出版,最后 8 卷是在他去世后,由他的学生们完成的.Buffon 还在 1740 年翻译了牛顿的《流数论》,同时探讨牛顿和莱布尼茨发现微积分的历史.Buffon 是进化思想的先驱.

Buffon 投针问题

本书取的这道自主招生试题严格地讲是 Buffon 问题中的投针问题,它既有趣味又人人可以动手操作. 更重要的是它是近代蒙特卡罗方法的最古典例子,同时它还是积分几何中的特例. 它的叙述是这样的:

在一平面上画有一组间距为 d 的平行线,将一根长度为 $l(l<d)$ 的针任意投掷到这个平面上,求此针与任一平行线相交的概率. Buffon 本人证明了该针与任意平行线相交的概率为

$$p = \frac{2l}{\pi d}$$

利用这一公式,可以用概率方法得到圆周率 π 的近似值. 将这一试验重复进行多次,并记下相交的次数,从而得到 p 的经验值,即可算出 π 的近似值. 1850 年一位叫沃尔夫的人在投掷 5 000 多次后,得到 π 的近似值为 3. 159 6. 1855 年英国人史密斯投掷了 3 200 次,得到的 π 值为 3. 155 3. 另一英国人福克斯投掷了仅 1 100 次,却得到了精确的 3 位小数的 π 值 3. 141 9. 目前宣称用这种方法得到最好 π 值的是意大利人拉泽里尼,他在 1901 年投掷了 3 408 次针,得到的圆周率近似值精确到 6 位小数. Buffon 投针问题是第一个用几何形式表达概率问题的例子,它开创了使用随机数处理确定性数学问题的先河,为概率论的发展起了一定作用.

在本书中,我们从一个小小试题引申,从基础介绍到前沿. 但愿正如 1927 年 7 月 12 日上海《时事新报·青光》上发表的梁实秋先生所写的"辜鸿铭先生轶事"

中称辜写文章时畅引中国经典,滔滔不绝,其引文之长,令人兴喧宾夺主之感,顾趣味弥永,凡读其文者只觉其长,并不觉其臭.

对中国近代几何家一般读者只知道微分几何大家陈省身、苏步青,再专业一点的还知道沈纯理、徐森林.但对积分几何就比较陌生,像吴大任先生这样的大家很多人都知之不多,他的导师是德国著名几何大师布拉须凯.他的学术地位很高.前几日,天津一位藏书家还将一本俄文版的布拉须凯著作赠给笔者.俄国人数学素养很高,只有他们看得上的著作才会被译成俄文.名师高徒吴大任先生被誉为中国积分几何第一人当不为过.借此宣传一下颇有意义.

胡适先生在"赠与今年的大学毕业生"的讲演中指出:

第一要寻问题.脑子里没问题之日,就是你的智识生活寿终正寝之时,古人说,"待文王而兴者,凡民也.若夫豪杰之士,虽无文王犹兴."试想伽利略(Galileo)和牛顿(Newton)有多少藏书,有多少仪器? 他们不过是有问题而已.

青年人要想理解近代数学,寻找一个自己喜欢的问题逐渐深入进去,随着文献越读越多,最后便可登堂入室,当然也有人会浅尝辄止.

1985年清华大学柳百成院士专门到美国考察高等工程教育.美国的大学教授当时告诉他说:什么叫硕士,什么叫博士.硕士要回答"How",博士则要回答

253

"Why";硕士回答"怎么做",博士回答"为什么"."为什么"就是机制和理论.

如果你要是将本书当作自主招生的备考资料来读,那对不起会让你失望了,因为它只能帮你掌握一个题的解法.但你如果是对数学真的感兴趣,想知道这道试题背后的一些东西,那你就找对了.

国家教委原副主任柳斌说:综观我国教育,在许多地方,育人基本是以考试为本;看人基本是以分数为本;用人基本是以文凭为本(《中国青年报》2012 年 12 月 1 日第 3 版).在这种教育的氛围中,只有教辅的生存空间,像本书这样让你长知识增本领的基本没有生存空间.但我们相信社会是在变化的,不能老是这样,历史上中国曾多次出现过这样的时期,但无一例外都被颠覆了.真才实学总会有用的.

1932 年 7 月 10 日,一个叫臧晖的人写了一篇"论学潮"的文章,他指出:

学潮的第三个原因是学生不用功做功课.为什么不用功呢?因为在这个变态的社会里,学业成绩远不如一纸入行荐书有用.学业最优的学生,拿着分数单子,差不多全无用处:各种职业里能容纳的人很少,在这个百业萧条的年头更没有安插人的机会;即有机会,也得先用亲眷,次用朋友,最后才提得到成绩资格.至于各种党部、衙门、机关、局所,用人的标准也大概是同样的先情面而后学业.即使有留心人才的人,学识资格的标准也只限于几项需用专门人才的职务,那些低薪职务——

所谓人人能做的——几乎全是靠引荐来的.学业成绩不全是为吃饭的,然而有了学业成绩而仍寻不着饭碗,这就难叫一般人看重学问功课了.(原载于《独立评论》杂志,此为中国现代政论杂志、周刊,胡适主编,主要编辑人有丁文江、傅斯年、翁文灏等.1932 年 5 月 22 日创刊,至 1937 年7 月 18 日终刊,共出 243 期)

看历史要有大视野,要读书! 为国家,为家族也为自己!

本书的立意相当于一个爱美食的人在吃了一枚好吃的鸡蛋后,非要了解一下生这只蛋的母鸡,常人会以为笨拙.而有些人比如曾国藩,他的哲学恰恰是尚诚尚拙,他以为唯天下之至诚能胜天下之至伪,唯天下之至拙能胜天下之至巧.

最近在哈工大的一个关于企业转型创新特训班的结业晚宴上结识了两位"九五"后的大学生创业者,在与之交谈的过程中,笔者既为她们敢想敢拼的万丈豪情所感染,也为她们明确表示基本不买书的消费习惯所震惊.人的正确思想从哪里来? 人所需要的知识从哪里来? 传统教师在宣扬给其学生一碗水,自己要有一桶水的理论真的过时了吗? 我们的古人一直是好读书的.这个传统真的没有了吗? 最近在读历史学者茅海建的学术随笔集《依然如旧的月色》(三联书店,2014 年)中有一篇介绍晚清皇室购书的账单,很感慨,要想追上时代浪潮,书还是要买要读的.

"醇亲王府档案"中有一张中英文合璧的制式账单,铅印,署日期为 1906 年 12 月 8 日. 其中文写到(黑体字为用钢笔填写):

敬启者.

《百科全书》经于**十二月六日**付上,料早收妥. 兹者按月交价银该**六**两未蒙交到. 请即汇寄勿延是幸. 顺请台安.

继源先生台电.

再者,请每月汇寄银两直交天津英界马路公易大楼第六十九号至七十一号本行收入.

如寄邮政汇票或银行支票写交 H. E. HOOPER 及加一横线在支票单上.

付银信时祈将此信一同寄回以免有失.

再看一下该账单的英文本,也许会有点意思(斜体字为用钢笔填写):

8*th Dec.* 1906

NO. 513

Mr. Chi Yun

Peking

Sir

I have the pleasure to advise you that your set of the Encyclopaedia Britannica in Half Box Binding was dispatched to you on 6th Dec. and I trust will safely reach you at an early date.

The first monthly payment of Tls. 6. – becomes due on delivery and I hope to be favoured with your

remittance in due course.

Yours truly,

H. E. HOOPER

N. B. – We should prefer you to send remittance each month direct to this office, either by Post Office order or Bank Cheque.

IMPORTANT. To insure safety please make Money orders or cheques payable to H. E. HOOPER and cross.

从这一份账单中可以看出,醇亲王府中一个叫"继源"的人,从天津洋商 H. E. HOOPER 的商行中用分期付款的方式购买了一套《大英百科全书》,每月付银 6 两. 该书于 1906 年 12 月 6 日从天津发出,而"继源"此时首期款项还没有支付.

《大英百科全书》是当时最重要的学术资源,1906 年发行、销售的,应是其第 10 版,由伦敦的《泰晤士报》发行,包括第 9 版的 25 卷和第 10 版再补充的 11 卷,共 36 卷,卷帙浩大. 从账单上看不出该书的总价为多少,但每月银 6 两(不知分多少月),可见书价之昂.

与当时的书价比,现在的书便宜多了!

刘培杰

2016 年 6 月 1 日

于哈工大